ÉLÉMEN

DE

GÉOMÉTRIE

PAR

Th. Lambert,

Ingénieur honoraire et Professeur de Mathématiques supérieures
au Collége de Bellevue, à Dinant.

GÉOMÉTRIE PLANE & GÉOMÉTRIE SOLIDE.

Deuxième édition.

NAMUR.

IMPRIMERIE DE A. WESMAEL-CHARLIER, ÉDITEUR.

—

1875.

Les formalités voulues par la loi ont été remplies.
Tous les exemplaires sont revêtus de la signature de l'auteur.

NOTIONS PRÉLIMINAIRES.

1. On entend par **définition** l'énoncé de tous les caractères qui distinguent une chose de toutes les autres.

2. Une **proposition** est une question à résoudre.

3. L'énoncé d'une proposition contient deux parties bien distinctes: 1° La **supposition** qui comprend les éléments *(vérités ou quantités)* sur lesquelles on doit opérer, et 2° la **conclusion,** qui est le résultat obtenu, ou à trouver.

L'énoncé de la proposition doit être accompagné d'un raisonnement, appelé **démonstration**, au moyen duquel on prouve que la conclusion est conforme à la supposition.

4. Il y a plusieurs espèces de propositions.

1° **L'axiome** est une proposition évidente et qui par suite n'a pas besoin de démonstration.

Ainsi, *si on divise une quantité en trois parties* (supposition), *chacune d'elles est plus petite que cette quantité* (conclusion).

2° Le **théorème** est une proposition où les éléments sont des vérités au moyen desquelles on découvre, par certaines opérations de l'esprit, d'autres vérités. Par exemple, *en multipliant les deux termes d'une fraction par un même nombre* (supposition) *on ne change pas la valeur de cette fraction* (conclusion). Voilà l'énoncé d'un théorème.

Pour celui qui a étudié la question et qui en a compris ou découvert la vérité, *c'est bien l'énonciation* d'un jugement ou l'affirmation d'une vérité. Mais pour l'élève qui aborde ce théorème, c'est certainement une question à résoudre. Il s'agit donc pour lui de voir, si par cela même qu'on multiplie les deux termes d'une fraction par un même nombre, il s'ensuit nécessairement que la valeur de cette fraction ne sera pas altérée. L'esprit trouvera danslasupposition, combinée avec d'autres vérités connues, la solution de cette question. Il s'approprie alors cette nouvelle vérité et la formule sous forme d'affirmation. Mais il n'en est pas moins vrai qu'elle s'est d'abord présentée à lui sous la forme du doute et par suite d'une question à résoudre.

3° Le **problème** est une proposition dans laquelle la supposition et la conclusion sont des quantités. Ainsi, *le nombre par lequel il faut multiplier $\frac{2}{3}$ pour avoir 12 égale 18* est l'énoncé d'un problème résolu ou l'affirmation d'un jugement, comme nous avons fait tantôt (n° 2), l'énoncé d'un théorème résolu. Mais si on lui donne la forme dubitative d'une question à résoudre, on dira : *Quel est le nombre par lequel il faut multiplier $\frac{2}{3}$ pour avoir 12?* C'est la forme que l'on donne à l'énoncé du problème, tandis qu'on donne au théorème la forme d'une affirmation. Mais, dans les deux cas, c'est une proposition qui demande une démonstration et que l'on pourrait toujours énoncer sous forme d'une question. Ainsi, le théorème du n° précédent pourrait s'énoncer comme suit : *la valeur d'une fraction est-elle changée, lorsque l'on multiplie ses deux termes par un même nombre?*

La véritable différence entre le théorème et le problème est donc que dans le premier on opère sur des vérités pour en découvrir d'autres, tandis que dans le second on opère sur des quantités pour en trouver d'autres.

4° Le **corollaire** est une conséquence d'une ou plusieurs autres propositions.

5. La **réciproque** d'une proposition est une deuxième proposition qui a pour supposition la conclusion de la première, et pour conclusion sa supposition. Mais il faut bien se garder de croire que la réciproque d'une proposition vérifiée est toujours vraie.

Exemples : 1° *Si on ajoute un même nombre aux deux*

termes d'une fraction proprement dite, la valeur de cette fraction sera augmentée. Réciproquement, *si la valeur d'une fraction est augmentée, c'est qu'on a ajouté un même nombre à ses deux termes.*

Cette réciproque est évidemment fausse.

2° *Si quatre nombres écrits les uns à la suite des autres sont en proportion, le produit des moyens est égal à celui des extrêmes.* Réciproquement, *si le produit des moyens est égal à celui des extrêmes, ces quatre nombres sont en proportion.*

Ici la réciproque est vraie tout aussi bien que la proposition dont on la déduit.

Toutefois une réciproque, comme toute proposition, demande une démonstration, à moins que ce ne soit un axiome.

6. Une **absurdité** est l'existence simultanée de deux choses contradictoires. Ainsi les deux expressions $A = B$ et $A > B$ constituent une absurdité. De même, dire qu'un même objet avance et recule en même temps, c'est dire une absurdité.

7. Une démonstration est **directe** lorsqu'on n'emploie pas d'autres suppositions ou hypothèses que celle de l'*énoncé* de la question. C'est le *genre* de démonstration le plus ordinaire.

L'emploi de la **superposition** dont on se sert en géométrie, et qui consiste à faire coïncider les figures dans toutes leurs parties pour en constater l'égalité, est une démonstration directe, des plus simples et des plus rigoureuses.

8. Il y a un autre genre de démonstration connu sous le nom de *réduction à l'absurde.*

C'est une démonstration indirecte parce que, au moyen de suppositions que ne comprend pas l'énoncé de la proposition, elle écarte toute autre conclusion que celle de la question comme étant entachée d'absurdité.

Toutes les démonstrations par l'absurde se font de la même manière comme suit : on fait une hypothèse contraire à la conclusion de la proposition à démontrer, et, partant de cette hypothèse, en s'appuyant sur des vérités connues, on fait un raisonnement qui conduit nécessairement à une absurdité; or, comme on ne peut admettre une absurdité, on ne peut pas plus admettre la supposition d'où l'on est parti. On ne peut donc admettre aucune autre conclusion que celle qui est énoncée dans la question. Donc, c'est celle-là qu'il faut nécessairement adopter. On voit que ce genre de démonstration, quoique rigoureux, ne met pas l'objet que l'on cherche sous les yeux, comme le fait la démonstration directe. Pour la satisfaction de l'esprit et le développement intellectuel, la démonstration directe est donc préférable. Mais on doit dire cependant que l'emploi de l'absurde a un beau côté, c'est que toutes les démonstrations où l'on suit cette méthode se font absolument de la même manière et que, par conséquent, une fois qu'on en sait une, on les sait toutes. La réduction par l'absurde est souvent employée dans lesréciproques.

9. La **géométrie** a pour objet l'étude de l'étendue.

Elle se divise en deux parties

1° La **géométrie plane,** qui comprend les figures ou les étendues dont toutes les parties peuvent être tracées dans un même plan *(voir définition* 3).

2° La **géométrie solide** comprenant les figures dont la construction exige les trois dimensions de l'espace.

LIVRE Ire.

DÉFINITIONS.

(Voir n.° 1.)

---

10. La **ligne** est une étendue en longueur seulement.

Le **point** est un signe qui indique les extrémités d'une ligne, où elle doit passer, où elle doit aboutir, etc.

11. Il y a deux espèces de lignes : la **droite,** qui a partout la même direction, et la **courbe,** dont la direction varie à chaque instant.

La droite se désigne par deux lettres que l'on place en deux points quelconques marqués sur cette ligne. Mais elle n'est pas nécessairement limitée à ces deux points, et on peut toujours la considérer comme étant indéfiniment prolongée, lors même que, d'après la figure, elle aboutirait naturellement à deux points.

On représente la courbe par plusieurs lettres placées en différents points de sa longueur.

L'assemblage de plusieurs droites qui n'ont pas la même direction se nomme ligne **brisée.** On peut donc dire que la ligne brisée change une ou plusieurs fois de direction, et ainsi elle serait la transition de la ligne droite à la courbe.

Elle se représente par les différentes parties qui la composent.

Ainsi, on dira la droite AB, la courbe ADCB, la ligne brisée AEFB,

Une ligne courbe ou brisée est **convexe** lorsqu'une droite ne peut la rencontrer qu'en deux points au plus.

12. Le **plan** ou **surface plane** est une étendue en superficie, qui ne présente ni concavité ni convexité, et telle qu'une droite puisse s'appliquer exactement sur elle dans tous les sens d'une extrémité à l'autre.

Le plan est considéré comme prolongé indéfiniment dans tous les sens.

Conformément au n° **9** des notions préliminaires, toutes les parties de chaque figure des quatre premiers livres sont comprises dans un même plan.

13. Deux droites sont **convergentes** ou **parallèles**, suivant que prolongées indéfiniment, elles se rencontrent ou ne se rencontrent pas.

14. On nomme **angle** l'écart de deux droites convergentes.

Ces deux droites, qu'elles soient ou ne soient pas limitées, sont les **côtés** de l'angle et leur point d'intersection en est le **sommet**.

Pour représenter un angle on se sert de trois lettres dont l'une est placée au sommet et les deux autres arbitrairement sur les côtés, en ayant soin, lorsqu'on veut le désigner, d'écrire la lettre du sommet au milieu. Lorsqu'il est seul, on peut le désigner par la lettre du sommet seulement; mais lorsqu'il y en a plusieurs réunis au même sommet, on doit, pour éviter toute ambiguïté, représenter chacun d'eux par trois lettres ou par une petite lettre qui est alors placée dans l'angle et vers le sommet.

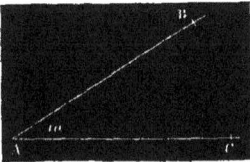

Ainsi, on dira BAC, ou A, ou *m* pour désigner l'angle ci-contre, dans lequel A est le sommet et dont les côtés sont AB et BC.

La grandeur de l'angle dépend uniquement de l'écartement ou de l'inclinaison de l'un des côtés par rapport à l'autre et non de la longueur des côtés. Ceux-ci peuvent devenir aussi grands ou aussi petits que l'on veut sans que la grandeur de l'angle en soit modifiée.

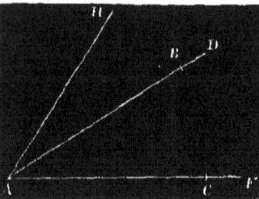

Ainsi l'angle BAC ne devient pas plus grand lorsque l'on prolonge ses côtés jusqu'en D et F; mais il augmente si la droite AB, en tournant sur le point A, s'écarte davantage de l'autre côté AC pour prendre la position AH.

Les angles, comme toutes les autres quantités, sont susceptibles d'augmentation et de diminution, de multiplication et de division.

Ainsi l'angle ABC est la somme des quatre angles a, b, c, d, et l'angle ABD est la différence entre les angles ABC et DBC. De même ABD est le produit de ABC multiplié par $\frac{3}{4}$ et ABF le quotient de ABC divisé par 4.

15. On nomme **angles adjacents** deux angles qui ont le même sommet et qui sont séparés par un côté commun, comme sont les angles ABF et FBI.

16. Deux angles sont **opposés au sommet** lorsque les côtés de l'un sont les prolongements en ligne droite des côtés de l'autre. Ainsi, les angles ABC et FBH sont opposés au sommet.

17. Une droite est dite **perpendiculaire** ou **oblique** sur une autre droite, suivant qu'elle forme avec elle deux angles adjacents égaux ou inégaux. Ainsi BD est perpendiculaire sur AC si les angles adjacents ABD et DBC sont égaux, et BF est oblique sur la même droite AC si les angles FBC et FBA sont inégaux.

Le point d'intersection B est le **pied** de la perpendiculaire ou de l'oblique.

18. Un angle est **droit** ou **oblique** suivant qu'il est formé par une perpendiculaire ou une oblique à une autre droite, et l'angle oblique est **aigu** ou **obtus** suivant qu'il est plus petit ou plus grand qu'un angle droit.

Ainsi, dans la figure précédente, DBC est droit, FBC obtus et ABF aigu.

19. Deux ou plusieurs angles sont **supplémentaires** lorsque leur somme vaut deux angles droits et **complémentaires** lorsqu'elle égale un droit.

20. Deux angles sont **égaux** lorsqu'on peut les superposer de manière à faire coïncider leurs sommets ainsi que leurs côtés. On voit qu'un angle est plus grand ou plus petit qu'un autre, ou lui est égal, si, après avoir fait coïncider les deux sommets et l'un des côtés, le deuxième côté du premier tombe hors du second angle ou en dedans, ou sur le deuxième côté de cet angle.

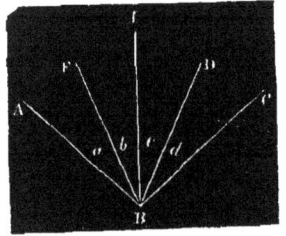

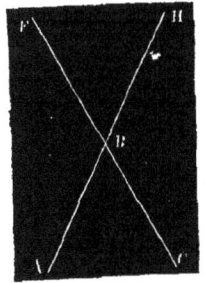

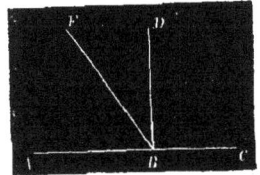

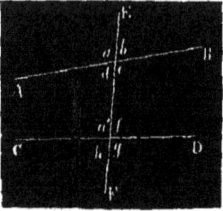

21. En général, on dit que deux figures sont **égales** lorsqu'elles peuvent coïncider dans toutes leurs parties de manière à ne plus en former qu'une.

22. Une droite qui en rencontre deux ou plusieurs autres se nomme **sécante** ou **transversale**.

23 Deux droites AB et CD, qu'elles soient parallèles ou non, coupées par une même sécante EF, forment avec celle-ci huit angles dont les noms suivent :

1° **Correspondants,** les deux angles a et a', b et f, d et h, c et g qui sont, l'un intérieur et l'autre extérieur, par rapport aux deux droites AB et CD, et du même côté de la sécante EF ;

2° **Alternes-internes,** les angles c et a', d et f compris entre les deux droites, mais de part et d'autre de la sécante ;

3° **Alternes-externes,** les angles a et g, b et h, situés en dehors des deux droites, et de part et d'autre de la sécante ;

4° **Intérieurs,** les angles d et a', c et f situés entre les deux droites et du même côté de la sécante ;

5° **Extérieurs,** les angles a et h, b et g en dehors des deux droites et d'un même côté de la sécante.

24. Un **polygone** est une portion de plan terminée de toutes parts par des droites. Les points où ces lignes se rencontrent et où elle sont limitées sont les **sommets** du polygone. Ces droites ainsi limitées en sont les **côtés,** et la somme de ces derniers en est le **périmètre**. Et l'on dira le sommet B, l'angle A ou BAE, le côté BC, le périmètre A BCDE du polygone ABCDE.

Les angles formés par les côtés de la figure sont les **angles** du polygone. Mais il faut remarquer que ces angles sont indépendants de la grandeur du polygone et de celle de ses côtés. Ainsi les côtés AB et BC considérés comme côtés de l'angle ABC n'ont pas de longueur déterminée, et on peut supposer qu'il sont limités en d'autres points que A et C ; mais comme côtés du polygone, ils sont nécessairement terminés à ces points.

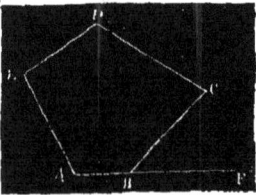

25. On entend par **angle extérieur** d'un polygone, celui qui est formé par un côté et le prolongement du côté contigu, tel que CBF.

26. Un polygone est **équiangle** ou **équilatéral** suivant que ses angles ou ses côtés sont égaux.

27. Un polygone est **convexe** lorsque son périmètre est une ligne brisée convexe.

28. Deux polygones sont **équiangles** ou **équilatéraux** entre eux lorsque leurs angles ou leurs côtés sont respectivement égaux et placés dans le même ordre. Alors les angles ou les côtés égaux sont dits **homologues.**

29. On appelle **diagonale** d'un polygone une droite qui joint deux sommets non situés sur un même côté.

30. Le polygone de trois angles ou de trois côtés se nomme **triangle.**

Chaque côté, dans un triangle, est opposé à un angle, et chaque angle à un côté; chaque côté est adjacent à deux angles, et chaque angle est compris entre deux côtés auxquels il est adjacent.

Ainsi l'angle A et le côté BC sont opposés l'un à l'autre, les angles A et B sont adjacents au côté AB et l'angle C est compris par les côtés AC et BC.

31. On considère différentes espèces de triangles :

1° **Scalène,** si les trois côtés sont inégaux ;

2° **Isocèle,** si deux côtés sont égaux ;

3° **Equilatéral,** si les trois côtés sont égaux ;

4° **Equiangle,** si les trois angles sont égaux ;

5° **Rectangle,** s'il a un angle droit ;

6° **Obtusangle,** s'il a un angle obtus ;

7° **Acutangle,** si tous les angles sont aigus.

Dans le triangle rectangle, le côté opposé à l'angle droit s'appelle **hypoténuse.**

32. On prend pour **base** d'un triangle l'un quelconque de ses trois côtés, excepté dans le triangle isocèle où la base est toujours le côté différent des deux autres.

Le **sommet** du triangle est celui qui est opposé à la base, et la **hauteur** est la perpendiculaire menée du som-

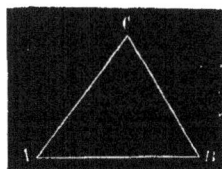

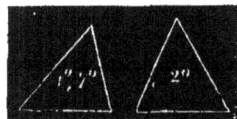

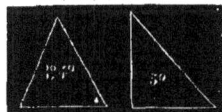

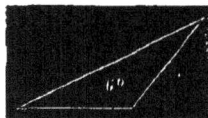

met sur la base, prolongée s'il est nécessaire, car la hauteur peut tomber hors du triangle.

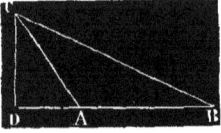

Dans le triangle ABC, qui est obtusangle, si l'on prend C pour sommet, la base sera AB et la hauteur CD. Dans le triangle rectangle DCA on peut prendre pour base et pour hauteur les deux côtés DA et DC qui forment l'angle droit.

33. La droite qui joint un des sommets au milieu du côté opposé est appelée **médiane** de ce côté, et la droite qui divise un angle en deux parties égales est la **bisectrice** de cet angle.

34. Chaque polygone tire son nom du nombre de ses côtés ou de ses angles. Ainsi les polygones de 3, 4, 5, 6, 8, 10 côtés sont respectivement appelés **triangle, quadrilatère, pentagone, hexagone, octogone, décagone.**

35. Parmi les quadrilatères, on distingue :

1° Le **parallélogramme,** dont les côtés opposés sont parallèles ;

2° Le **rectangle,** qui a les angles droits ;

3° Le **carré,** qui est un rectangle dont les côtés sont égaux ;

4° Le **losange,** qui a les côtés égaux sans avoir les angles droits ;

5° Le **trapèze,** dont deux côtés seulement sont parallèles. Le trapèze est *isocèle* lorsque les deux côtés non parallèles son égaux, et il est *rectangle* s'il renferme un angle droit.

36. Dans ces différents quadrilatères on prend pour **bases** chacun des côtés parallèles, et la **hauteur** est la perpendiculaire abaissée d'un point de l'une des bases sur l'autre. De sorte que dans le rectangle, le caré et le trapèze rectangle, la hauteur coïncide avec un des côtés.

La base et la hauteur d'une figure plane s'appellent les **dimensions** de cette figure.

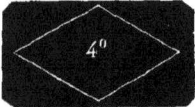

THÉORÈME I.

(Voir n°s 2, 3, 4, 10, 11.)

37. La ligne droite est la plus courte distance entre deux points.

Supposition. — Entre deux points A et B on a mené une droite et d'autres lignes.

Conclusion. — La première est plus courte que toutes les autres.

Démonstration. D'après les définitions du **n° 11,** si, pour aller du point A au point B, on suit la ligne droite, on ne changera pas de direction, tandis qu'on en changera au moins une fois en suivant une autre ligne. La droite est donc le chemin le plus directe et par suite le plus court entre ces deux points.

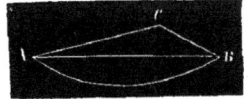

THÉORÈME II.

38. Deux droites, qui ont deux points communs, coïncident dans toute leur étendue.

Supposition. — Deux droites passent l'une et l'autre par les points A et B.

Conclusion. — Elles coïncident non seulement entre ces deux points, mais aussi, de part et d'autre, au delà de ces points.

Démonstration. — On a vu au 1er théorème que la droite est la plus courte distance entre les points A et B. Or, entre deux points il ne peut y avoir qu'une plus courte distance, car tant qu'on aura seulement deux distances égales, aucune d'elles ne sera la plus courte. Il est donc bien évident, qu'entre les deux points, les deux droites coïncident. Et puisqu'aucune d'elles ne change de direction (**11**), elles ne sauraient se séparer, quelque loin qu'on les prolonge au delà de ces points.

COROLLAIRES.

39. I. *Entre deux points donnés, on ne peut mener qu'une droite.*

40. II. *Deux droites ne peuvent se rencontrer qu'en un seul point.*

THÉORÈME III.

(Voir n°˙ 14, 15, 20, 21, 38.)

41. La somme de deux angles adjacents, formés par la rencontre de deux droites, est constante, c'est-à-dire qu'elle est toujours et partout la même.

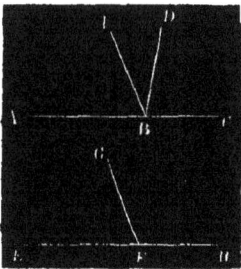

Ainsi, la somme des deux angles adjacents ABD et DBC formés par les droites AC et BD, est égale à celle des angles EFG et GFH qui résultent de la rencontre de deux autres droites EH et F G.

En effet, on peut faire coïncider les droites EH et AC en plaçant le point F en B et un autre point E en A; car, d'après le théorème précédent, elles auront deux points communs et par suite ne formeront plus qu'une seul et même droite. Alors la ligne FG tombera ou sur BD, ou à côté de cette droite, par exenple en BI et, dans tous les cas, les angles de la 2me figure couvriront exactement ceux de la 1re. Donc ces deux sommes d'angles coïncident et par suite (**21**) sont égales.

THÉORÈME IV.

(Voir n°˙ 17, 18, 19, 39.)

42. Toute droite qui en rencontre une autre forme avec elle, deux angles adjacents supplémentaires.

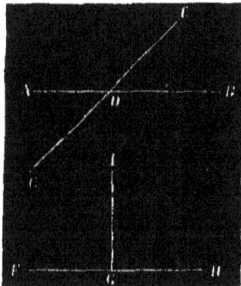

Si les lignes AB et CE sont droites, je dis que la somme des deux angles ADC et CDB est égale à deux droits.

Car, en supposant que la droite IG soit perpendiculaire sur FH chacun des angles FGI et IGH sera droit et, par conséquent, leur somme sera égale à deux droits. Mais, suivant le théorème précédent, la somme des angles ADC et CDB est égale à celle des angles FGI et IGH et, par suite, est aussi égale à deux droits. Donc ces deux angles sont supplémentaires, *donc suivant que l'un d'eux est droit, aigu ou obtus, l'autre est droit, obtus ou aigu.*

COROLLAIRES.

43. I. *Deux angles droits sont toujours égaux, n'importe où et comment ils soient placés, puisqu'ils sont chacun la moitié de deux sommes égales.*

44. II. *Tous les angles consécutifs formés du même côté d'une droite et ayant leurs sommets communs en un point de cette droite font ensemble deux droits, ou sont supplémentaires.*

45. III. *Par un point donné sur une droite, on ne peut lui mener qu'une perpendiculaire. C'est une conséquence du n° **43.***

THÉORÈME V.

(Voir n°ˢ 16, 41.)

46. Deux angles opposés au sommet sont égaux.

Supposition. — Les lignes AB et CD sont droites.
Conclusion. — L'angle AOC = DOB. Car, en ajoutant à chacun d'eux le même angle AOD, on obtient deux sommes égales (**Théorène III.**)

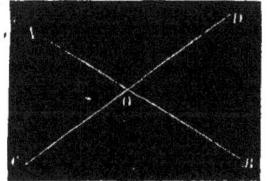

COROLLAIRES.

47. I. *Si l'un des quatre angles formés par la rencontre de deux droites est droit, ils le seront tous; et si l'une des droites est perpendiculaire sur l'autre, réciproquement la 2ᵐᵉ sera perpendiculaire sur la 1ʳᵉ.*

48. II. *La somme des angles consécutifs formés autour d'un même point qui est leur sommet commun, est égale à quatre droits.*

THÉORÈME VI.

(Voir n°ˢ 20, 21, 24, 30, 58, 39.)

49. Deux triangles sont égaux lorsqu'ils ont un angle égal compris entre deux côtés respectivement égaux.

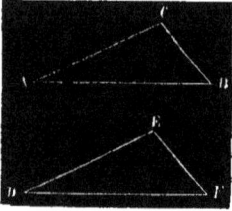

Soient l'angle A=D, le côté AC=DE et AB=DF.

Il faut démontrer que les deux triangles peuvent coïncider.

Si on transporte, par la pensée, la 2ᵐᵉ figure sur la 1ʳᵉ de manière à faire coïncider le point D avec A, et le point F avec B, les deux droites DF et AB se confondront en une seule (**38**). Alors, puisque l'angle D=A, le côté DE suivra la direction de AC, et comme ces deux côtés sont supposés égaux, le point E tombera en C. Ainsi, le point F est en B et le point E en C. Or (**39**), entre deux points on ne peut mener qu'une seule droite. Donc EF coïncide avec CB, donc les deux triangles coïncident aussi, donc ils sont égaux (**21**).

COROLLAIRE.

50. *On voit, par la superposition des deux figures que, si deux triangles sont égaux 1° aux angles égaux sont opposés les côtés égaux et réciproquement; 2° les hauteurs correspondantes sont égales, ainsi que les médianes des côtés et les bisectrices des angles. Car les deux triangles coïncidant de manière à n'en plus faire qu'un, les angles, les côtés, les hauteurs, les médianes et les bisectrices de l'un coïncideront avec les mêmes éléments de l'autre.*

Ce corollaire s'appliquera donc à tous les cas où deux triangles sont égaux, pour déduire de cette égalité soit celle de deux angles, soit celle de deux lignes.

THÉORÈME VII.

51. Deux triangles sont égaux lorsqu'ils ont un côté égal adjacent à deux angles respectivement égaux.

Soit le côté BC=FE, l'angle C=E et B=F.

En faisant coïncider EF avec son égal BC, les côtés DE et DF suivront respectivement les directions des côtés CA et BA, puisque, par supposition, l'angle C=F et l'angle B=E Donc le point D se trouvera en même temps sur les côtés CA et BA, donc au point A, car ces deux droites (**40**), ne peuvent se remonter qu'en ce point. Donc les deux triangles coïncident et sont égaux.

THÉORÈME VIII.

(Nos 15, 22, 25.)

52. Lorsque deux droites convergentes sont rencontrées par une même sécante, les angles correspondants sont inégaux.

Soient les droites convergentes AC et BC coupées aux points A et B par la sécante MN, il s'agit de constater si deux des angles correspondants, tels que CAN et CBN sont inégaux.

En faisant mouvoir la figure CAB le long de la droite MN, jusqu'à ce que le point A soit en B, il est évident que le point C sera venu se placer en un point I au delà de BC et dans l'angle CBN.

Donc l'angle IBN n'est qu'une partie de l'angle CBN et est par conséquent plus petit que cet angle. Donc l'angle CAN qui n'est rien d'autre que IBN est aussi plus petit que CBN.

THÉORÈME IX.

53. Réciproquement, si deux des angles correspondants que deux droites forment avec une même sécante sont inégaux, ces deux droites sont convergentes.

Dans le théorème précédent, on supposait les droites convergentes et on en tirait la conclusion que deux des angles correspondants étaient inégaux; ici, conformément au **n° 5**, on suppose que deux des angles correspondants tels que CAN et EBN sont inégaux, et il faut en conclure que les droites AC et BE qui les forment, sont convergentes.

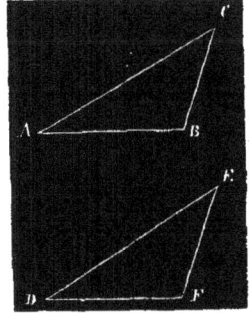

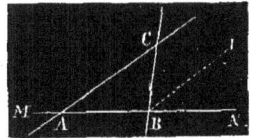

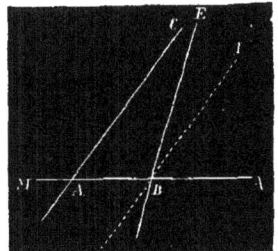

Soit l'angle EBN > CAN.

On peut donc construire dans l'angle EBN, un angle IBN =CAN. Alors, si on fait glisser la figure IBN sur la droite MN, de manière que BN reste toujours exactement appliquée sur MN et jusqu'à ce que le point B vienne se placer en A, la droite BI coïncidera entièrement avec AC (**20**) Or, BI qui est une ligne illimitée, tout aussi bien que BE, aura toujours, à chaque instant de ce mouvement, une partie à gauche et une partie à droite de BE. Donc AC qui actuellement ne fait plus qu'une avec BI, a aussi une partie à gauche et une partie à droite de BE ; donc elle la rencontre.

REMARQUE. *Voici, pour les deux théorèmes précédents, une méthode conforme à la prescription du programme du Gouvernement, où il est dit que la théorie des parallèles sera basée sur le* **Postulatum d'Euclide.**

THÉORÈMES VIII et IX.

(Voir n°ˢ 13, 22, 23, 46, 49, 50.)

1° Il faut donc démontrer que l'angle **CBN** est plus grand que **CAN**.

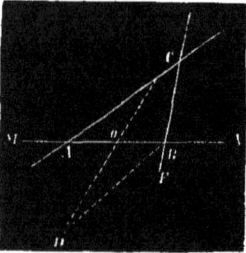

Par le milieu O de AB, menez la droite CD et prenez sur cette ligne OD=OC, puis joignez BD. Les deux triangles OAC et OBD seront égaux (**49**) comme ayant un angle égal, compris entre côtés respectivement égaux, savoir l'angle AOC=BOD comme opposés au sommet (**46**), le côté OA =OB et OC=OD par construction. Donc, dans ces deux triangles (**50**) aux côtés égaux OC et OD sont opposés des angles égaux OAC et OBD.

Mais, d'après la manière dont la droite CD a été menée, le point D se trouve dans l'angle ABF, et par suite l'angle DBO n'est qu'une partie de ABF. Donc DBO, et par conséquent son égal CAO, est plus petit que ABF. On sait d'un autre côté (**46**) que ABF=CBN, donc CAO est aussi plus petit que CBN.

2° La réciproque n'est rien d'autre que le **POSTULATUM D'EUCLIDE** que l'on admet sans démonstration.

THÉORÈME X.

(N°s 6, 8, 22, 23, 42, 46, 53.)

54. Si deux droites parallèles sont coupées par une même sécante 1° les angles correspondants sont égaux, il en est de même des angles alternes-internes et des angles alternes-externes; 2° les angles intérieurs ainsi que les angles extérieurs sont supplémentaires.

Supposition. — Les droites DF et CE sont parallèles.
Conclusion. — L'angle DAN = CBN.

C'est une démonstration par l'absurde. On fera donc (**8**) une supposition contraire à la conclusion, c'est à dire qu'on supposera que les angles DAN et CBN ne sont pas égaux. Mais si ces angles sont inégaux, d'après le **n° 53**, les deux droites DF et CE sont convergentes. Voilà donc deux droites qui sont en même temps parallèles et convergentes, ce qui constitue (**n° 6**) une absurdité. On ne peut donc pas admettre que ces angles soient inégaux, donc ils sont égaux. On ferait la même démonstration pour deux autres angles correspondants quelconques. Toutes les autres conclusions du théorème se déduisent de la 1re

Ainsi 1° deux angles alternes-internes tels que DAB et ABE sont égaux, car (**46**) DAB=MAF et, d'après ce qu'on vient de voir, MAF=ABE. Mais deux quantités DAB et ABE égales à une même troisième MAF, sont égales entre elles, donc DAB=ABE.

2° Deux angles alternes-externes tels que NBE et MAD sont égaux, car MAD est égal à son opposé au sommet NAF lequel est égal à son correspondant NBE. Donc etc.

3° Deux angles intérieurs BAF et ABE sont supplémentaires, car, puisque BAF est le suplément de MAF (**42**) et que MAF=ABE comme correspondants, il s'en suit que BAF est aussi le supplément de ABE.

4° Deux angles extérieurs CBN et DAM sont aussi supplémentaires, car ¡(**42**) DAM + DAN = 2 droits et DAN= CBN comme angles correspondants. Donc, mettant CBN à la place de son égal DAN, on aura DAM + CBN = 2 droits

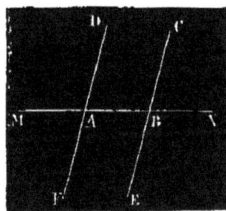

2

COROLLAIRE.

55. *Si deux droites sont parallèles, toute perpendiculaire à l'une l'est aussi à l'autre.*

THÉORÈME XI.

56. Réciproquement, si l'on prend pour supposition l'une ou l'autre des cinq conclusions du théorème précédent, il en résultera chaque fois que les deux droites sont parallèles.

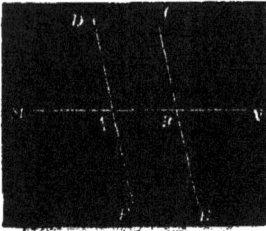

D'abord, si deux des angles correspondants sont égaux, les droites ne sauraient se rencontrer, car alors (n° **52**) ces deux angles seraient inégaux. On tomberait ainsi sur une absurdité manifeste. Il faut donc conclure que les deux droites sont parallèles.

Si deux angles alternes-internes tels que ABE et BAD sont égaux, il en résulte (**46**) que les angles correspondants DAN et CBN son égaux. Donc, conformément à ce qui vient d'être démontré, les droites DF et CE sont parallèles.

On arriverait au même résultat par le même n° **46**, si on supposait égaux deux angles alternes-externes.

Si les angles intérieurs ou les angles extérieurs sont supplémentaires, on fera voir, par le n° **42**, que deux des angles correspondants sont égaux et que, par suite, les deux droites sont parallèles.

COROLLAIRES.

57. I. *Si l'une de ces cinq égalités devient inégalité, les droites sont convergentes, et réciproquement.*

Par l'absurde au moyen des n°s **54** et **56**.

58. II. *Deux droites perpendiculaires ou parallèles à une même droite, sont parallèles.*

Le second cas se ramène au premier par une perpendiculaire commune à ces deux droites.

59. III. *Par un point donné on ne peut mener qu'une parallèle à une droite donnée.*

C'est celle qui fait, avec une sécante menée par ce point, un angle correspondant égal à celui que la droite donnée fait avec la même sécante (**33** et **56**).

THÉORÈME XII.

(N°s 17, 18, 25, 28, 50, 51, 44, 51, 54.)

60. La somme des trois angles d'un triangle est toujours égale à deux angles droits.

Prolongeant AB d'une longueur quelconque AE et menant AD parallèle à BC, les angles DAE et CBA seront égaux (**54**) comme angles correspondants formés par les parallèles AD et BC coupées par la sécante EB; les angles DAC et ACB seront aussi égaux comme angles alternes-internes formés par les mêmes parallèles et la sécante AC.

Ainsi, on aura DAE=CBA et DAC=ACB.

Mais on sait (**44**) que DAE + DAC + CAB = 2 droits. Si donc, on remplace dans cette égalité, DAE par CBA et DAC par ACB, on aura CBA + ACB + CAB = 2 droits.

Donc, quel que soit le triangle, ses trois angles font toujours ensemble deux angles droits, ou sont supplémentaires.

COROLLAIRES.

61. I. *Chaque angle extérieur au triangle est égal à la somme des deux angles intérieurs qui ne lui sont pas adjacents, et par suite est plus grand que chacun d'eux.*

62. II. *Il ne peut y avoir qu'un angle obtus ni qu'un angle droit dans un triangle, et par suite d'un point pris hors d'une droite on ne peut lui mener qu'une perpendiculaire.*

63. III. *Dans un triangle rectangle, l'angle droit est le plus grand des trois angles, et les deux angles aigus sont complémentaires.*

64. IV. *Deux triangles rectangles sont équiangles, lorsqu'ils ont un angle aigu égal, et en général deux triangles sont équiangles s'ils ont deux angles respectivement égaux.*

65. V. *De ce dernier corollaire et du théorème VII, il résulte que deux triangles, rectangles ou obliquangles, sont égaux lorsqu'ils ont deux angles respectivement égaux et un côté égal.*

66. VI. *Chacun des angles d'un triangle équiangle est égal aux deux tiers d'un angle droit.*

THÉORÈME XIII.

(N** 24, 27, 48, 60)

67. La somme des angles d'un polygone convexe fait autant de fois deux angles droits moins quatre que le marque le nombre de ses côtés.

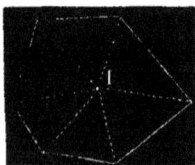

Si on joint un point intérieur I à chaque sommet, il est évident que la figure sera décomposée en autant de triangles qu'il y a de côtés. Or, (**60**) la somme des angles, dans chacun de ces triangles, est égale à deux droits, et (**48**) la somme des angles autour du point I égale quatre droits. Mais en retranchant de la somme des angles de ces triangles ceux qui ont leurs sommets en I, on aura la somme des angles du polygone. Donc etc.

68. COROLLAIRE. *La somme des angles d'un quadrilatère est égal à quatre droits.*

Ce qui justifie la définition du rectangle et du carré.

THÉORÈME XIV.

69. Dans un triangle chaque côté est plus petit que la somme des deux autres et plus grand que leur différence.

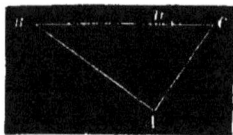

1° Il est évident que la proposition n'exige une démonstration que quand on compare le plus grand côté BC à la somme des deux autres. Et alors, d'après le **théorème I** où il est dit que la ligne droite est la plus courte distance entre deux points, on aura BC < AB + AC.

2° Si on prend BD = AB, DC sera la différence entre BC et AB, et puisque BC ou BD + DC est moindre que AB + AC, on aura DC < AC.

THÉORÈME XV.

70. Dans un triangle aux côtés égaux sont opposés des angles égaux.

Soit AB = BC, je dis que l'angle A = C. En menant la bisectrice BD de l'angle B, les deux triangles BDA et BCD auront l'angle ABD = CBD, le côté AB = BC et le côté BD = BD, donc (**49**) ils sont égaux, comme ayant un angle égal compris entre côtés respectivement égaux; donc (**50**) les angles A et C sont égaux parcequ'ils sont opposés aux côtés égaux (BD = BD).

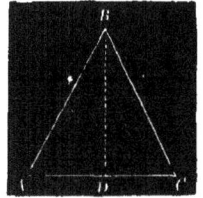

COROLLAIRES.

71. I. *Un triangle équilatéral est en même temps équi-angle.*

72. II. *Dans un triangle isocèle, les angles adjacents à la base sont égaux.*

73. III. *Dans un triangle isocèle, la bisectrice de l'angle du sommet est en même temps la hauteur du triangle et la médiane de la base.* Car, de l'égalité des triangles BAD et DBC, il résulte que les angles BDA et BDC sont égaux comme opposés aux côtés égaux AB et BC, donc (**17**) BD est perpendiculaire sur AC. De l'égalité des mêmes triangles, on déduit encore (**50**) que AD = DC.

THÉORÈME XVI.

74. Réciproquement, dans un même triangle aux angles égaux sont opposés des côtés égaux.

Ainsi de l'égalité des angles A et C, il faut déduire celle des côtés AB et BC.

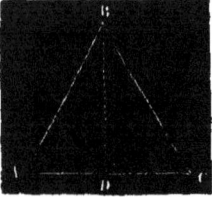

Ayant mené la bisectrice de l'angle B, on voit que les deux triangles qui résultent de cette construction ont deux angles respectivement égaux ; donc (**64**) le troisième est aussi égal (ADB = CDB) et par suite (**65** et **51**) ces deux triangles sont égaux. Donc (**50**) le côté AB opposé à l'angle ADB est égal à BC opposé à l'angle CDB.

COROLLAIRES.

75. I. *Tout triangle équiangle est en même temps équilatéral.*

76. II. *Un triangle est isocèle lorsqu'il a deux angles égaux.*

THÉORÈME XVII.

(Nᵒˢ 65, 69, 74.)

77. Dans un triangle, au plus grand angle est opposé le plus grand côté et réciproquement.

Soit l'angle B plus grand que A.

Si on fait dans l'angle B, un angle ABD = A, le côté DB sera égal à DA, d'après le théorème précédent. Mais (**69**), dans le triangle DBC, le côté CB est plus petit que la somme des deux autres CD et DB ; donc aussi CB est plus petit que CD + DA, puisque DB = DA. Et comme CD+DA =CA, on a CB < CA.

78. COROLLAIRE. *Dans le triangle rectangle, l'hypoténuse est le plus grand des trois côtés*, puisque l'angle droit est le plus grand des trois angles.

79. *Réciproquement*, si CA est plus grand que CB, je démontre par l'absurde, que l'angle CBA est plus grand que BAC. S'il n'est pas plus grand, il est égal ou plus petit. Or, s'il était égal, on aurait CA = CB (**74**) et s'il était plus petit on aurait CA < CB, comme on vient de le démontrer (**77**), tandis qu'on a C A > C B. Chacune de ces deux suppositions conduisant à une absurdité, on voit que CBA ne peut être ni égal à CAB, ni plus petit que lui ; il est donc plus grand.

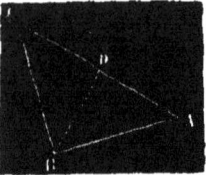

THÉORÈME XVIII.

(N°° 49, 70, 72.)

80. Deux triangles sont égaux lorsqu'ils ont les trois cotés respectivement égaux.

Plaçant les deux triangles l'un à côté de l'autre de manière que le plus grand côté coïncide et que les autres côtés égaux soient contigus, puis tirant la droite CD, le triangle BCD sera isocèle, puisque par supposition, le côté CB = DB. Donc (**72**) l'angle BCD = BDC. De même, le triangle CAD est isocèle et par suite l'angle ACD = ADC. Donc les deux angles qui forment l'angle ACB de l'un des triangles sont égaux à ceux qui composent l'angle A D B de l'autre. Donc ces deux triangles ont un angle égal compris entre côtés respectivement égaux. Donc (**49**) ils sont égaux.

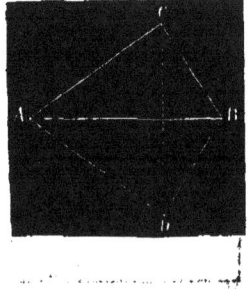

THÉORÈME XIX.

(N°° 31, 43, 74, 80.)

81. Deux traiangles rectangles sont égaux lorsqu'ils ont l'hypothénuse égale et un autre côté égal.

Après avoir fait les mêmes constructions que dans le théorème précédent, en supposant que les triangles soient rectangles en C et D, et que CB = DB, on verra que l'angle BCD = BDC comme opposé à des côtés égaux dans le triangle CDB (**70**). Mais les angles ACB et ADB étant égaux comme droits (**43**), si on retranche de chacun d'eux des parties égales BCD et BDC, les angles restant ACD et ADC seront aussi égaux. Donc, le triangle CAD a deux angles égaux, donc les côtés AD et AC opposés à ces angles, sont aussi égaux (**74**). Ainsi les deux triangles en question ont les trois côtés égaux chacun à chacun, donc (**80**) ils sont égaux.

THÉORÈME XX.

(N⁰⁵ 17, 42, 60, 62, 77, 78.)

Si d'un point pris hors d'une droite, on lui mène une perpendiculaire et différentes obliques.

82 1° *La perpendiculaire est plus courte que toute oblique*, car, dans le triangle rectangle BAC, l'hypoténuse BC est le plus grand des trois côtés (**78**). *Donc la perpendiculaire mesure la vraie distance d'un point à une droite.*

83 2° *Les obliques qui s'éloignent également de la perpendiculaire sont égales.*

Ainsi, si on suppose AC = AD, les deux obliques BC et BD seront égales, car puisque BA est perpendiculaire sur ED, les angles adjacents BAC et BAD son égaux (**17**), et comme BA est un côté commun aux deux triangles BDA et BCA, ceux-ci ont un angle égal compris entre deux côtés égaux chacun à chacun, donc (**49** et **50**) le côté BC = BD.

Donc les obliques BC et BD sont égales, *ce qui revient à dire que chaque point de la perpendiculaire AB élevée au milieu A d'une droite CD est à égale distance des deux extrémités de cette droite.*

84. 3° *L'oblique qui s'éloigne le plus de la perpendiculaire est la plus longue.* Soit EA > AD, si on prend AC = AD on vient de voir que BC = BD ; de sorte que si BE est plus longue que BC, elle sera aussi plus longue que BD. Or, puisque l'angle BAC est droit par supposition l'angle BCA est aigu (**60** et **62**) et par suite (**42**) l'angle ECB est obtus, donc cet angle est le plus grand dans le triangle EBC, donc (**77**) BE > BC.

85. COROLLAIRE. *D'un point pris hors d'une droite, on ne peut mener que deux droites égales aboutissant à cette droite.*

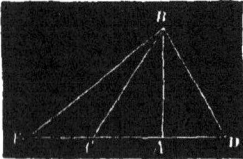

THÉORÈME XXI.

86. Réciproquement 1° *La plus courte des droites partant d'un même point et aboutissant à une même droite est perpendiculaire sur celle-ci*, car, si elle n'était pas perpendiculaire elle serait oblique, et alors (**82**) elle ne serait pas la plus courte. Ce qui est en contradiction avec la supposition.

87. 2° *Deux obliques égales s'éloignent également de la perpendiculaire*, car, autrement (**84**) l'une serait plus longue que l'autre, ce qui est encore contraire à la supposition.

88. 3°. *La plus longue s'éloigne le plus de la perpendiculaire*, car, si elle s'en éloignait autant ou moins qu'une autre, elle serait égale à celle-ci (**83**) ou elle serait plus petite (**84**). De sorte que dans chacun des deux cas on serait conduit à une absurdité.

COROLLAIRES.

89. I. *Tout point situé à égale distance des deux extrémités d'une droite est sur la perpendiculaire élevée au milieu de cette droite* (**87**).

90. II. Et comme deux points suffisent pour déterminer une droite (**38**), *si une droite passe par deux points situés l'un et l'autre à des distances égales des deux extrémités d'une autre droite, elle sera perpendiculaire au milieu de celle-ci.*

91. III. *Tout point qui n'est pas sur la perpendiculaire élevée au milieu d'une droite est à inégale distance des deux extrémités de cette droite*, car s'il était équidistant de ces deux extrémités (**89**) il se trouverait sur cette perpendiculaire.

THÉORÈME XXII.

(N°° 13, 25, 29, 35, 51, 54, 58, 82.)

92. Dans un parallélogramme les côtés opposés sont égaux.

La supposition est que le quadrilatère ABCD est un parallélogramme, c'est-à-dire que AB est parallèle à DC et

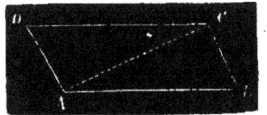

AD à BC, et il faut en déduire comme conclusion que AB=DC et AD=BC.

En menant une diagonale AC, l'angle DCA=CAB à cause des parallèles DC et AB coupées par la sécante AC; de même l'angle DAC=BCA à cause des parallèles DA et CB coupées par la même sécante (**84**). Donc les deux triangles ADC et ABC ont un côté commun AC adjacent à deux angles respectivement égaux, donc ils sont égaux (**81**), donc (**80**) aux angles égaux DCA et CAB sont opposés des côtés égaux AD et BC, et aux angles égaux DAC et ACB sont opposés des côtés égaux DC et AB.

COROLLAIRES.

93. I. *Deux côtés opposés sont égaux et parrallèles, et chaque diagonale divise le parallélogramme en deux parties égales.*

94. II. *Les angles opposés sont aussi égaux*, car B=D, comme opposés à des côtés égaux (AC=AC) dans deux triangles égaux, et A=C comme formés l'un et l'autre de deux angles respectivement égaux.

95. III. *Deux parallèles comprises entre deux autres parallèles sont égales.*

96. IV. *Deux parallèles sont partout à égale distance*, c'est-à-dire (**82**) que les perpendiculaires menées des différents points de l'une de ces droites sur l'autre sont égales, car (**88**) elles sont des parallèles comprises entre parallèles. Donc la hauteur d'un parallélogramme ou d'un trapèze peut être menée en un point quelconque de l'une des bases (**36**).

THÉORÈME XXIII.

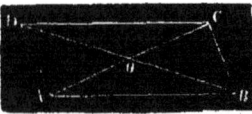

97. *Dans un parallélogramme les diagonales se coupent mutuellement en deux parties égales.*

D'abord, en vertu du théorème précédent, le côté AB=CD. En second lieu, ces deux côtés étant parallèles, les

angles alternes-internes OCD et OAB sont égaux de même
que les angles alternes-internes ODC et OBA sont égaux,
comme ayant un côté égal adjacent à deux angles respectivement égaux, dans le côté OD=OB et OC=OA, puisque,
dans ces deux triangles, ils sont opposés à des angles égaux.

THÉORÈME XXIV.

(Nᵒˢ 46, 56, 67, 68, 80.)

Réciproquement, tout quadrilatère est un parallélogramme.

98.   1ˢ Si les côtés opposés sont égaux.

Car, en menant la diagonale AC, les deux triangles ADC
et ABC auront les trois côtés respectivement égaux, donc ils
sont égaux (**80**), donc (**80**) l'angle DCA=CAB et DAC=
ACB, donc (**56**) les droites AB et DC sont parallèles ainsi
que les droites AD et BC.

99. COROLLAIRE. *Le carré et le losange sont des parallélogrammes.*

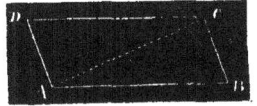

100. 2º Si deux côtés opposés sont égaux et parallèles.

En effet, si AB est parallèle à DC les angles alternes-internes DCA et CAB sont égaux et par suite les deux triangles
ADC et ABC (**49**). Donc l'angle DAC=ACB, donc les deux
côtés AD et BC sont aussi parallèles. Donc le quadrilatère
a ses côtés opposés parallèles, donc c'est un parallélogramme.

101.   3º Si les angles opposés sont égaux.

Si on suppose A=C et D=B, on aura évidemment
A+D=C+B, car deux sommes sont égales lorsque leurs
parties sont respectivement égales. Mais si les deux quantités A+D et C+B sont égales, chacune d'elles vaut la

moitié de leur somme, donc A+D vaut la moitié de la somme des quatre angles du quadrilatère, et comme cette somme est égale à quatre angles droits (**68**), il s'ensuit que A+D=2 droits. Or (**56**), si deux angles intérieurs formés par deux droites et une sécante sont supplémentaires, ces deux droites sont parallèles, donc AB est parallèle à BC. De même AD et BC sont parallèles. Donc, etc.

102. COROLLAIRE. *Le rectangle est un parallélogramme.*

103. 4° Lorsque les diagonales se coupent en parties égales.

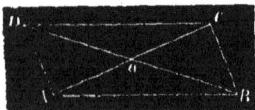

Car, les triangles DOC et BOA ont un angle égal compris entre deux côtés égaux, savoir l'angle DOC=BOA puisqu'ils sont opposés au sommet, le côté OD=OB et OC=OA par supposition, donc le troisième DC=AB, à cause de l'égalité des deux triangles OAD et OBC. Donc les côtés opposés sont égaux et par suite (**98**) la figure est un parallélogramme.

THÉORÈME XXV.

104. Dans le carré et le losange les diagonales sont rectangulaires et bisectrices des angles.

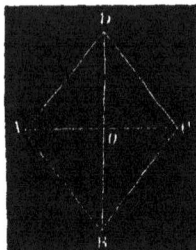

Puisque la figure est un carré ou un losange, les côtés sont égaux (**35**), donc AB=BC, et, comme c'est un parallélogramme (**99**) le point O est le milieu de la diagonale AC (**97**). Donc les deux triangles BAO et BCO ont les trois côtés respectivement égaux, et par suite l'angle ABO=CBO et l'angle BOA=BOC. De la première de ces égalités il résulte que la diagonale BD est bisectrice de l'angle ABC (**33**), et de la seconde qu'elle est perpendiculaire sur AC (**17**). Donc etc.

THÉORÈME XXVI.

105. Deux droites respectivement perpendiculaires à deux autres droites sont parallèles ou convergentes, suivant que les deux premières sont elles-mêmes parallèles ou convergentes.

1° Si les deux droites AB et CD sont parallèles l'angle $b=c$ (**54**). Puisque les droites EF et GH sont respectivement perpendiculaires sur AB et sur CD, les angles a et b sont droits et par suite $a=b$ (**43**). Donc l'angle $a=c$, puisque chacun d'eux est égal à l'angle b. Mais si $a=c$, les deux droites EF et GH sont parallèles, car (**56**) elles font des angles correspondants égaux avec la sécante CD.

2° Si on suppose les droites AB et CD convergentes, l'angle b est plus grand que c (**52**) et comme par supposition les angles a et b sont droits et par suite égaux, il s'ensuit que c est plus grand que a. Donc les droites EF et GH font avec la sécante CD des angles correspondants inégaux, donc (**53**) ces deux droites sont convergentes.

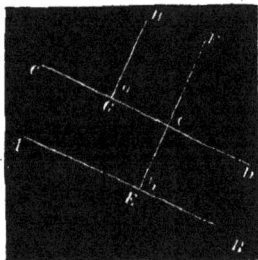

THÉORÈME XXVII.

106. Deux angles sont égaux ou supplémentaires lorsqu'ils ont leurs côtés respectivement parallèles. Il en est de même si les côtés sont perpendiculaires

1° Soient les angles a et b. Si on prolonge les côtés non parallèles jusqu'en B et D au delà de leur point d'intersection I, on aura (**54**) $a=c$ et $b=c$, donc $a=b$. En prolongeant les côtés de l'angle b, on forme encore trois autres angles qui ont leurs côtés parallèles à ceux de a, savoir GEH, FEH et GED. Mais $b=$GEH comme lui étant opposé par le sommet (**46**) et il est le supplément de GED et de FEH, puisque chaque fois ce sont deux angles adjacents formés par la rencontre de deux droites (**42**). Donc aussi l'angle a est égal à GEH et est le supplément de chacun des angles GED et FEH.

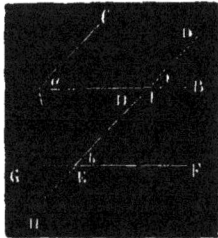

On doit remarquer que les angles sont égaux lorsque leurs côtés parallèles sont dirigés à la fois dans le même sens ou à la fois en sens contraire et qu'ils sont supplémentaires lorsque deux des côtés parallèles étant dirigés dans le même sens les deux autres sont en sens contraire.

2° Soient les angles DAC et DBC qui ont leurs côtés respectivement perpendiculaires. On sait (**68**) que la somme des angles d'un quadrilatère est égale à deux droits. Or, dans le quadrilatère ADBC, deux des angles C et D sont droits par supposition; donc la somme des deux autres est égale à deux angles droits. Donc les deux angles en question sont supplémentaires. Donc FBE qui est égal à DBC est aussi le supplément de DAC, et DBF qui est le supplément de DBC est égal à DAC, de même que CBE.

Donc, des quatre angles formés au point B et qui peuvent avoir leurs côtés parallèles à ceux de A, deux sont égaux à celui-ci et les deux autres lui sont supplémentaires.

En supposant que le sommet du second angle ne soit pas dans l'intérieur du 1er, il aura toujours ses côtés parallèles à ceux de DBC, comme étant des perpendiculaires à une même droite (**58**). Donc, d'après ce qui a été démontré dans la 1re partie de ce théorème, cet angle sera égal à DBC ou sera son supplément, donc il sera le supplément de A ou lui sera égal.

Dans chacune des parties de ce théorème, si les angles que l'on compare sont de même espèce, c'est-à-dire tous deux droits, ou aigus, ou obtus, ils sont égaux; et ils sont supplémentaires s'ils sont d'espèces différentes.

THÉORÈME XXVIII.

(N** 60, 64, 65, 81, 82.)

107. Chaque point de la bisectrice d'un angle est équidistant des deux côtés de cet angle, et réciproquement tout point équidistant des deux côtés d'un angle se trouve sur la bisectrice de cet angle.

Soient AD la bisectrice de l'angle BAC, OF et OE les

distances d'un point O de cette droite à chacun des côtés. La distance d'un point à une droite étant la perpendiculaire menée du point sur la droite (**82**), les deux triangles AOF et AOE sont rectangles en F et en E; de plus ils ont l'angle OAF=OAE par supposition et l'hypoténuse commune, donc (**65**) ils sont égaux et par suite OF=OE. Donc le point O est à égale distance des deux côtés AC et AB.

Réciproquement si OF=OE, les deux triangles rectangles OAF et OAE sont égaux comme ayant l'hypoténuse égale et un autre côté égal (**82**). Donc l'angle FAO=EAO, donc la droite AD est bisectrice de l'angle CAB.

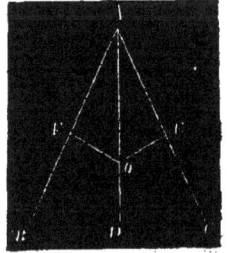

THÉORÈME XXIX.

(N°⁵ 83, 89, 105, 107.)

108. Dans tout triangle, 1° Les bisectrices des angles se coupent en un même point équidistant des trois côtés.

D'abord, il est évident que les bisectrices de deux des angles d'un triangle se rencontrent dans le triangle. Soit O le point de rencontre des deux bisectrices AO et BO, ce point (**107**) est également éloigné des côtés AC et AB, donc les perpendiculaires OD et OE sont égales. De même le point O est équidistant des côtés BA et BC de l'angle B, donc la perpendiculaire OF=OE. De ce que OD=OE et OF=OE, il s'ensuit que OD=OF. Donc le point O est équidistant des deux côtés CA et CB de l'angle C, donc OC est la bisectrice de cet angle (**107**). Donc les trois bisectrices se rencontrent au point O, et ce point est également éloigné des trois côtés puisque OE=OF=OD, comme on vient de le voir.

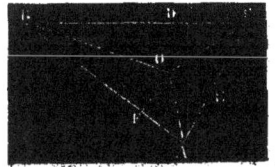

109. 2° Les perpendiculaires menées au milieu des trois côtés se rencontrent en un même point équidistant des trois sommets.

On a vu (**105**) que deux droites perpendiculaires à deux droites convergentes sont aussi convergentes. Donc les perpendiculaires élevées sur les milieux D et F des côtés

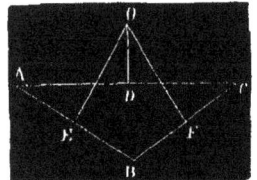

AC et BC, iront se rencontrer en dedans, ou en dehors du triangle. Soit O le point de rencontre. Ce point, comme étant situé sur la perpendiculaire élevée au milieu de AC est équidistant de A et de C (**83**), donc AO=OC. Pour la même raison OC=OB. De ces deux égalités, il résulte que OA=OB, donc le point O est équidistant des points A et B, donc (**89**) il est sur la perpendiculaire élevée au milieu du côté AB. Donc les trois perpendiculaires se coupent en un même point situé à égale distance des trois sommets.

COROLLAIRE.

110. *Dans le triangle équilatéral ces deux systèmes de droites n'en font qu'un, et ces deux points coïncident.*

THÉORÈME XXX.

111. Lorsque deux triangles ont un angle inégal compris entre deux côtés égaux chacun à chacun, au plus grand de ces deux angles est opposé le plus grand des deux troisièmes côtés.

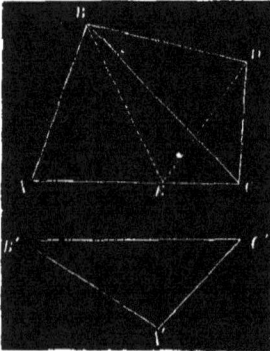

Soient les deux triangles ABC et A'B'C' dans lesquels on a l'angle ABC> A'B'C', le côté AB=A'B' et BC=B'C'. Je dis que le côté AC est plus grand que A'C'.

Faites l'angle CBD=A'B'C', prenez BD=A'B' et joignez CD, les deux triangles CDB et A'B'C' seront égaux, comme ayant un angle égal compris entre côtés égaux, et par suite CD=A'C'. La question est donc ramenée à voir si AC est plus grand que CD. Or, puisque l'angle ABC est plus grand que CBD, si on mène la bisectrice de l'angle total ABD, elle tombera dans l'angle ABD et rencontrera la droite AC entre A et C. Soit F ce point de rencontre. En joignant FD, les deux triangles ABF et BFD auront l'angle ABF=DBF par construction, le côté AB=BD à cause de la supposition et le côté BF est commun, donc ces deux triangles sont égaux et le côté AF=FD. Mais dans le triangle FDC, le côté CD est plus petit que la somme des deux autres, donc on a CD<CF +DF, ou remplaçant FD par son égal AF, on aura CD

$< \mathrm{CF}+\mathrm{AF}$, ou $\mathrm{CD}<\mathrm{AC}$. Ce qu'il fallait démontrer, car CD étant égal à $\mathrm{A}'\mathrm{C}'$, on a aussi $\mathrm{A}'\mathrm{C}'<\mathrm{AC}$.

THÉORÈME XXXI.

112. Réciproquement, si les côtés AB et BC restant égaux aux côtés A'B' et B'C', le troisième côté AC est plus grand que A'C', l'angle B sera aussi plus grand que B'.

En effet, si $\mathrm{B}=\mathrm{B}'$, les deux triangles sont égaux et $\mathrm{AC}=\mathrm{A}'\mathrm{C}'$, contrairement à la supposition où il est dit que AC est plus grand que $\mathrm{A}'\mathrm{C}'$. Si $\mathrm{B}<\mathrm{B}'$, on vient de voir, par le n° précédent, que $\mathrm{AC}<\mathrm{A}'\mathrm{C}'$ tandis que $\mathrm{AC}>\mathrm{A}'\mathrm{C}'$.

On voit donc que chacune de ces suppositions conduit à une absurdité, et qu'en conséquence aucune d'elles ne peut être réalisée. Ainsi l'angle B n'est pas égal à B' et il n'est pas plus petit, donc il est plus grand.

Remarque. L'énoncé de cette proposition pour être conforme à la définition d'une réciproque (n° 5) devrait porter uniquement pour supposition que le côté $\mathrm{A}'\mathrm{C}'$ est plus petit que AC, puisque c'est la seule conclusion du théorème précédent, et pour conclusion que $\mathrm{AB}=\mathrm{A}'\mathrm{B}'$, $\mathrm{BC}=\mathrm{B}'\mathrm{C}'$ et $\mathrm{ABC}>\mathrm{A}'\mathrm{B}'\mathrm{C}'$.

Mais il faut remarquer que ce théorème n'est qu'un cas particulier d'une proposition générale qui comprend les n°ˢ **49, 80, 111 et 112,** et qui peut s'énoncer comme suit :

Dans deux triangles qui ont deux côtés respectivement égaux; 1° si les angles compris par ces côtés sont égaux, le troisième côté sera aussi égal et réciproquement; 2° si les angles compris par ces côtés sont inégaux, au plus grand de ces deux angles est opposé le plus grand des deux troisièmes côtés et réciproquement.

De sorte que, de cette manière, le théorème de n° 80 est la réciproque de celui du n° 49, comme le 31ᵉ est la réciproque du 30ᵉ.

THÉORÈME XXXII.

113. Deux polygones sont égaux lorsqu'ils ont leurs angles et leurs côtés respectivement égaux et disposés dans le même ordre.

Car, en faisant coïncider le côté A'B' de l'un avec son égal AB dans l'autre, le côté B'C' suivra la direction de BC, puisque l'angle B=C, et le point C' tombera en C, puisque BC=B'C'. De même C'D' suivra CD et D' tombera en D, à cause de l'égalité des angles C et C', et de celle des côtés CD et C'D'. On voit qu'on pourra ainsi faire coïncider toutes les parties de l'un avec celles de l'autre. Les deux polygones sont donc égaux.

COROLLAIRES.

114. I. *Deux polygones sont égaux lorsqu'ils sont composés d'un même nombre de triangles et par suite d'autres polygones respectivement égaux et semblablement disposés.*

115. II. *Réciproquement, deux polygones égaux peuvent se décomposer en un même nombre de triangles égaux chacun à chacun et semblablement disposés.*

116. III. *Deux rectangles de même base et de même hauteur sont égaux, ainsi que deux carrés qui ont un côté égal et deux parallélogrammes qui ont un angle égal compris entre deux côtés respectivement égaux.*

THÉORÈME XXXIII.

(Nᵒˢ 37, 69.)

117. Dans un triangle, si on joint un point intérieur aux deux extrémités d'un même côté par des droites, la somme de ces deux droites est plus petite que la somme des deux autres côtés.

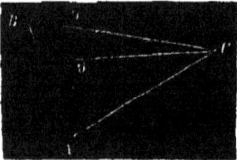

Ainsi, dans le triangle ABC, la somme des droites OA et OC sera plus petite que AB+BC.

Si on prolonge AO jusqu'au point D où elle rencontre

BC, on aura dans le triangle DOC (**69**), $OC < DC + DO$ ou, si l'on veut (**37**), la droite OC plus petite que la ligne brisée ODC, de sorte qu'en leur ajoutant à chacune la même partie OA, la ligne brisée AOC sera plus petite que ADC. Mais d'un autre côté la ligne brisée ADC est plus petite que ABC, car elles ont une partie commune DC et la partie AD de la première est plus petite que la partie ABD de la seconde. Ainsi la ligne AOC est plus petite que ADC, et ADC est plus courte que ABC; donc, à plus forte raison, AOC est-elle plus courte que ABC.

THÉORÈME XXXIV.

118. Si deux angles adjacents sont supplémentaires, les côtés extérieurs sont en ligne droite, c'est-à-dire que ces deux angles sont formés par la rencontre de deux droites. De sorte que cette proposition est la réciproque du théorème **IV**.

Soit $ABC + CBD = 2$ droits.

Prolongeant AB d'une longueur quelconque BF, on aura d'après le **théorème IV,** $ABC + CBF = 2$ droits. Puisque tous les angles droits sont égaux (**43**) les deux sommes ci-dessus sont égales et l'on a $ABC + CBD = ABC + CBF$. Mais ces deux sommes ayant une partie commune ABC, l'autre partie sera aussi égale et l'on aura l'angle CBD $=$ CBF. Donc (**20**) le côté BD doit coïncider avec BF, donc il est comme lui le prolongement de AB, et ainsi les deux côtés extérieurs AB et BD ne font qu'une seule et même ligne droite.

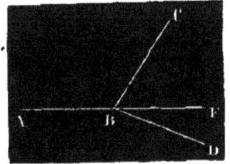

EXERCICES.

1° Qu'entend-on par définition et proposition (**1, 2**). Donner des exemples pour montrer leur différence.

2° Quelles sont les différentes parties d'une proposition (**3**)? Les indiquer dans les cinq premiers théorèmes.

3° Justifier, par des exemples, la définition du corollaire (**4**). — Montrer, par des exemples tirés des quatre premiers théorèmes, la différence qu'il y a entre un axiome et un corollaire.

4° Comment reconnaître si la somme de deux angles adjacents est égale à deux angles droits, plus grande ou plus petite? On prolongera un des côtés non communs (**15** et **42**).

5° Qu'entend-on par une réciproque? Formuler, d'après la définition du n° **5**, celles des propositions énoncées aux n^os **38, 43, 46, 49,** et dire si elles sont vraies ou fausses, si ce sont des axiomes ou des théorèmes à démontrer.

6° Développer les démonstrations des corollaires **43, 44, 45** et **47**.

7° Différence entre un polygone équiangle et deux polygones équiangles (**26** et **28**). — Lorsque deux triangles sont équiangles entre eux, chacun est-il équiangle? Deux triangles équilatéraux sont en même temps équiangles (**80**). Montrer, par des exemples, que la réciproque est fausse.

8° Montrer, par des figures, ce que c'est qu'un polygone convexe et ses diagonales. Un triangle est-il convexe et a-t-il des diagonales?

9° Démontrer que les bisectrices des angles adjacents formés par la rencontre de deux droites, se coupent à angle droit (**42**).

10° Construire approximativement, d'après les définitions des n°**25, 30, 31, 32, 33,** les différentes espèces de triangles, ainsi que les angles extérieurs, les hauteurs, les médianes des côtés et les bisectrices des angles.

11° Lorsque deux triangles sont égaux, comment reconnaître les angles égaux, les hauteurs égales (**50**).

12° Comment vérifier si deux droites sont parallèles ou convergentes? (n°**13, 53, 55**).

13° Énoncer les propositions qui constituent la théorie des parallèles. Démontrer, comme application de cette théorie, les trois corollaires du **théorème XI,** en indiquant séparément la supposition et la conclusion.

14° Énoncer et démontrer la réciproque du n° **60.** La démonstration se fera par l'absurde, au moyen du n° **67.**

15° Lorsque deux parallèles sont coupées par une sécante, est-il vrai que les bisectrices des angles intérieurs sont rectangulaires et que celles des angles correspondants sont parallèles? Démontrer la réponse par les n°**54, 56, 60.**

16° Dans un triangle isocèle, les angles adjacents à la base sont aigus (**60, 62, 70**).

17° Démontrer qu'un triangle est isocèle lorsque la hauteur est médiane de la base ou bisectrice de l'angle du sommet (n°**49** et **51**).

18° Démontrer que deux triangles isocèles sont égaux lorsqu'ils ont 1° un angle égal et un côté égal; 2° les bases et les hauteurs égales (**49, 51, 60, 72, 73**).

19° Dans un triangle scalène, les angles sont inégaux, la hauteur ne saurait être ni médiane de la base, ni bisectrice de l'angle du sommet. A démontrer par l'absurde.

Rappeler ce que c'est qu'une absurdité et la marche géné-

rale à suivre pour faire une démonstration par ce procédé
(**6** et **8**).

20° Si d'un point C hors d'une droite AB, on mène à cette
droite une perpendiculaire CD et différentes obliques, qu'ar-
rive-t-il relativement aux angles que les obliques font avec
la perpendiculaire CD et avec la droite AB?

21° Construire approximativement les différentes espèces
de quadrilatères en montrant les différences qui les carac-
térisent, et mener leurs hauteurs.

22° Développer la démonstration du n° 90 et indiquer les
n\ :sup:`os` sur lesquels elle repose. — Même question sur le
n° 96.

23° Les bisectrices des angles dans un parallélogramme
se coupent aux sommets d'un rectangle.

24° Dans un parallélogramme les diagonales sont inégales
(**111**), et si la figure est un rectangle elles sont égales (**49**).

25° Deux parallélogrammes sont égaux lorsqu'ils ont un
côté égal et les diagonales égales (**97**, **114**).

26° Quelle conclusion devrait-on tirer au n° 117 si le
point qu'on a supposé dans l'intérieur se trouvait sur un des
côtés ou hors du triangle?

27° Si on joint un point intérieur aux trois sommets par
des droites, la somme de ces droites est-elle plus petite que
le périmètre du triangle?

On appliquera trois fois le **n° 117** et on ajoutera membre
à membre les trois inégalités ainsi obtenues.

28° Lorsque la somme de deux angles d'un triangle est
égale à la somme de deux angles d'un autre triangle, le
troisième angle est égal de part et d'autre (**n° 60**).

29° Dans un même triangle ou dans deux triangles égaux,
aux angles égaux sont opposés des côtés égaux et réciproquement (**80, 70, 74**).

Montrer, par des constructions, qu'on ne peut pas déduire
cette conséquence dans deux triangles quelconques.

30° Si on joint par des droites un point intérieur D aux
extrémités A et B d'un côté, dans un triangle, l'angle ADB
formé par ces droites est plus grand que l'angle C formé par
les deux autres côtés du triangle. Mener une sécante par

les points C et D, et appliquer le **n° 32**. C'est une réponse à la question précédente.

✗ 31° Énoncer les quatre cas de l'égalité des triangles. Indiquer les propositions où l'on en fait usage, et montrer, par des exemples pris dans ces propositions, qu'en général l'égalité des triangles n'est employée que pour constater l'égalité de deux droites ou de deux angles.

˅ 32° Dans le triangle isocèle, il y a égalité entre les perpendiculaires menées des extrémités de la base, ou du milieu de celle-ci, sur les deux autres côtés (**65 et 72**).

⊦ 33° Énoncer et démontrer tous les corollaires du **n° 60**, et indiquer toutes les démonstrations où l'on fait usage de ce théorème.

⊁ 34° Lorsque deux parallèles sont coupées par une sécante, tous les angles aigus ainsi formés sont égaux ainsi que les angles obtus, et un angle obtus plus un angle aigu font deux droits.

⊰ 35° Si deux droites convergentes sont coupées par une sécante les angles intérieurs sont-ils supplémentaires (**37**) ?

36° Lorsqu'un polygone est entièrement enveloppé par un autre, ou lorsqu'une partie étant enveloppée, il y a un ou plusieurs côtés communs, le périmètre du premier est plus petit que celui du second (**69**).

⊸ 37° Si les diagonales d'un parallélogramme sont égales, la figure est un rectangle (**54, 80**); et si, en outre, elles sont rectangulaires, le rectangle sera un carré (**49**).

38° Si, par le milieu D de l'un des côtés AB du triangle ABC, on mène des parallèles DE et DF aux deux autres côtés, on forme deux triangles égaux et un parallélogramme double de chacun d'eux. De sorte qu'en joignant EF on obtient quatre triangles égaux et les côtés du triangle ABC sont divisés en parties égales (**80, 81, 84, 93**).

Donc les trois droites qui joignent les milieux des côtés, dans un triangle, sont parallèles aux côtés opposés, sont égales à leurs moitiés et divisent le triangle en quatre parties égales.

39° Si, par les sommets d'un triangle, on mène des parallèles aux côtés opposés, on forme un triangle quadruple du premier, car les sommets de l'un sont les milieux des côtés de l'autre (**92**).

40° Les milieux des côtés d'un quadrilatère quelconque sont les sommets d'un parallélogramme. On mènera une diagonale du quadrilatère et on verra par le **n° 38 de ces exercices** qu'elle est le double de deux des côtés opposés dans la figure obtenue et qu'elle est parallèle à chacun d'eux, donc (**n° 100**), etc.

41° Ce parallélogramme vaut la moitié du quadrilatère proposé. En menant les deux diagonales de ce quadrilatère, on prouvera, par le n° 38 des exercices, que la somme des quatre triangles formés aux quatre angles de la figure proposée, font ensemble la moitié de cette figure.

42° 1° Si le premier quadrilatère est un losange, le second sera un rectangle et réciproquement. 2° Si le premier est est un carré, le second sera aussi un carré.

43° Si on joint les milieux des diagonales d'un quadrilatère aux milieux de deux côtés opposés on obtient un parallélogramme. De sorte que les deux droites qui joignent les milieux des côtés opposés d'un quadrilatère et celle qui joint les milieux des diagonales se coupent en un même point au milieu de chacune d'elles.

44° De chaque sommet d'un triangle on ne peut mener qu'une hauteur (**62**). Et les trois hauteurs se coupent en un même point. On ramène ce dernier théorème au **n° 109** en menant par chaque sommet une parallèle au côté opposé, comme on le fait au n° 39 des exercices.

45° Deux triangles sont égaux lorsqu'ils ont un angle égal ainsi que les hauteurs menées des sommets des deux autres angles (**68** et **49**).

46° Deux quadrilatères sont égaux lorsqu'ils ont un angle égal et les quatre côtés égaux (**49, 80, 114**)

47° Dans un trapèze isocèle les angles adjacents à l'une ou l'autre des bases sont égaux. La parallèle menée par l'une des extrémités de la petite base au côté qui passe par l'autre extrémité de cette base, forme un triangle isocèle qui servira à démontrer la proposition.

48° Dans un triangle, suivant que la médiane d'un côté est égale à la moitié de celui-ci, plus grande ou plus petite, l'angle opposé est droit, aigu ou obtus (n⁰ˢ **70, 60**). Énoncer chacune de ces trois propositions séparément en indiquant sur la figure la supposition et la conclusion.

49° Énoncer les réciproques des trois propriétés précédentes et les démontrer par l'absurde.

50° Les deux extrémités d'un même côté dans un triangle sont à égale distance de la médiane (**82, 46, 68, 80**).

51° Deux triangles sont égaux lorsqu'ils ont deux côtés respectivement égaux et la médiane du troisième côté égale. En prolongeant cette médiane, au delà du côté, d'une quantité égale à elle-même et joignant sa seconde extrémité aux extrémités de ce côté, on formera un parallélogramme (**103**) qui pourra servir à démontrer le théorème.

52° Énoncer 1° toutes les définitions du 1ᵉʳ livre ; 2° tous les théorèmes ; 3° tous les corollaires.

53° Revoir 1° les propriétés des triangles quelconques (**60, 61, 62, 69, 79, 74, 77, 79**) ; 2° celles du triangle isocèle (**72, 73**) ; 3° celles du parallélogramme (**92, 93, 94, 97**).

54° Énoncer et démontrer la réciproque de la seconde partie du n° **93**. On la ramène immédiatement au n° **101**.

55° Refaire dans l'ordre où elles se succèdent les figures qui doivent servir à démontrer tous les théorèmes du 1ᵉʳ livre.

LIVRE II.

DÉFINITIONS.

---

119. Le **cercle** est une surface plane (**12**) terminée par une ligne courbe (**10, 11**) dont tous les points sont également éloignés d'un point intérieur. Cette courbe et ce point sont la **circonférence** et le **centre** du cercle.

120. On nomme **rayon** la droite menée du centre à un point quelconque de la circonférence. C'est donc la la distance constante de chaque point de la circonférence au centre.

121. Corde, une droite terminée de part et d'autre à la circonférence. Toute corde qui passe par le centre est un **diamètre**. Le diamètre est donc double du rayon.

122. Arc, une partie quelconque de la circonférence.

La **flèche** d'un arc est la distance de son milieu à la corde qui le soustend.

123. Segment, une partie de cercle comprise entre un arc et sa corde.

Toute corde détermine toujours deux arcs sur la circonférence et deux segments dans le cercle, mais c'est toujours du plus petit qu'on entend parler, à moins qu'on avertisse du contraire.

124. Secteur, une partie du cercle limitée par un arc et les deux rayons qui aboutissent aux deux extrémités de cet arc.

125. Sécante, une droite qui rencontre la circonférence en deux points.

126. Tangente, une droite qui n'a qu'un point de commun avec la circonférence. Ce point est le point de **contact** et tous les autres points de la tangente sont nécessairement hors du cercle.

La sécante devient donc tangente lorsque ses deux points communs avec la circonférence se réunissent en un seul.

127. Angle au centre, un angle dont le sommet est au centre et qui est formé par deux rayons.

128. Angle inscrit, un angle dont le sommet est à la circonférence et qui est formé par deux cordes ou deux sécantes.

129. Angle inscrit dans un segment, celui qui a son sommet sur l'arc du segment et dont les côtés passent aux extrémités de cet arc. On dit alors que le segment est **capable** de l'angle.

130. Angle tangentiel, un angle qui, ayant son sommet sur la circonférence, a pour côtés une tangente et une corde.

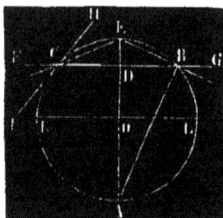

Voici une figure relative à toutes les définitions précédentes, mais les commençants devront construire une figure particulière pour chacune d'elles. O centre, OA rayon, CB corde, AE diamètre, CEB ou CB arc, DE flèche de cet arc, CEBD segment, ALO secteur, FG sécante, IH tangente, C son point de contact, la sécante FG devient la tangente IH en tournant sur le point C de manière que le point B, en se rapprochant constamment de C, vienne se confondre avec lui, EOL angle au centre, FBA angle inscrit, CEB angle inscrit dans le segment CDBE, BCH angle tangentiel, ALBECK circonférence.

Les deux extrémités de cette ligne sont réunies au même point A, et sa longueur est le chemin qu'on suivrait en en faisant tout le tour à partir de l'un de ses points pour revenir au point de départ, ou, c'est la longueur qu'on obtiendrait en étendant cette courbe en ligne droite. Le cercle, qui est la

surface comprise dans cette courbe, a pour dimensions (lon-
geur et largeur) deux diamètres perpendiculaires tels que
KL et AE (**12, 36**).

131. Unité de mesure ou simplement **unité** est
une quantité déterminée qui sert à évaluer et à comparer
toutes les quantités de même espèce.

Ainsi, en supposant que a soit une droite déterminée et
bien connue, telle que le mètre, et qu'elle soit contenue 7 fois
dans AB et 3 fois dans CD, ces deux nombres serviront à
évaluer ces deux droites ou à se faire une idée juste de
leurs longeurs et à les comparer entre elles. Voilà comment
au moyen de l'unité a on peut évaluer et comparer les
lignes.

132. L'unité pour les lignes est une droite appelée
unité linéaire.

133. Commune mesure entre plusieurs quantités
est une autre quantité de même nature que ces quantités et
qui est contenue exactement dans chacune d'elles. Dans la
figure précédente, a est une commune mesure entre AB et
CD. Quand une quantité est contenue exactement dans une
autre, la 1re *divise* la 2e.

134. Deux quantités sont **commensurables** ou
incommensurables suivant qu'elles ont une commune mesure ou qu'elles n'en ont pas. Ainsi, dans l'exemple
précédent, les droites AB et CD sont commensurables.

135. Le **rapport** entre deux quantités est le nombre
par lequel on doit multiplier l'une d'elles pour obtenir l'autre.
Dans la figure du **n° 131**, puisque a, qui est le $\frac{1}{3}$ de CD, est
contenu 7 fois dans AB, on voit que AB vaut 7 fois le $\frac{1}{3}$ ou
les $\frac{7}{3}$ de CD, ainsi pour avoir AB il faut prendre les $\frac{7}{3}$ de CD.
Mais prendre les $\frac{7}{3}$ d'une quantité, c'est multiplier cette quantité par $\frac{7}{3}$ ou $2\frac{1}{3}$. Donc, il faut multiplier CD par $2\frac{1}{3}$ pour
avoir AB; donc $2\frac{1}{3}$ est le rapport entre ces deux droites.

136. La **mesure** d'une quantité est le rapport de
cette quantité à l'unité de son espèce. Ainsi en prenant a
pour unité, la mesure de AB serait exprimée par le nombre 7,
et ce serait par $\frac{7}{3}$ ou $2\frac{1}{3}$ si on prenait pour unité CD (figure
du n° 131).

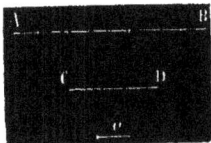

137. Le rapport entre deux quantités est dit **rationnel** ou **irrationnel** suivant qu'elles sont commensurables ou incommensurables.

138. Il y a **proportion** entre quatre quantités lorsque le rapport entre deux de ces quantités est égal à celui des deux autres.

Par exemple, si la droite IO est contenue 6 fois dans IL et 4 fois dans IN, le rapport entre ces deux droites sera exprimé par $\frac{4}{6}$ ou $\frac{2}{3}$ et si le rectangle ABEF est contenu 3 fois dans le rectangle ABGH et 2 fois dans ABCD, le rapport entre ces deux rectangles sera aussi $\frac{2}{3}$ (**138**), de sorte que ces quatre quantités formeront une proportion et l'on aura ABCD : ABGH=IN : IL. Cette proportion signifie donc que le nombre par lequel il faut multiplier le rectangle ABGH pour avoir le rectangle ABCD est égal à celui par lequel on doit multiplier la ligne IL pour obtenir IN, ou, si l'on veut, que le rectangle ABCD se trouve avec le rectangle ABGH comme la droite IN se trouve avec la droite IL. Mais comme dans une proportion on a souvent besoin de multiplier les moyens ou les extrêmes entre eux; pour rendre les opérations plus intelligibles, on supposera que les quantités qui y entrent sont évaluées en nombres au moyen d'une commune mesure exacte ou approchée entre celles de ces quantités qui sont de même nature (**131**) et que c'est entre ces nombres que la proportion est établie. Ainsi, dans ce cas, en évaluant les deux rectangles au moyen de la commune mesure ABEF et les deux droites avec IO, on aura la proportion 2 : 3=4 : 6.

139. Pour les arcs et la circonférence, il y a deux espèces de mesures qui sont la **rectification** et la **graduation,** et deux espèces d'unités savoir : 1° l'unité linéaire ordinaire (**132**) au moyen de laquelle on obtient la rectification ou la longueur de la courbe (arc ou circonférence) comme si elle était droite, et 2° le **quadrant** ou le quart de la circonférence, qui sert à l'évaluer en degrés ou à obtenir sa graduation. Et pour cela, on subdivise le quadrant en 90 parties égales appelées **degrés,** le degré en

60 parties égales appelées **minutes,** la minute en 60 **se-condes,** la seconde en 60 **tierces** et ainsi de suite. Le degré se représente par un **zéro,** la minute, la seconde, ... par un, deux .... **accents,** signes que l'on place à droite et un peu au dessus du chiffre qui exprime le nombre de ces subdivisions. Ainsi un arc de 35 degrés, 42 minutes et 50 secondes sera représenté par 35° 42′ 50″.

Puisque le quadrant vaut 90°, la graduation de la circon-férence sera toujours de 360°, quelle que soit la grandeur rectifiée de cette courbe. Ainsi la graduation de la circonfé-rence est un nombre constant, tandis que celui qui exprime sa longueur rectifiée varie avec la grandeur du cercle. Cela provient de ce que l'unité de graduation, qui est toujours le quart de la circonférence, varie en même temps que cette ligne, tandis que l'unité linéaire est constante.

140. L'unité pour les angles est l'**angle droit.** Cette unité se subdivise de la même manière que le quadrant, en degrés, minutes..... Et par suite la mesure de l'angle, qui est aussi sa **graduation,** s'exprime comme celle de l'arc; mais l'angle n'a qu'une espèce de mesure.

Pour les arcs comme pour les angles, les nombres de degrés, minutes, secondes...., servent à évaluer ces quan-tités plus facilement qu'en cherchant directement et immé-diatement les nombres qui expriment leur rapport à l'unité. Du reste ces deux espèces de nombres, qui servent également à exprimer la graduation de l'angle ou de l'arc peuvent facilement se déduire l'une de l'autre. Ainsi soit un angle A de 40° 30′ et soit D l'angle droit, on aura A=40° 30′=2430′ et D=90°=5400′. D'où l'on voit que A et D ont pour com-mune mesure la minute et pour rapport $\frac{2430}{5400}=\frac{9}{20}$ (**133** et **135**). De sorte que le rapport entre A et son unité D est exprimé par $\frac{9}{20}$, donc $\frac{9}{20}$ est la mesure ou la graduation de l'angle A, tout aussi bien que 40° 30′. De même si on réduisait les $\frac{9}{20}$ de 90° en degrés et minutes on retrouverait 40° 30′.

141. On entend par **limite** d'une quantité variable, une quantité constante de même espèce dont la première approche indéfiniment, soit en augmentant, soit en diminuant, de manière que la différence entre ces deux quantités puisse devenir aussi petite que l'on veut, ou plus petite que toute quantité assignable.

Par exemple, si la ligne variable AC augmente de la moitié CC' de la différence qu'il y a entre cette ligne et la droite invariable AB, pour devenir AC', puis celle-ci de la moitié de la différence entre elle et AB pour devenir AC" et ainsi indéfiniment, la ligne AB sera la limite des lignes AC, AC', AC", ... qui deviennent de plus en plus grandes et qu'on représente cependant toujours par AC.

142. De cette définition on déduit le principe que *toute propriété inhérente à chaque terme de variation d'une quantité, c'est-à-dire, à chaque degré de grandeur par où passe une quantité variable, peut aussi être considérée comme appartenant à sa limite.*

Mais il ne faut pas confondre ce sens du mot limite avec celui qu'on lui attribue dans le langage ordinaire, où il indique la séparation d'une chose avec une autre, ou bien l'endroit (borne, mur, haie, etc.) où une quantité est terminée. Dans cette acception, la quantité et sa limite peuvent être de nature différente, ainsi le périmètre d'un polygone est une ligne qui termine une surface ou qui en est la limite. Tandis que, suivant la définition du n° 141, la limite d'une surface ne peut pas être la ligne qui la termine, mais bien une autre surface plus grande ou plus petite dont la première approche indéfiniment d'une manière ascendante ou descendante.

143. Deux cercles sont **concentriques,** lorsqu'ils ont le même centre et **tangents,** quand leurs circonférences n'ont qu'un point de commun. Ils sont tangents *extérieurement* ou *intérieurement* suivant que l'un est complètement en dehors ou en dedans de l'autre, sauf le point commun aux deux circonférences. (Voir les figures du n° 187.)

144. Un polygone est **inscrit** dans un cercle lorsque tous ses sommets sont à la circonférence et alors le cercle est **circonscrit** au polygone. De même un polygone est

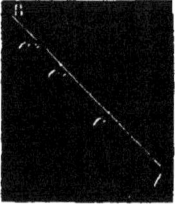

inscrit dans un autre polygone, lorsque tous ses sommets sont sur le périmètre de celui-ci, et alors le second est **circonscrit** au premier.

145. Un polygone est **circonscrit** au cercle, lorsque tous ses côtés sont tangents à ce cercle (126), et dans ce cas, le cercle est **inscrit** dans le polygone. Un cercle est **ex-inscrit** au triangle lorsqu'ils est tangent à un des côtés et aux prolongements des deux autres.

146. Un polygone est **inscriptible** ou **circon-scriptible** suivant qu'on peut lui circonscrire un cercle ou lui en inscrire un.

THÉORÈME I.

(Nᵒˢ 20, 21, 59, 119, 120, 121, 122, 124, 127.)

147. Dans le même cercle ou dans des cercles égaux, deux angles au centre égaux interceptent sur la circonférence des arcs égaux et réciproquement.

Si les angles en question sont dans des cercles égaux, on pourra faire coïncider ceux-ci (**21**) et ainsi ramener le 2ᵉ cas au 1ᵉʳ. Soit donc l'angle ACB=DCF.

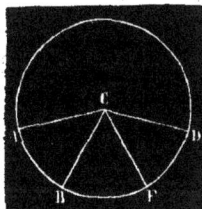

Si on fait tourner l'angle ACB sur le centre C, en le laissant toujours appliqué sur le cercle, jusqu'à ce que le rayon CA vienne se placer sur son égal CF, puisque l'angle ACB= FCD le côté CB (**20**) se trouvera alors sur CD. De sorte que les extrémités A et B de l'arc AB seront sur les extrémités de l'arc FD, et comme, en vertu de la définition du **nᵒ 119**, tous les points de AB seront toujours demeurés sur la circonférence, cet arc coïncidera avec DF et (**121**) lui est égal.

Réciproquement. Si l'arc AB=DF, en amenant l'arc AB sur son égal DF, par un mouvement de rotation, semblable à celui de tantôt, le point A étant en F et B en D, le rayon CA coïncidera avec CF et CB avec CD (**39**). Donc les deux angles ACB et DCF coïncideront aussi, et sont égaux.

4

COROLLAIRES.

148. I. *Deux secteurs égaux correspondent à des angles au centre égaux et à des arcs égaux, et réciproquement, soit dans le même cercle soit dans des cercles égaux.*

149. II. *Deux diamètres rectangulaires, formant au centre quatre angles égaux, divisent la circonférence en quatre arcs égaux et le cercle en quatre secteurs égaux; de sorte que tout diamètre partage le cercle et sa circonférence chacun en deux parties égales.*

THÉORÈME II.
(N°° 133, 134, 135, 138, 141, 142, 147.)

150. Dans le même cercle ou dans des cercles égaux, deux angles au centre quelconques sont entre eux comme les arcs interceptés par leurs côtés.

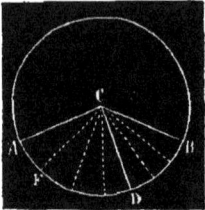

Il y a **deux** cas à considérer, suivant que les deux arcs sont commensurables ou incommensurables (**134**), mais on peut toujours supposer que les deux angles ACB et ACD sont placés de manière qu'ils aient un côté commun et que le plus petit ACD soit dans le plus grand ACB.

1er cas. Supposons donc que les deux arcs ont une commune mesure AF (**133**) contenue respectivement 7 et 4 fois dans ces deux arcs, le rapport de ces arcs sera exprimé par $\frac{7}{4}$ (**135**). Si on joint tous les points de division au centre, les angles ACB et ACD seront divisés respectivement en 7 et 4 angles égaux à l'angle ACF (**147**). Ce dernier est donc une commune mesure aux deux angles en question, contenue 7 fois dans le 1er et 4 fois dans le 2e. Donc le rapport de ces angles est aussi exprimé par $\frac{7}{4}$. Donc le rapport entre les arcs est égal à celui des deux angles, donc (**138**) ces quatre quantités sont en proportion, et l'on a ACB : ACD = AB : AD.

2e cas. Si les arcs sont incommensurables, on pourra toujours diviser l'arc AB en parties égales, chacune plus petite que DB, en le partageant d'abord en deux parties égales, puis la moitié en deux parties égales et ainsi en parties de deux en deux fois plus petites jusqu'à ce que l'on soit parvenu à un arc plus petit que DB. Alors il y aura au moins un point de division entre D et B, soit E un de ces points. Les arcs AB et AE auront donc pour commune mesure une de ces parties égales dans lesquelles on a divisé AB, et si l'on joint EC, on aura, comme on vient de le voir dans la 1re partie de ce théorème, la proportion

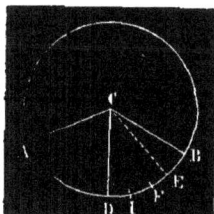

$$ACB : ACE = AB : AE \ (a).$$

Si on divise de nouveau l'arc AB en parties égales plus petites que DE, il y aura encore au moins un point de division F entre D et E, et en joignant CF, on aura la nouvelle proportion

$$ACB : ACF = AB : AE \ (b)$$

On aurait de même

$$ACB : ACI = AB : AI \ (c).$$

Et ainsi indéfiniment, en divisant AB en parties égales plus petites que la différence entre le dernier arc et AD.

On voit donc que les arcs AE, AF, AI...... se rapprochent constamment de l'arc AD et que la différence pourra devenir aussi petite que l'on veut. Donc (**141**) l'arc AD est la limite descendante de ces arcs. De même l'angle ACD est la limite des angles ACE, ACF, ACI........

Or, puisqu'à chaque degré de variation, ces quantités forment toujours une proportion avec l'angle ACB et l'arc AB, ainsi que le constatent les proportions (*a*), (*b*), (*c*)........ il s'ensuit qu'on peut dire aussi (**142**) que leurs limites ACD et AC jouissent de cette propriété. Donc

$$ACB : ACD = AB : AD.$$

COROLLAIRES.

151. I. *Deux secteurs sont entre eux comme les arcs ou les angles au centre qui y correspondent.*

152. II. *De deux angles au centre ou de deux secteurs, le plus grand intercepte le plus grand arc et réciproquement.*

THÉORÈME III.

(Nᵒˢ 49, 80, 85, 121, 122, 147.)

153. Deux cordes égales soustendent des arcs égaux, et réciproquement.

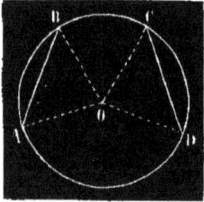

D'abord une droite (corde ou sécante) ne peut rencontrer la circonférence qu'en deux points, car si elle avait trois points sur la circonférence, comme tous les points de celle-ci sont équidistants du centre (**119**), la droite aurait trois points également éloignés d'un même point, contrairement au nᵒ **85**.

Maintenant, puisque la corde AB=DC, les deux triangles AOB et COD ont les trois côtés respectivement égaux. Donc (**80**) l'angle AOB=DOC. Donc, suivant le **nᵒ 147** l'arc AB=DC.

En 2ᵉ lieu, si on suppose l'arc AB=DC, conformément à la réciproque du **nᵒ 147**, on aura l'angle AOB=DOC. Donc les deux triangles OAB et ODC ont un angle égal compris entre deux côtés égaux. Donc (**49** et **80**) le 3ᵉ côté AB=DC.

THÉORÈME IV.

(Nᵒˢ 60, 111, 112, 138, 152.)

154. De deux cordes inégales, la plus grande soustend le plus grand arc et réciproquement, mais il n'y a pas proportion entre les arcs et les cordes.

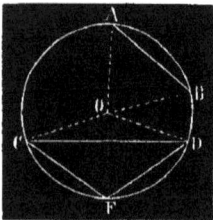

Soit la corde CD>AB. Les triangles OCD et OAB ont donc deux côtés égaux, comme rayons d'un même cercle, et le 3ᵉ inégal, donc (**112**) l'angle COD>AOB.

Mais, d'après le **nᵒ 152**, au plus grand angle au centre est opposé le plus grand arc. Donc l'arc CD>AB.

Réciproquement si l'arc CD>AB, suivant la réciproque du n° **132** qu'on vient de citer, l'angle COD>AOB. Donc les deux triangles ont un angle inégal compris entre côtés égaux donc (**111**) le 3ᵉ côté CD est plus grand que AD.

Donc à mesure que l'arc grandit la corde devient aussi plus grande, mais il n'y a cependant pas proportion entre les arcs et les cordes, car en supposant que l'arc CD soit le double de CF, on aura dans le triangle CDF (**69**) CD < CF + FD, ou CD < 2 CF, puisque CF=FD. Ainsi, lorsque l'arc est doublé, la corde ne l'est pas, donc (**138**) il n'y a pas proportion entre ces quantités.

135. COROLLAIRE. *Comme il est dit au n° 123, les arcs ne dépassent pas une demi-circonférence, de sorte que le diamètre est plus grand que toute autre corde.* On peut démontrer cette proposition directement, car, dans le triangle COD, on a CD < OC+OD ou CD plus petit qu'un diamètre puisque le diamètre est égal à la somme de deux rayons (**121**).

THÉORÈME V.

(Nᵒˢ 84, 147.)

136. Tout rayon perpendiculaire sur une corde divise cette corde et l'arc soustendu en deux parties égales.

Soit CD perpendiculaire sur la corde AB. Puisque CA= CB, comme rayons, les deux triangles rectangles ACI et BCI ont le côté CI commun et l'hypoténuse égale, donc (**81**) ils sont égaux, donc AI=IB et l'angle ACD=BCD, donc (**147**) l'arc AD=DB. Donc la corde AB et l'arc AB sont divisés l'un et l'autre en deux parties égales par le rayon CD.

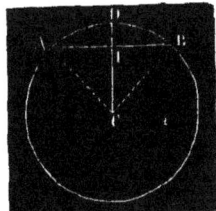

COROLLAIRES.

137. I. *Toute perpendiculaire au milieu d'une corde passe par le centre et divise l'arc soustendu en deux parties égales.*

138. II. *Tout rayon mené par le milieu d'une corde est* *perpendiculaire sur cette corde et divise l'arc en deux parties égales.*

159. III. *Tout rayon mené par le milieu de l'arc est perpendiculaire sur la corde et la divise en deux parties égales.*

160. IV. *Toute droite menée par le milieu de l'arc perpendiculairement à la corde divise celle-ci en deux parties égales et passe par le centre.*

161. V. *Toute droite qui joint les milieux de l'arc et de la corde est perpendiculaire sur celle-ci et passe par le centre.*

162. VI. *En résumé, le centre, le milieu de la corde et celui de l'arc sont trois points situés sur une même droite perpendiculaire à la corde.*

THÉORÈME VI.

163. Deux cordes égales sont à égale distance du centre et réciproquement.

On suppose la corde AB=CD, et il faut démontrer que les perpendiculaires OF et OE menées du centre sur ces cordes sont égales.

Or, suivant le théorème précédent, les perpendiculaires OF et OE divisent les cordes AB et CD en deux parties égales, et comme on les suppose égales, leurs moitiés sont aussi égales, donc AF=CE. Mais OA=OC comme rayons. Donc les deux triangles rectangles OAF et OCE sont égaux comme ayant l'hypoténuse égale et un côté égal. Donc les deux troisièmes côtés OF et OE sont égaux.

Réciproquement si OF=OE, les deux triangles rectangles AOF et COE sont encore égaux pour avoir l'hypoténuse égale et un côté égal, et par suite AF=CE. Or, AF et CE sont les moitiés des cordes AB et CD, donc celles-ci sont aussi égales.

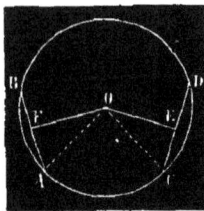

THÉORÈME VII.

(Voir n°s 62, 82, 153, 154, 163.)

164. De deux cordes inégales, la plus grande est la plus rapprochée du centre et réciproquement.

Si la corde $CD > AB$, l'arc $CD > AB$ (**154**). On peut donc prendre sur l'arc CD un arc $CF = AB$ et (**153**) la corde AB sera égale à la corde CF. Donc (**163**) elles sont équidistantes du centre, donc les perpendiculaires OG et OE sont égales. Mais OE qui est perpendiculaire sur CF est oblique sur CD, car du point C, on ne peut mener qu'une perpendiculaire sur OE (**62**). Soit H le point où OE rencontre CD. La perpendiculaire OI sur CD sera plus courte que l'oblique OH (**82**), et comme OH est évidemment plus petite que OE, on aura à plus forte raison $OI < OE$ ou $OI < OG$, puisque $OG = OE$. Donc la distance du centre à la corde CD est plus petite que la distance du centre à l'autre corde AB (**82**). Donc, etc.

Réciproquement si $OI < OG$, je dis qu'on aura $CD > AB$. Car, si $CD = AB$, il s'ensuit (**163**) que $OI = OG$, ce qui est en contradiction avec la supposition $OI < OG$. Si $CD < AB$ on vient de voir qu'on aurait $OI > OG$ ce qui est encore plus en opposition avec l'hypothèse. On ne peut donc pas supposer $CD = AB$, ni $CD < AB$, donc il faut qu'on ait $CD > AB$.

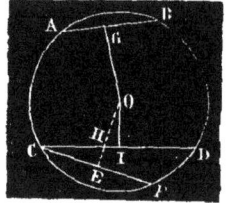

THÉORÈME VIII.

(Voir n°s 60, 62, 82, 86, 126.)

165. Toute droite perpendiculaire à l'extrémité d'un rayon est tangente au cercle et réciproquement.

Soit AB perpendiculaire à l'extrémité du rayon OC. Puisqu'elle passe à l'extrémité C d'un rayon, ce point est commun à la droite et à la circonférence. Il reste donc à voir si ces deux lignes peuvent avoir d'autres points communs. Or, en

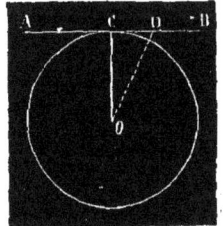

joignant le centre à un autre point quelconque D de la droite AB, on aura une oblique, puisque d'un point O, on ne peut mener qu'une perpendiculaire à une droite, et comme la perpendiculaire est plus courte que l'oblique, on voit que le point D est plus éloigné du centre que le point C. Donc le point C est le seul commun entre la droite et la courbe. Donc, d'après la définition du n° **126**, la droite AB est tangente à la circonférence.

Réciproquement, si AB est tangente elle est perpendiculaire au rayon qui passe par le point de contact. Car, suivant la définition qui vient d'être rappelée, si elle est tangente au point C, elle n'a que ce seul point de commun avec la circonférence, et tous les autres se trouvent hors du cercle. Donc tout autre point D de cette droite est plus éloigné du centre que le point C. Donc OC est la plus courte droite qu'on puisse mener du centre O sur la droite AB; donc, suivant le n° **86**, elle est perpendiculaire sur AB.

COROLLAIRES.

166. I. *En un point d'une circonférence on ne peut mener qu'une tangente.*

167. II. *Toute droite perpendiculaire à une tangente au point de contact passe par le centre, et tout rayon perpendiculaire sur une tangente passe au point de contact.*

THÉORÈME IX.

(N°° 55, 58, 156, 159, 167.)

168. Deux droites parallèles interceptent sur la circonférence des arcs égaux et réciproquement.

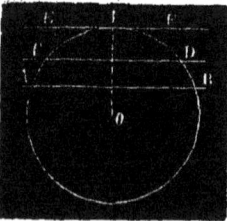

Soient une tangente et deux sécantes parallèles. En menant le rayon OI perpendiculaire sur une de ces droites, elle le sera aussi sur les deux autres (**13**). Donc (**156**) elle divise les arcs soustendus par les cordes AB et CD chacun en deux parties égales, et (**167**) elle passe par le point de contact de la tangente EF. Donc 1° l'arc CI=DI, donc une tangente et une sécante parallèles interceptent des arcs égaux ; 2° l'arc AI=BI et CI=DI, donc la différence AI—CI=BI—DI ou AC=DB, donc deux sécantes parallèles interceptent aussi des arcs égaux.

Réciproquement, si CA=DB, je dis que les deux droites AB et CD seront parallèles, si toutefois elles ne se coupent pas dans le cercle, ce qui aurait lieu pour les droites AD et CB. Soit I le milieu de l'arc CD, le rayon OI (**159**) sera perpendiculaire sur la corde CD. Mais puisque CA=DB, le point I est aussi le milieu de l'arc AB, donc le rayon OI est aussi perpendiculaire sur la corde AB. Donc les droites CD et AB sont perpendiculaires sur une même troisième OI, donc (**38**) elles sont parallèles.

THÉORÈME X.

(N°⁸ 130, 159, 140, 150)

169. L'angle au centre a la même mesure que l'arc intercepté par ses côtés.

Soit AOB un angle au centre quelconque et soit AB l'arc compris par ses côtés.

Si on représente par D l'angle droit BOF pris au centre du même cercle et par C le quadrant BF qui lui correspond, on aura, d'après le **n° 150**, la proportion AOB : D = AB : C.

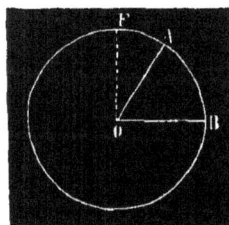

Mais D et C étant les unités respectives des angles et des arcs (**139, 140**), cette proportion prouve que le rapport de l'angle AOB à son unité est le même que celui de l'arc AB à la sienne. Donc, suivant la définition du **n° 136**, leurs mesures sont égales.

De sorte que si l'on convient de représenter les nombres qui expriment ces deux rapports ou ces deux mesures respectivement par AOB et AB, on aura

$$AOB = AB.$$

C'est ainsi qu'on est amené à dire que l'angle au centre a pour mesure l'arc intercepté par ses côtés.

THÉORÈME XI.

(N°° 61, 72, 127, 128, 129.)

170. L'angle inscrit a pour mesure la moitié de l'arc intercepté.

Soit d'abord l'angle ABC dont un des côtés BA passe par le centre O.

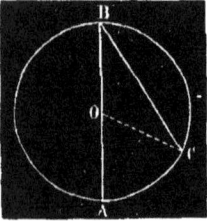

En joignant CO le triangle BOC sera isocèle puisque les rayons OB et OC sont égaux, donc l'angle B = C (**72**). Mais l'angle extérieur COA est égal à la somme des deux angles intérieurs B et C (**61**), et comme ces deux angles sont égaux, il est le double de chacun d'eux. Donc l'angle AOC est double de l'angle ABC, ou l'angle ABC est égal à la moitié de AOC. Mais celui-ci a pour mesure l'arc AC (**169**), donc ABC aura pour mesure la moitié de cet arc. D'où $ABC = \frac{AC}{2}$

2° Le centre est dans l'angle. Soit DBC cet angle. Menant le diamètre BA, on vient de voir que $ABD = \frac{AD}{2}$ et que $ABC = \frac{AC}{2}$. Ajoutant ces deux égalités, il vient

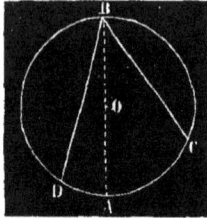

$$ABD + ABC = \frac{AD}{2} + \frac{AC}{2} = \frac{AD + AC}{2}$$

Or, $ABD + ABC = DBC$ et $AD + AC = DC$. Donc $DBC = \frac{DC}{2}$.

3° Le centre se trouve hors de l'angle CBD.

Si on mène le diamètre BA, on aura encore $CBA = \frac{AC}{2}$ et $DBA = \frac{DA}{2}$. Soustrayant membre à membre, $CBA - DBA$ $\frac{AC}{2} - \frac{DA}{2} = \frac{AC - DA}{2}$. Ou, comme $CBA - DBA = CBD$ et $AC - AD = CD$, $CBD = \frac{CD}{2}$.

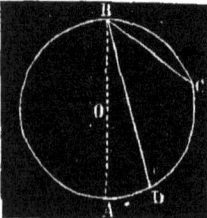

Ainsi, quelle que soit la position de l'angle inscrit, sa mesure est toujours égale à la moitié de l'arc compris par ses côtés, ou plutôt sa mesure est égale à celle de cet arc.

COROLLAIRES.

171. I. *L'angle inscrit est la moitié de l'angle au centre qui intercepte le même arc.*

172. II. *Tous les angles inscrits dans un même segment sont* égaux.

173. III. *Tout angle inscrit dans un demi-cercle est droit.*

174. IV. *Un angle est aigu ou obtus, suivant que le segment dans lequel il est inscrit est plus grand ou plus petit qu'un demi-cercle.*

175. V. *Dans le même cercle ou dans des cercles égaux, deux angles inscrits égaux interceptent des arcs égaux et réciproquement.*

THÉORÈME XII.

(Nᵒˢ 130, 149, 167, 169, 170.)

176. L'angle tangentiel a pour mesure la moitié de l'arc intercepté.

Soit l'angle CAB formé par la tangente AB et la corde AC. Le diamètre AD est perpendiculaire sur AB (**167**) et divise la circonférence en deux parties égales (**149**). Donc l'angle DAB est droit et l'arc ACD vaut la moitié de la circonférence. Or, l'angle droit a pour mesure le quart de la circonférence (**169**), donc l'angle DAB a pour mesure la moitié de l'arc ACD, donc $DAB = \dfrac{ACD}{2}$. Mais, d'après le théorème précédent, l'angle inscrit $CAD = \dfrac{DC}{2}$. Soustrayant membre à membre ces deux égalités, il vient $DAB - CAD = \dfrac{ACD - DC}{2}$ ou $CAB = \dfrac{AC}{2}$.

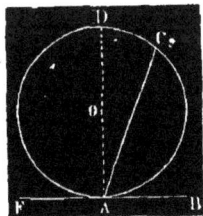

On démontrerait tout aussi bien que l'angle FAC a pour mesure la moitié de l'arc ADC.

177. COROLLAIRE. *L'angle tangentiel est égal à l'angle inscrit et à la moitié de l'angle au centre qui interceptent le même angle que lui.*

THÉORÈME XIII.

178. L'angle formé par deux cordes qui se coupent dans le cercle a pour mesure la moitié de la somme des deux arcs interceptés par ses côtés.

Il faut démontrer que l'angle AOB a pour mesure la demi-somme des arcs AB et CD.

En joignant DB, l'angle extérieur AOB $=$ CBD $+$ ADB **(61)**. Or **(170)**, CBD $= \dfrac{CD}{2}$ et ADB $= \dfrac{AB}{2}$. Donc AOB $= \dfrac{CD}{2} + \dfrac{AB}{2} = \dfrac{AB + CD}{2}$. Donc, etc.

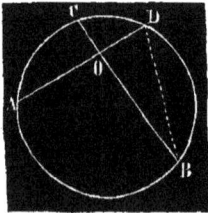

179. COROLLAIRE. *Tout angle qui a son sommet dans le cercle est plus grand que l'angle inscrit ou que l'angle tangentiel qui intercepte le même arc.*

THÉORÈME XIV.

(Nᵒˢ 61, 170, 176.)

180. L'angle formé par deux sécantes, ou par une tangente et une sécante, ou par deux tangentes a pour mesure la moitié de la différence des arcs interceptés.

1° Soit l'angle AOB. Si on joint AD, l'angle extérieur ADB $=$ AOB $+$ CAD, d'où AOB $=$ ADB $-$ CAD. Mais **(170)** ADB $= \dfrac{AB}{2}$ et CAD $= \dfrac{CD}{2}$, donc AOB $= \dfrac{AB}{2} - \dfrac{CD}{2} = \dfrac{AB - CD}{2}$.

2° En joignant BF, dans le triangle BOF formé par la sécante OB et la tangente OH, l'angle extérieur BFH = BOF + DBF, d'où BOF = BFH — DBF. Or, BFH = $\frac{BF}{2}$ (**176**) et DBF = $\frac{DF}{2}$, donc BOF = $\frac{BF - DF}{2}$

3° Si on considère l'angle EOF formé par les deux tangentes OE et OF, en joignant EF, on aura EFH = EOF + OEF, d'où EOF = EFH — OEF = $\frac{\text{arc EBF}}{2} - \frac{\text{arc EDF}}{2} = \frac{EBF - EDF}{2}$.

181. COROLLAIRE. *Chacun de ces angles est donc plus petit que l'angle inscrit ou que l'angle tangentiel mesuré par le plus grand des deux arcs compris.*

THÉORÈME XV.
(Nᵒˢ 40, 157.)

182. Deux circonférences qui ont trois points communs coïncident.

Soient A, B, C, trois points communs à deux circonférences. Les droites AB et BC sont donc des cordes communes. Les perpendiculaires DO et EO élevées sur les milieux de ces cordes passent donc par le centre de chacune de ces circonférences (**157**). Donc (**40**) elles ont le même centre O, et par suite le même rayon OA. Donc (**119** et **120**) elles coïncident ainsi que les cercles compris.

183. COROLLAIRE. *Deux circonférences ne sauraient se rencontrer qu'en deux points.*

THÉORÈME XVI.
(Nᵒˢ 83, 119, 143.)

184. Lorsque deux circonférences sont tangentes, la distance des centres est égale à la somme ou à la différence des rayons, suivant qu'elles se touchent extérieurement ou intérieurement.

Soient A et B les deux centres. Je dis d'abord que le point

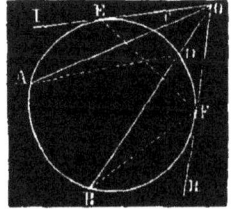

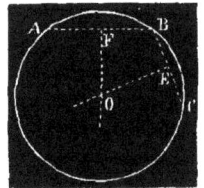

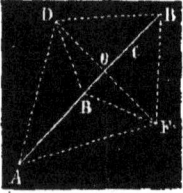

de contact se trouve sur la droite AB qui joint les centres, soit entre les points A et B, soit au delà du point B. S'il était en D au dehors de cette droite, en menant la droite DOF perpendiculaire sur AB et prenant FO = DO, le point F serait aussi sur les deux circonférences, car (**83**) on aurait AD = AF et BD = BF comme obliques égales. Donc les deux circonférences auraient les deux points D et F communs (**119**). Donc elles ne seraient pas tangentes, contrairement à la supposition. Donc le point de contact C se trouve sur la droite AB, qu'il soit ou non entre les points A et B.

Dans le 1er cas, il est évident que AB = AC + BC; et dans le 2e, que AB = AC — BC. Donc, etc.

COROLLAIRES.

185. I. *Si deux circonférences ont un point commun en dehors de la ligne des centres, elles en auront un second de l'autre côté de cette ligne et à la même distance.*

186. II. *Donc si deux circonférences se coupent la droite qui joint leurs centres est perpendiculaire au milieu de la corde commune.*

THÉORÈME XVII.

(N** 165, 182, 185.)

187. Réciproquement, deux circonférences sont tangentes extérieurement ou intérieurement, suivant que la distance des centres est égale à la somme ou à la différence de leurs rayons.

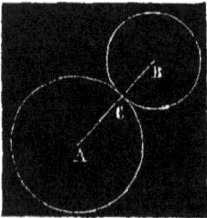

Supposons en premier lieu que la distance des centres AB est égale à la somme des rayons et soit AC l'un deux, l'autre sera évidemment BC. Donc le point C est commun aux deux circonférences, et je dis qu'elles n'en ont pas d'autres. Car s'il y avait un autre point commun au dessus de AB, il y en aurait aussi un autre en dessous (**185**). Elles auraient donc trois points communs, donc (**182**) elles coïncideraient et seraient concentriques (**143**), ce qui est en contradiction avec la supposition, où il est dit que les centres sont distants l'un de l'autre de la somme des rayons. Donc les deux circonférences n'ont que le seul point C de commun, donc elles sont tangentes extérieurement.

Soit, en second lieu, la distance des centres AB égale à la différence des rayons.

Si AC est le plus grand des rayons, il s'ensuit que BC sera le plus petit, car suivant la supposition AB=AC—BC. Donc les deux circonférences passent au point C, et par le même raisonnement que dans la première partie de ce théorème, on prouverait qu'elles n'ont pas d'autres points communs. Donc elles sont encore tangentes, mais intérieurement.

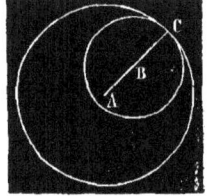

188. COROLLAIRE. *Toutes les circonférences tangentes en un même point ont leurs centres sur une même droite qui passe au point de contact commun. Et toute droite perpendiculaire en ce point à la ligne des centres est une tangente commune à tous ces cercles (***165***).*

THÉORÈME XVIII.

(N⁰ˢ 69, 184, 186.)

189. Lorsque deux circonférences se coupent, la distance des centres est plus petite que la somme des rayons et plus grande que leur différence. Et réciproquement deux circonférences se coupent, lorsque la distance des centres est plus petite que la somme des rayons, ou plus grande que leur différence.

1° Soient A et B les centres de deux circonférences qui se coupent en D et C. On sait (**186**) que AB passe par le milieu de la corde commune DC. Donc en menant les rayons AD et BD on formera un triangle ADB dans lequel (**69**) le côté AB est plus petit que la somme des deux autres AD, BD, et plus grand que leur différence.

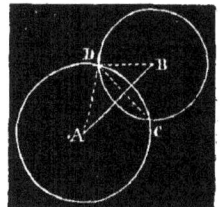

2° *Réciproquement*, si les circonférences ne se coupent pas, ou elles se touchent, ou elles sont complétement exté-

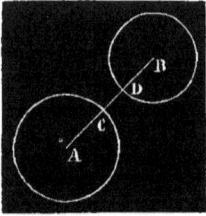

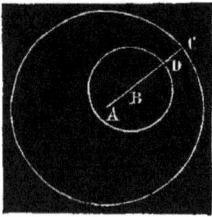

rieures, ou complétement intérieures. Dans le 1ᵉʳ cas, la distance des centres (**184**) serait égale à la somme ou à la différence des rayons.

Dans le 2ᵉ cas, il est évident que la distance des centres AB surpasserait la somme des rayons AC+BD de la quantité CD comprise entre les deux circonférences.

Et dans le 3ᵉ, il est facile de voir que la différence entre les deux rayons AC et BD est égale à AB+CD, donc la ligne AB seule, qui est la distance des centres, est plus petite que la différence des rayons de la quantité CD.

Ainsi dans les trois cas, on aboutirait à une conclusion contraire à la supposition, c'est-à-dire à une absurdité. Donc il faut admettre que les deux circonférences se coupent.

THÉORÈME XIX.

(Nᵒˢ 108, 109, 144, 145, 146, 165, 166, 182.)

190. Tout triangle est inscriptible et circonscriptible au cercle.

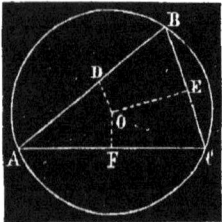

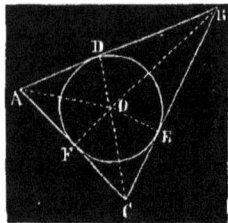

On a vu, au **n° 109**, que le point où se coupent les perpendiculaires élevées sur les milieux des trois côtés d'un triangle est à égale distance des trois sommets. Donc ce point est le centre d'une circonférence circonscrite à ce triangle (**144**). Donc le triangle est inscriptible (**146**).

En 2ᵉ lieu, d'après le **n° 108**, les bisectrices des angles d'un triangle se rencontrent en un même point équidistant des trois côtés. Donc les perpendiculaires OD, OE, OF sur les trois côtés sont égales. Donc la circonférence décrite du point O comme centre avec le rayon OD passera par les trois points D, E, F et sera tangente aux côtés du triangle, puisque chacun d'eux est perpendiculaire à l'extrémité d'un rayon (**165**). Donc on peut inscrire un cercle dans un triangle, donc celui-ci est circonscriptible.

COROLLAIRES.

191. I. *On ne peut circonscrire qu'un cercle à un triangle* (**182**), *et on ne peut lui en inscrire qu'un* (**166**).

192. II. *Par trois points non en ligne droite on peut toujours faire passer une circonférence, mais il n'y en a qu'une.*

THÉORÈME XX.

(Nᵒˢ 19, 170, 179, 181.)

193. Les angles opposés d'un quadrilatère sont ou ne sont pas supplémentaires suivant que le quadrilatère est ou n'est pas inscriptible.

1ᵒ Si on circonscrit un cercle au quadrilatère ABCD, l'angle inscrit B a pour mesure la moitié de l'arc ADC (**170**) et l'angle D a pour mesure la moitié de l'arc ABC. Donc ensemble ils ont pour mesure la moitié de la circonférence qui, elle, mesure deux angles droits, donc ils sont supplémentaires.

2ᵒ Si le quadrilatère n'est pas inscriptible, la circonférence qui passe par les trois sommets A, D, C laissera le 4ᵉ sommet B à l'intérieur ou à l'extérieur du cercle. Considérons le dernier cas. En joignant le sommet A au point I où la circonférence rencontre le côté BC, on aura le quadrilatère inscrit ADCI dans lequel, comme on vient de le voir, les angles D et I sont supplémentaires. Mais, d'après le **nᵒ 181** ou **61**, l'angle ABC est plus petit que AIC, donc la somme des angles B et D est aussi plus petite que deux angles droits. Si le point B était dans le cercle, il est facile de voir par le **nᵒ 179**, que la somme des angles B et D serait plus grande que deux droits. Donc, etc.

194. COROLLAIRE. *Un quadrilatère est ou n'est pas inscriptible, suivant que les angles opposés sont ou ne sont pas supplémentaires, ainsi le carré et le rectangle sont inscriptibles.*

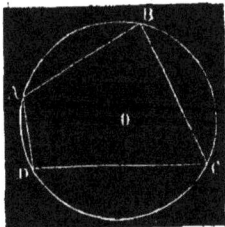

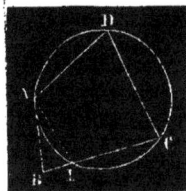

THÉORÈME XXI.

(N°° 57, 68, 69, 74, 107, 165, 176.)

195. La somme de deux côtés opposés d'un quadrilatère est ou n'est pas égale à la somme des deux autres côtés opposés, suivant que ce quadrilatère est ou n'est pas inscriptible.

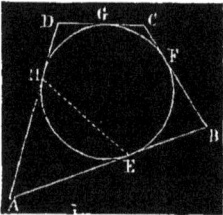

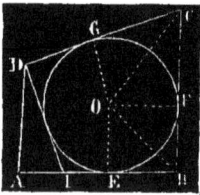

1° Soit le quadrilatère ABCD dont les côtés touchent la circonférence aux points E, F, G, H.

En joignant EH, l'angle AEH=AHE (**176**). Donc (**74**) le triangle AEH est isocèle et le côté AE=AH; de même BE = BF, DG=DH et CG = CF. Ajoutant membre à membre ces quatre égalités, on trouve AB + DC = AD + BC. Donc si le quadrilatère est circonscriptible, la somme des côtés opposés est constante.

2° Supposons que le quadrilatère ABCD ne soit pas circonscriptible.

Les bisectrices des angles B et C se rencontreront, car la somme de ces deux angles étant plus petite que quatre droits (**68**), la somme de leurs moitiés sera plus petite que deux droits, donc elles font avec la droite BC deux angles intérieurs qui ne sont pas supplémentaires, donc (**57**) elles sont convergentes. Soit O leur point de concours, ce point (**107**) sera équidistant des trois côtés AB, BC, CD; donc les perpendiculaires OE, OF, OG sont égales, donc (**165**) la circonférence décrite du point O comme centre avec le rayon OE est tangente aux trois côtés AB, BC, CD du quadrilatère, et le 4° côté AD coupe la circonférence ou se trouve à l'extérieur. Dans ce dernier cas, si on mène la tangente DI, on aura, d'après la 1re partie de ce théorème, BC+DI=DC+BI. En mettant BA au lieu de BI et DA au lieu de DI, dans cette égalité, le second membre aura varié de AI et le premier de la différence entre DI et DA. Or (**69**), dans le triangle ADI, un côté AI est plus grand que la différence des deux autres DI et DA, donc ces deux membres qui étaient égaux auront varié de deux quantités différentes, donc ils ne seront plus égaux. Donc la somme des côtés opposés BC et DA n'est pas égale à la somme des deux autres AB et DC, lorsque le quadrilatère n'est pas circonscriptible, car la démonstration serait identique si le côté DA rencontrait la circonférence.

196. I. *Un quadrilatère est ou n'est pas circonscriptible, suivant que la somme des côtés opposés est ou n'est pas la même. Donc le carré et le losange sont circonscriptibles.*

197. II. *Deux tangentes AE et AH menées d'un même point à un cercle sont égales. Et la droite qui joint ce point au centre est bisectrice de leur angle.*

PROBLÈMES.

(Voir n°° 2, 3, 4.)

198. Il y a deux espèces de problèmes.

1° *Les problèmes graphiques* qui doivent se résoudre au moyen de la règle et du compas, instruments qui représentent la ligne droite et la circonférence, les deux seules lignes employées dans la géométrie plane.

2° *Les problèmes numériques* pour la résolution desquels on fait usage de l'algèbre et de l'arithmétique.

Pour trouver la solution d'un problème, il faut généralement, comme pour constater la vérité d'un théorème, supposer d'abord la question résolue, en faire les constructions approximatives, étudier parfaitement la supposition ou les données et se les fixer dans la mémoire pour découvrir les relations qui peuvent exister entre celles-ci et les quantités cherchées et ainsi mettre en évidence, comme conclusion, le résultat de la question à résoudre.

Mais, outre la supposition, la conclusion et la démonstration, le problème exige souvent une **discussion**, qui consiste à examiner tous les cas particuliers qui peuvent se présenter, à déterminer le nombre de solutions de la question, à en constater la possibilité ou l'impossibilité. Mais la chose essentielle pour comprendre soit un problème, soit un théorème, c'est de savoir exactement les énoncés des définitions et des propositions étudiées.

PROBLÈME I.

(Nos 83, 90, 173, 189.)

Mener une perpendiculaire à une droite.

199. 1º *Par un point donné sur cette droite.*

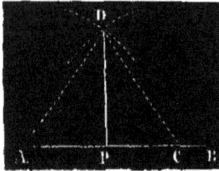

Soient AB la droite et P le point donnés, et supposons que DP soit la perpendiculaire cherchée. Si on prend PC = PA, on sait (**83**) que DC = DA. Donc, si on peut trouver un point D qui soit équidistant des points A et C, en le joignant au point P, le problème sera résolu. Or, si des points A et C comme centres, on décrit deux arcs de cercle avec une même ouverture de compas plus grande que AP, ces deux arcs se couperont, car (**189**) la distance AC qui joint les centres est plus petite que la somme des rayons, et leur point d'intersection sera également éloigné des points A et C puisque les rayons sont égaux. D'où la solution du problème.

200. 2º *Par un point donné P hors de la droite.*

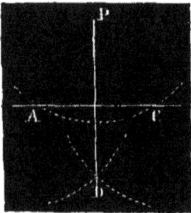

Si du point P comme centre on décrit une circonférence qui rencontre la droite donnée en deux points tels que A et C, la perpendiculaire menée du point P sur AB passera par le milieu de AC (**89**), puisque PA et PC sont deux lignes égales comme rayons d'un même cercle. Ensuite si des points A et C, on trace deux arcs avec des rayons égaux mais tels que leur somme soit plus grande que AC, le point D de leur intersection sera aussi également éloigné des points A et C, et par suite il sera aussi un point de la même perpendiculaire. Donc (**90**) DP est cette perpendiculaire.

201. 3º *Qui passe par le milieu de cette droite.*

Il suffit de trouver deux points équidistants des extrémités A et B de la droite (**90**), et de joindre ces deux points. Donc si des points A et B avec une même ouverture de compas on décrit deux circonférences qui se coupent en deux points tels que C et D (**189**), en joignant ces deux points, le problème sera résolu.

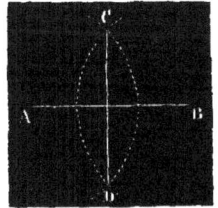

202. COROLLAIRE. *Diviser une droite en 2, 4, 8, 16......* *parties égales.*

203. *4° Qui passe à l'une des extrémités de la droite,* *sans prolonger celle-ci.*

D'un point O pris hors de la droite, décrire une circonfé-rence qui passe en B et coupe la droite donnée en un autre point A. Mener le diamètre AOC et joindre CB. L'angle ABC étant inscrit dans un demi cercle est droit (**173**). Donc CB est perpendiculaire sur AB.

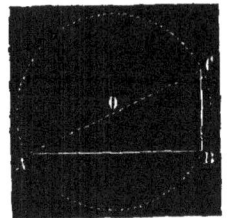

Discussion. Chacun de ces problèmes est toujours possi-ble et n'a qu'une solution, car d'un point on peut toujours mener une perpendiculaire sur une droite et il n'y en a qu'une.

PROBLÈME II.

(N°° 10, 41, 42, 60, 147, 150, 153)

204. Construire en un point d'une droite, un angle égal à un angle donné BAC.

Soit B'A'C' l'angle cherché. Puisqu'il est égal à BAC, les arcs BC et B'C' décrits de leurs sommets comme centre avec un même rayon seront égaux et réciproquement (**147**), et si les arcs sont égaux, leurs cordes seront égales et récipro-quement (**153**).

Ainsi pour résoudre le problème, on prend A'C' = AC; avec un rayon arbitraire AC, du point A on décrit l'arc CB et du point A' l'arc indéfini C'M; on prend sur celui-ci avec une ouverture de compas égale à la corde CB, un arc C'B' égal à l'arc CB et l'on joint A'B'.

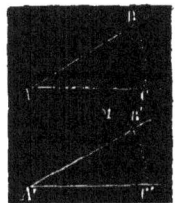

COROLLAIRES.

205. I. *Si l'angle est droit,* on peut se servir de l'un des procédés indiqués au problème précédent.

206. II. *On doublerait l'angle donné BAC, ou l'on construirait un angle double de BAC* en prenant sur l'arc C'M deux fois successivement la distance CB, car l'arc étant doublé, l'angle au centre le serait aussi (**150**).

On pourrait ainsi trouver un angle qui soit *le triple, le quadruple,* ou un *multiple quelconque* d'un angle donné.

207. III. *Construire un angle qui soit égal à la somme ou à la différence de deux angles donnés.*

208. IV. *Construire, en un point d'une droite donnée, un angle complémentaire ou supplémentaire d'un angle donné.*

209. V. *Étant donné un des angles aigus d'un triangle rectangle, trouver l'autre; et connaissant deux angles d'un triangle quelconque ou seulement leur somme, trouver le 3ᵉ* (**60**).

PROBLÈME III.

(Nᵒˢ 156, 159, 199.)

210. Partager un angle donné en deux parties égales, ou mener la bisectrice d'un angle donné **BAC**.

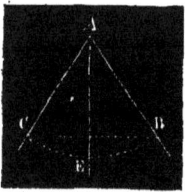

Soit AD cette bisectrice. Puisque l'angle BAE = CAE, l'arc BE = CE (**147**) et la droite AD est perpendiculaire au milieu de la corde BC (**159**). Donc pour résoudre ce problème, il suffit de tracer avec un rayon arbitraire et du centre A un arc BC terminé aux deux côtés de l'angle, puis de mener du sommet A une perpendiculaire sur la corde BC (**156, 199**).

211. COROLLAIRE. *Diviser un arc en deux parties égales, et un arc ou un angle en 2, 4, 8...... parties égales.*

PROBLÈME IV.

(N⁰ˢ 54, 56, 95, 106, 204.)

212. Par un point donné **P** mener une parallèle à une droite donnée **AB**, ou une droite qui fasse avec cette ligne **AB** un angle donné.

1° Supposons PD parallèle à AB, l'angle DPC sera égal à ACP et réciproquement (**54** et **56**).

Donc, mener une droite quelconque PC, faire l'angle CPD = ACP (**204**) et la droite PD sera parallèle à AB.

2° En un point H quelconque de la droite faire l'angle CHB égal à l'angle donné, puis, par le point P mener une parallèle PD à HC, et PD sera la droite demandée.

Ce dernier problème a deux solutions, car au point H on peut mener deux droites HC et HC′ qui fassent avec AB des angles CHB et C′HA égaux à l'angle donné. Et les droites PD et PD′ respectivement parallèles à ces droites jouiront toutes les deux de la propriété demandée.

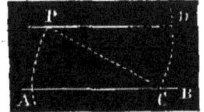

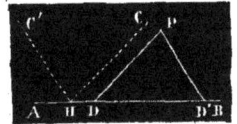

COROLLAIRES.

213. I. *Construire un angle égal à l'angle de deux droites convergentes, sans les prolonger jusqu'à leur point d'intersection.* Par un point quelconque mener des parallèles à ces deux droites, elles feront l'angle cherché (**106**).

214. II. *Parallèlement à la base AC d'un triangle mener une droite DE dont la partie comprise entre les deux autres côtés soit égale à une droite donnée* m. Prendre AE = m, mener FE parallèle à AB, puis DF parallèle à AC (**95**).

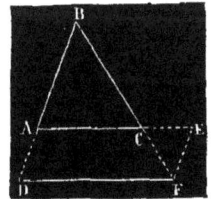

PROBLÈME V.

(N⁰ˢ 49, 51, 80, 81.)

Construire un triangle.

215. 1° *Connaissant deux côtés* a *et* b *et l'angle compris* m.

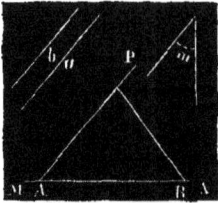

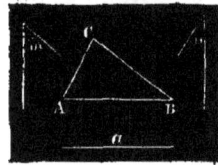

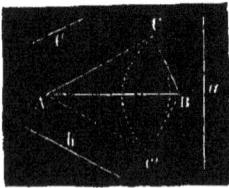

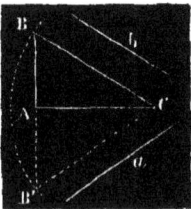

Sur une droite indéfinie, prenez AB = *a*, au point A faites l'angle BAP = *m* (**204**), déterminez sur AP une longueur AC = *b* et joignez CB; le triangle ABC sera le triangle demandé, car ce triangle et celui dont on donne les éléments sont égaux (**49**).

216. 2° *Un côté* a *et les deux angles adjacents* m *et* n.

Prendre AB = *a*; construire en A et B et sur AB des angles respectivement égaux à *m* et *n*. Le triangle ABC ainsi formé répond à la question, puisqu'il est égal à celui dont les éléments sont donnés (**51**).

Ce problème serait impossible si la somme des deux angles donnés était plus grande que deux droits ou seulement égale à deux droits (**60**).

217. 3° *Les trois côtés* a, b, c.

Prendre AB = *a*; des centres A et B décrire des arcs avec les rayons *b* et *c* qui se couperont en deux points C et C' si *a*, étant le plus grand des trois côtés, est plus petit que la somme des deux autres (**69, 189**). Joignant chacun de ces points aux points A et B, on aura deux triangles qui répondent l'un et l'autre à la question. Mais, comme ces deux triangles sont égaux (**80**), le problème n'a qu'une solution. Et on vient de voir qu'elle n'est possible que si le plus grand des côtés est plus petit que la somme des autres. Ou plus généralement, on ne peut construire un triangle avec trois droites données que si chacune d'elles est plus petite que la somme des deux autres et plus grande que leur différence.

218. 4°. *L'hypoténuse* a *et un des côtés* b *de l'angle droit.*

Construire un angle droit BAC (**199**); prendre AC=*b*; du centre C avec le rayon *a* décrire un arc qui coupera AB en deux points B et B', si toutefois *a* est plus grand que *b*; joindre CB et CB', on aura les deux triangles égaux ACB et ACB'. Il n'y a donc qu'une solution qui est possible, si l'on prend pour hypoténuse le plus grand des deux côtés donnés, car, A étant droit est le plus grand des angles du triangle, et dans un triangle, au plus grand angle est opposé le plus grand côté. (**63** et **77**).

COROLLAIRES.

219. I. *Construire un triangle connaissant un côté, l'angle opposé et l'un des angles adjacents.* (**209** et **216**).

220. II. *Un triangle rectangle connaissant soit l'hypoténuse, soit un des deux autres côtés et un angle aigu.* (**209** et **216**).

221. III. *Un triangle équilatéral connaissant le côté* (**216**).

PROBLÈME VI.
(Nᵒˢ 82, 83, 84, 86, 87, 88)

222. Construire un triangle avec un angle *m*, un côté adjacent *a* et le côté opposé *b*.

La résolution, la démonstration et la discussion de ce problème se feront simultanément.

1º *L'angle donné* m *est droit;* c'est le nº 4 du problème précédent.

2º *L'angle* m *est obtus.*

Prendre AB = *a*; faire l'angle CAB = *m*; du centre B avec le rayon *b* décrire une circonférence qui coupera la droite CA en deux points tels que C et C', si *b* est plus grand que *a*. Joindre CB, et ABC sera le triangle cherché. En joignant BC', on formerait un 2ᵉ triangle qui aurait les côtés AB et BC' respectivement égaux aux côtés donnés *a* et *b*, mais l'angle BAC' opposé au côté *b*, au lieu d'être égal à l'angle *m*, serait son supplément. Il ne répond donc pas à la question. Ainsi le problème n'a qu'une solution, et il n'y en aurait pas, si *b* n'était pas plus grand que a, car au plus grand angle est opposé le plus grand côté, et l'angle obtus est le plus grand dans ce triangle.

3º *L'angle* m *est aigu et* b>a.

Prenez AB=*a*; faites l'angle A=*m*, du centre B avec le rayon *b*, tracez une circonférence, elle coupera nécessairement AC en deux points C et C' de part et d'autre de A, car si on mène la perpendiculaire BD, le rayon *b*

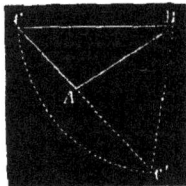

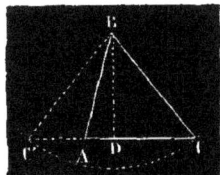

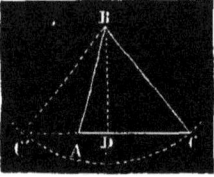

étant plus grand que AB et par suite plus grand que BD, la circonférence coupera la droite en deux points équidistants de D (**136** ou **87**) et comme le côté BC est plus grand que BA par supposition, il s'écarte plus de la perpendiculaire que BA (**88**), donc DC>DA, mais DC=DC', donc aussi DC'>DA. En joignant CB, on aura pour réponse le triangle ABC qui est toujours possible. Le triangle BAC', pour la même raison que dans le cas précédent, ne satisfait pas aux données.

4° *L'angle* m *est aigu et* a=b.

Même construction qu'au n° 3; mais la circonférence passera évidemment au point A, et il n'y aura qu'un triangle, toujours possible et isocèle.

5° *L'angle* m *est aigu et* a>b.

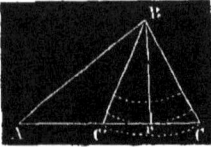

Prenez AB=*a;* faites l'angle CAB=*m*; menez la perpendiculaire BD, et du point B comme centre avec le rayon *b* tracez un arc de cercle. Maintenant trois choses sont possibles, ou *b*>BD, ou *b*=BD, ou *b*<BD.

Dans le 1e cas, l'arc de cercle rencontrera la droite AC en deux points C et C', l'un et l'autre à droite de A, puisque l'oblique *b*, étant plus petite que *a*, sera plus rapprochée de la perpendiculaire BD (**88**). Donc en joignant BC et BC' on aura deux triangles ABC et ABC' différents et qui répondront tous les deux au problème. Donc ici il y a réellement deux solutions.

Dans le 2e cas l'arc est tangent à AC au point D, et le triangle rectangle ABD est l'unique solution.

Dans le 3e cas, l'arc n'a aucun point commun avec la droite AC et le problème est impossible. Ce qui est du reste évident, puisque, dans un triangle, la hauteur ne saurait être plus grande que l'un des côtés contigus (**82**).

Remarque. Le problème V contient tous les cas analogues aux quatre cas de l'égalité des triangles, tandis qu'on n'a pas considéré le cas de l'égalité analogue au problème précédent. C'est que, comme on vient de le voir au 1er cas du n° 5 de ce problème, deux triangles ne sont pas toujours égaux lorsqu'ils ont un angle égal, le côté opposé et un des côtés adjacents. Cependant ce théorème est vrai pour tous les cas où le problème étant possible n'a qu'une solution, et alors, la démonstration se fait comme celle du n° 81 relative aux triangles rectangles.

PROBLÈME VII.

223. Construire un parallélogramme dont on connaît deux côtés *a* et *b* et l'angle compris *m*.

Prendre sur une droite indéfinie $AB = a$; construire l'angle $BAC = m$; prendre $AC = b$, puis par les points B et C mener BD et CD respectivement parallèles à AC et à AB (**212**). La figure sera un parallélogramme d'après la définition et il contient les éléments donnés. Donc, etc.

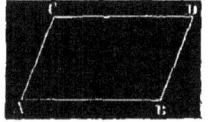

224. COROLLAIRE. *Construire un carré connaissant le côté, un rectangle connaissant la base et la hauteur, et un losange connaissant un côté et un angle.*

PROBLÈME VIII.

(N°° 57, 107, 145, 190, 191, 192, 195.)

225. Circonscrire un cercle à un triangle donné et lui en inscrire un·

1° Le centre sera le point de rencontre des perpendiculaires élevées sur les milieux de deux côtés, et le rayon sera la distance de ce point à l'un des sommets (**190**).

2° Les bisectrices de deux angles se coupent au centre et le rayon est égal à la perpendiculaire menée du centre sur un côté (**190**).

Chacun de ces problèmes est toujours possible et n'a qu'une solution (**191**).

COROLLAIRES.

226. I. *Par trois points non en ligne droite faire passer une circonférence.*

227. II. *Trouver le centre d'un arc de cercle ou d'une circonférence.* On prend trois points sur l'arc ou sur la circonférence.

228. III. *Trouver le centre ou le rayon de chacun des trois cercles ex-inscrits à un triangle* (**145** et **107**). On mènera les bisectrices des angles extérieurs, ou à tous les sommets des perpendiculaires sur les bisectrices des angles intérieurs, et leurs points d'intersection seront les centres cherchés.

229. IV. *En général, tracer les cercles tangents à trois droites, que deux d'entre elles soient parallèles ou qu'elles soient convergentes deux à deux* (**195**).

PROBLÈME IX.
(N⁰ˢ 165, 169, 195.)

230. **Par un point donné P mener une tangente à un cercle donné O.**

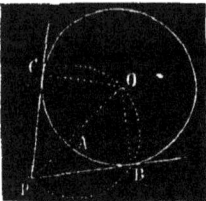

Le point peut être intérieur, ou sur la circonférence, ou extérieur.

Dans le 1ᵉʳ cas, le problème est évidemment impossible.

2ᵉ Cas. Mener le rayon OB et tracer une perpendiculaire au point B à la droite OB (**199**). Cette droite sera tangente et il n'y en a qu'une (**165, 166**).

3ᵉ Cas. Soit PB la tangente demandée. L'angle OBP est donc droit, donc il est inscrit dans le demi cercle qui aurait OP pour diamètre (**169, 173**).

Donc, après avoir tiré la droite OP, si on décrit sur cette droite comme diamètre une circonférence, elle passera au point B, où il faut mener PB pour avoir la tangente cherchée.

Mais la circonférence qui a pour diamètre OP coupe la circonférence donnée en un 2ᵉ point C. De sorte que la droite PC est aussi tangente au cercle donné. Donc le problème a deux solutions. Toutefois ces deux tangentes sont égales, comme on l'a déjà vu au n° **197**.

231. COROLLAIRE. *Mener une tangente à un cercle donné de*

*manière qu'elle soit parallèle ou perpendiculaire à une droite
donnée ou qu'elle fasse un angle donné avec cette droite.*

Mener un diamètre perpendiculaire (**199**) ou parallèle
(**212**) à la droite donnée ou qui fasse avec elle un angle
complémentaire de l'angle donné (**208**), puis tirer des tan_
gentes aux deux extrémités de ce diamètre. Chacun de ces
problèmes a donc deux solutions.

PROBLÈME X.

(N⁰ˢ 184, 187.)

232. D'un point donné O comme centre décrire une circonférence
tangente à une droite donnée MN, ou à un cercle donné P.

1° Puisque la droite doit être perpendiculaire à l'extrémité d'un rayon, on n'a qu'à mener OA perpendiculaire sur
MN et tracer un cercle avec OA pour rayon.

2° On on vu (**187**) que deux circonférences sont tangentes lorsque la distance des centres est égale à la somme
ou à la différence des rayons. Ainsi en joignant les centres
par la droite OP, qui rencontre la circonférence donnée aux
points A et B, si du point O avec des rayons respectivement
égaux à OB et OA on décrit deux circonférences, on aura la
double solution du problème, car OP $=$ OB $+$ PB et OP $=$ OA
$—$AP, c'est-à-dire, que d'une part, la distance des centres
est égale à la somme des rayons et de l'autre qu'elle est égale
à leur différence.

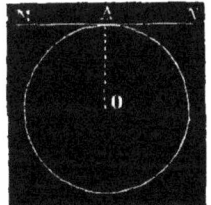

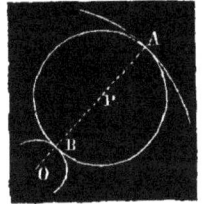

PROBLÈME XI.

233. Avec un rayon donné R, tracer une circonférence qui passe en
un point donné P et qui soit tangente à une droite donnée MN.

Soit OA le rayon du cercle demandé. Ce rayon est égal
à OP et est perpendiculaire à MN (**165**). Ainsi, à une
distance de la droite MN égale à R, mener une parallèle BC à

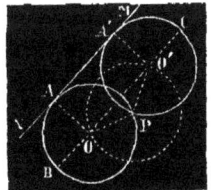

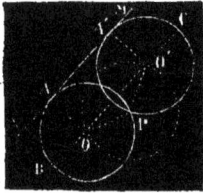

MN (**212**); du centre P et avec le même rayon R, tracer une circonférence qui coupe BC aux points O et O'. Ces deux points seront les centres des cercles qui jouissent de la propriété demandée.

Si la circonférence décrite du centre P est tangente à BC, le point de contact sera le centre du seul cercle qui réponde à la question. Et si cette circonférence n'a pas de point commun avec cette droite, le problème est impossible.

PROBLÈME XII.

N°° 107, 165, 210, 96.

234. Avec un rayon donné, décrire un cercle tangent à deux droites données.

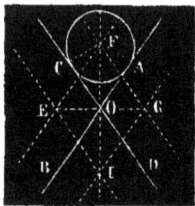

Soient AB et CD les deux droites données et FC le rayon du cercle cherché.

Le centre F est sur la bisectrice de l'angle des deux droites et à une distance de chaque côté égale au rayon donné, (**96, 107, 168**). Donc la parallèle FG à CD, menée à une distance CF, égale au rayon donné, et la bisectrice OF de l'angle COA se coupent au centre cherché.

Il y a encore trois autres cercles dont les centres G, I, E sont dans les autres angles formés par les droites données et qui se trouvent exactement de la même manière.

Le problème a donc 4 solutions, à moins que les droites données ne soient parallèles; car alors le problème ne serait possible que si le rayon donné était la moitié de la distance entre les deux parallèles, et dans ce cas, il y aurait une infinité de solutions.

PROBLÈME XIII.

235. Mener une tangente commune à deux cercles donnés.

1° Soit CD une droite tangente à la fois aux deux cercles A et B. Elle est donc perpendiculaire aux deux rayons

CA et BD. Et si, après avoir pris sur AC une distance CF=BD, on joint FB, cette droite FB sera parallèle à CD, car CF et BD, étant perpendiculaires à une même droite CD, sont parallèles (**58**) et comme elles sont égales la figure BDCF est un parallélogramme (**100**). Donc FB est perpendiculaire à CA au point F, donc elle est tangente au cercle tracé du centre A avec un rayon AF égal à la différence des rayons des cercles donnés.

Ainsi pour résoudre le problème, du centre A du plus grand des deux cercles donnés, avec une ouverture de compas égale à la différence de leurs rayons, on décrit un cercle AF; on mène du centre B du plus petit des cercles, une tangente CF à ce cercle (**230**); on prolonge le rayon FA jusqu'au point C où il rencontre la grande circonférence, et par le point C, on trace une parallèle CD à FC (**212**). Cette parallèle sera la tangente demandée. Mais du point B on peut mener une deuxième tangente BE au cercle AF, et la parallèle GH à cette tangente sera une seconde solution du problème.

Voilà deux tangentes extérieures, c'est-à-dire entre lesquelles se trouvent les deux cercles. Mais il y a aussi deux tangentes intérieures ou deux tangentes qui passent entre les deux cercles.

2° Soit CD l'une de ces deux tangentes. Si on mène les rayons AC et BD aux points de contact et du point B, une parallèle BF à CD, on aura FC=BD et la droite BF sera perpendiculaire à FA, elle sera donc tangente à la circonférence décrite du centre A avec un rayon égal à AC+FC ou AC+BD puisque BD=FC.

Donc pour résoudre ce problème, du centre A avec un rayon égal à la somme des deux rayons donnés, décrire une circonférence; du point B mener deux tangentes BF et BE à cette circonférence, puis des parallèles à ces tangentes aux points C et H.

Il est à remarquer que ces deux tangentes ainsi que les deux premières se coupent sur la droite qui joint les centres, car cette dernière (**197**) est bisectrice des angles de ces deux couples de tangentes.

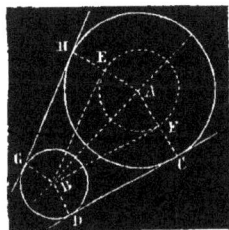

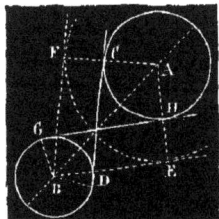

Ainsi dans le cas général où les deux cercles sont inégaux et extérieurs l'un à l'autre le problème a 4 solutions.

3° Si les deux cercles donnés sont tangents extérieurement, il n'y a qu'une tangente intérieure, et elle est perpendiculaire à la droite qui joint les centres, au point de contact des deux cercles (**188**). Les deux tangentes extérieures se trouvent comme plus haut.

Il y a donc trois solutions.

4° Si les deux circonférences se coupent, il n'y a plus que les deux tangentes extérieures.

5° Si elles sont tangentes intérieurement, il n'y a plus qu'une solution qui est une tangente extérieure au point de contact des deux cercles donnés (**188**).

6° Enfin si les deux circonférences sont l'une dans l'autre sans se toucher, le problème est impossible.

Lorsque les deux cercles sont égaux, la solution se simplifie, car par exemple pour le cas où ils sont extérieurs, les deux tangentes intérieures sont menées par le milieu de la droite qui unit les centres, et les tangentes extérieures se trouvent en joignant les extrémités des diamètres perpendiculaires à la droite des centres.

PROBLÈME XIV.

(N°° 129, 156, 165, 170, 176.)

236. Sur une droite donnée construire un segment capable d'un angle donné.

Soient AB la droite donnée, m=ABF l'angle donné et ABCI le segment demandé.

Il faut, d'après la définition du **n° 129**, que tous les angles tels que ACB, AIB inscrits dans ce segment soient égaux à l'angle m.

Or, si on mène au point B une tangente EF, l'angle tangentiel ABF sera égal à l'angle inscrit ACB (**177**). De sorte que si, au point B on fait un angle ABF =m (**204**), si au même point B on élève une perpendiculaire à BF (**199**)

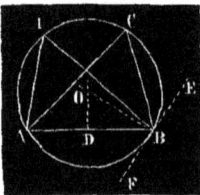

et une au milieu D de AB, ces deux perpendiculaires iront se couper (**157** et **167**) au centre du cercle qui, décrit avec le rayon OB, détermine sur AB le segment cherché. Car ACB = ABF = m.

Le segment sera plus grand ou plus petit qu'un demi-cercle suivant que l'angle donné sera aigu ou obtus (**174**).

Si l'angle donné est droit, le segment sera le demi-cercle construit sur la droite donnée comme diamètre (**173**), de sorte que dans ce cas la solution est considérablement simplifiée.

PROBLÈME XV.

237. Construire un triangle, connaissant la base, l'angle du sommet et la hauteur.

Sur la base, décrire un segment capable de l'angle donné, et à une distance de la base égale à la hauteur, mener une parallèle à la base. Cette parallèle rencontrera l'arc du segment en deux points, ou lui sera tangente, ou n'aura aucun point de commun avec lui.

Dans le premier cas, les deux points de rencontre sont les sommets de deux triangles égaux qui repondent à la question.

Dans le 2e cas, le point de contact est le sommet du seul triangle qui satisfasse à l'énoncé, et ce triangle est isocèle.

Dans le 3e cas, le problème est impossible.

On constatera chacun de ces cas en voyant si la hauteur donnée est plus grande que la flèche de l'arc trouvé, égale ou plus petite.

Si l'angle donné était droit la solution se simplifierait, comme on l'a vu au numéro précédent.

PROBLÈME XVI.

(Nᵒˢ 131 à 137.)

238. Trouver la plus grande commune mesure entre deux droites AB et CD.

Il y a deux cas à distinguer suivant que les deux droites sont commensurables ou incommensurables.

6

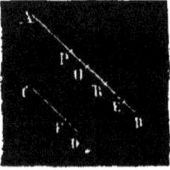

1° Si CD est contenue exactement dans AB, CD sera évidemment la plus grande commune mesure entre les deux droites.

Mais supposons qu'ayant porté, au moyen du compas, la droite CD deux fois sur AB, il y ait un reste EB plus petit que CD, on aura

$$AB = 2.CD + EB \text{ ou } AB = AE + EB.$$

Je dis que la plus grande commune mesure entre AB et CD est égale à celle qui existe entre CD et EB. En effet, soient a et b ces deux plus grandes communes mesures, nous allons démontrer que a ne peut surpasser b et que b ne saurait surpasser a.

D'abord, par supposition, a divise AB et CD, puisque c'est leur plus grande commune mesure, et comme elle est contenue exactement dans CD, elle le sera aussi dans le double de CD qui est AE. La droite a étant comprise exactement dans AB et dans l'une des parties AE, elle le sera aussi évidemment dans l'autre partie EB. Donc a est exactement comprise dans CD et EB, donc elle n'est pas plus grande que la plus grande droite b contenue dans ces deux droites; ainsi a n'est pas plus grande que b.

En second lieu, puisque b est la plus grande commune mesure entre CD et EB, elle divise chacune de ces droites, donc elle divise CD, donc aussi le double de CD ou AE. Mais b étant contenue exactement dans chacune des parties de AB, divise cette droite AB. Donc b divise AB et CD, donc b n'est pas plus grande que a qui est la plus grande droite qui soit contenue à la fois dans ces deux droites, donc b ne surpasse pas a. Donc a n'est ni plus grande ni plus petite que b, donc $a = b$.

La question est donc ramenée à chercher la plus grande commune mesure entre CD et EB. De sorte que si EB est contenue exactement dans CD, EB sera la plus grande commune mesure entre CD et EB et par suite entre AB et CD.

On portera donc EB sur CD autant de fois que possible,

et supposons qu'elle y soit contenue 2 fois avec le reste FD, on aura

$$CD = 2 . EB + FD.$$

On prouverait comme plus haut que la plus grande commune mesure entre EB et FD est la même qu'entre EB et CD, et par conséquent la même qu'entre CD et AB.

Portons donc encore FD sur EB et supposons qu'elle y est contenu 3 fois axactement, on aura

$$EB = 3 . FD.$$

Donc FD est la plus grande commune mesure demandée.

On voit que c'est le même procédé que pour trouver le plus grand commun diviseur entre deux nombres ; seulement ici les divisions se font au moyen du compas, et il est évident, d'après ce procédé que si les droites sont commensurables on finira toujours par amener un reste qui divise exactement le précédent.

2° Si les droites sont incommensurables, leur rapport est irrationnel et elles n'ont pas de commune mesure, de sorte que le problème, d'une manière absolue, est impossible. Mais on peut trouver une commune mesure entre la première droite et une droite qui s'approche de la seconde d'une quantité aussi petite que l'on voudra.

Car, soient AB et CD deux droites incommensurables. Je dis qu'on peut trouver une droite b qui diffère de CD d'une quantité plus petite que toute droite donnée a et qui sera commensurable avec AB. Portant CD en AP sur AB, prolongeant AP de PR $= a$, puis divisant AB en parties égales plus petites que PR, il y aura au moins un point de division O entre P et R, et AO sera la droite cherchée b. Car, il est évident que AB et AO ont pour commune mesure une des parties dans lesquelles on a divisé AB et que AO diffère de CD d'une quantité moindre que PR $= a$.

Ce qui prouve que l'arc AD, à la page 51, n° **180**, est la limite des arcs AE, AF........

Ainsi en cherchant par le procédé indiqué plus haut une

commune mesure entre AB et AO, on aura ce qu'on appelle une commune mesure approchée entre AB et CD.

PROBLÈME XVII.

239. Trouver le rapport numérique de deux droites.

1° Soient A et B deux droites commensurables. On cherchera d'abord la plus grande commune mesure entre ces deux droites et supposons que B soit contenue 2 fois dans A avec le reste C, on aura A = 2. B + C (1).

Portant ensuite C sur B autant de fois que possible, et soit 3 le nombre de fois qu'il y est contenu, avec le reste D, on aura B = 3.C + D (2).

Supposons que D soit contenu une fois dans C avec le reste m et que m soit compris 2 fois exactement dans D, on aura C = D + m (3) et D = 2 m.

Maintenant, remplaçant D dans (3) on aura C = 3. m; remplaçant C et D dans (2), puis B et C dans (1) on trouvera

$$B = 11. m \text{ et } A = 25. m.$$

Donc m est le $\frac{1}{11}$ de B et est contenu 25 fois dans A, donc A vaut les $\frac{25}{11}$ de B, ou A est le produit de B multiplié par $\frac{25}{11}$. Donc le rapport entre ces deux droites est $\frac{25}{11}$.

Les nombres qui expriment le rapport de ces deux droites peuvent être des équimultiples de 11 et de 25, car si on divise la plus grande commune mesure de ces droites, par exemple en quatre parties égales, chacune de ces parties sera aussi une commune mesure entre ces deux droites, mais elle sera contenue $11 \times 4 = 44$ fois dans B et $25 \times 4 = 100$ fois dans A, et le rapport sera exprimé par $\frac{100}{44} = \frac{25}{11}$.

Ainsi pour trouver le rapport de deux droites il n'est pas nécessaire d'avoir leur plus grande commune mesure, mais seulement une commune mesure.

2° Si les droites A et B était incommensurables, on pourrait chercher le rapport entre A et une deuxième droite qui s'approcherait de B d'une quantité moindre que toute quantité assignable et qui aurait avec A une commune mesure.

Mais, comme d'ordinaire, rien ne prouve que les deux droites sont ou ne sont pas commensurables, on suit toujours le procédé indiqué pour le cas où elles le sont, en s'arrêtant après un assez grand nombre d'opérations pour que le dernier reste puisse être négligé sans erreur sensible. On aura ainsi le rapport approché, mais il sera d'autant plus près de l'exactitude qu'on aura effectué un plus grand nombre de divisions pour l'obtenir.

240. COROLLAIRE. *Mesurer une droite donnée.* On cherchera son rapport avec l'unité linéaire. Mais dans la pratique on se sert du mètre et de ses subdivisions pour les petites longueurs, et du décamètre (chaine d'arpenteur) pour les grandes distances. On porte alors directement l'unité sur la ligne à mesurer.

PROBLÈME XVIII.
(Nᵒˢ 139, 140, 147, 150.)

241. Trouver la plus grande commune mesure entre deux arcs ou deux angles et leur rapport numérique.

D'abord les arcs doivent être pris sur la même circonférence ou décrits avec des rayons égaux; soient donc les arcs AB et AD. Au moyen d'une ouverture de compas égale à la corde de l'arc AD, portez celui-ci autant de fois que possible sur AB, puis le reste sur AD et le 2ᵉ reste sur le 1ᵉʳ jusqu'à ce que l'on trouve un reste m qui soit contenu exactement dans le précédent, ou que l'on puisse négliger sans erreur appréciable; ce dernier reste sera la plus grande commune mesure exacte ou approchée entre les deux arcs. Et (**147**) l'angle au centre correspondant à cet arc m sera la plus grande commune mesure entre les angles ACB et ACD.

En cherchant les nombres de fois que les arcs contiennent leurs plus grande commune mesure ou une autre commune mesure, comme au nᵒ **239** pour deux droites, on aura l'expression de leur rapport. Ce sera aussi (**150**) celle du rapport des angles au centre ACB et ACD.

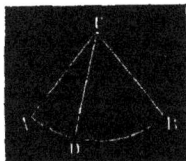

242. COROLLAIRE. *Trouver la graduation d'un arc ou d'un angle* (**139, 140**). On cherchera son rapport avec l'unité de son espèce.

Mais, comme pour mesurer les distances, on a des instruments particuliers qui sont le *rapporteur*, lorsqu'on opère sur le papier, et le *graphomètre,* si c'est sur le terrain. Pour bien connaître ces instruments il faut les voir et surtout s'en servir.

Il en est de même de l'*équerre* du dessinateur et de celle de l'arpenteur qui servent à mener des perpendiculaires et des parallèles.

EXERCICES.

1° Différence entre le cercle et sa circonférence.

2° Différence entre *mesure* d'une étendue, *commune mesure* entre deux étendues et *unité* de mesure.

3° Quels sont les théorèmes du 1er livre qui doivent servir dans la démonstration du 5e de celui-ci? Combien ce dernier a-t-il de corollaires? Les énoncer et les démontrer.

4° Qu'entend-on par limite d'une quantité? Donner des exemples.

5° Deux tangentes menées aux deux extrémités d'un même diamètre sont parallèles, et réciproquement (**58** et **165**).

6° Chaque point de la bisectrice d'un angle est le centre d'un cercle tangent aux deux côtés de cet angle, et réciproquement le centre d'une circonférence tangente aux deux côtés d'un angle se trouve sur la bisectrice de cet angle (**107** et **165**).

7° Deux triangles sont égaux, lorsqu'étant inscrits ou circonscrits à des cercles égaux, ils ont deux angles respectivement égaux.

Il faut se rappeler où se trouve le centre du cercle inscrit et celui du cercle circonscrit, que l'angle au centre est double de l'angle inscrit qui intercepte le même arc et que deux triangles rectangles sont égaux lorsqu'ils ont l'hypothénuse égale et un côté égal.

On parvient ainsi à démontrer que les deux triangles en question ont un côté égal et par suite le théorème est ramené au n° **51** du 1er livre.

8º Deux cercles inscrits ou circonscrits à des triangles égaux sont égaux.

9º Chaque point de la perpendiculaire élevée sur le milieu d'une droite est le centre d'une circonférence qui passe par les deux extrémités de cette droite et réciproquement.

10º Quand la partie d'un rayon comprise entre un arc et sa corde est-elle la plus grande possible?

Démontrer que cette partie est toujours plus petite que la moitié de la corde si l'arc est plus petit qu'une demi circonférence.

11º Quels sont les théorèmes qui constituent la théorie de la mesure des angles? Et, dans cette théorie, est-ce la graduation ou la mesure linéaire de l'arc qui est employée?

12º Lorsque deux cordes sont rectangulaires, la somme des arcs interceptés par deux des angles opposés au sommet est égale à la somme des deux autres (**178**).

13º Démontrer, en énonçant toutes les définitions qui doivent servir, que l'angle au centre a pour mesure l'arc intercepté.

Énoncer la réciproque et montrer qu'elle n'est pas vraie.

On circonscrit un cercle au triangle formé par les deux rayons et la corde interceptée et l'on a égard au **n° 172.**

14º Énoncer et démontrer la réciproque du **n° 170,** ainsi que tous ses corollaires.

15º Lorsque deux circonférences se coupent, si dans chacune on mène un diamètre par une des deux extrémités de la corde commune, la droite qui joint les autres extrémités de ces deux diamètres passe par le second point d'intersection car, en joignant ce point à ces deux extrémités, on a deux angles adjacents inscrits chacun dans un demi cercle (**118**).

16º Dans un triangle rectangle la hauteur qui correspond à l'hypoténuse ne peut pas surpasser la moitié de celle-ci. (Voir n° 10 de ces exercices).

17º Lorsque deux circonférences sont tangentes, si on mène par le point de contact deux sécantes communes, celles-ci interceptent sur les deux circonférences des arcs dont les cordes sont parallèles.

Mener la tangente commune par leur point de contact ; puis employer l'égalité des angles opposés au sommet, la mesure de l'angle inscrit et de l'angle tangentiel.

On parviendra ainsi à prouver que les deux cordes en question font, avec une des sécantes, des angles alternes-internes égaux.

Si les deux circonférences sont tangentes intérieurement, la démonstration se simplifie un peu.

18° Lorsque deux circonférences sont concentriques, les parties des tangentes à la petite comprises dans la grande sont égales entre elles (**163**).

19° Énoncer et démontrer tous les théorèmes relatifs à la position respective de deux cercles.

20° Suivant qu'un triangle est rectangle, acutangle ou obtusangle, le centre du cercle circonscrit est sur un des côtés, en dedans ou en dehors du triangle (**173, 174**).

21° Le centre du cercle circonscrit à un triangle équilatéral est aussi le centre du cercle inscrit. Ce qui n'est pas vrai pour un autre triangle. Dans le triangle isocèle, ces deux centres se trouvent sur la hauteur.

22° Si du sommet d'un triangle isocèle on décrit une circonférence avec un rayon arbitraire, la corde interceptée par les deux côtés du triangle est parallèle à la base, tandis qu'elle ne l'est pas si le triangle est scalène.

23° Un trapèze isocèle est inscriptible (**194**).

24° Lorsque deux arcs de cercle ont des rayons différents et une corde commune, quel est celui dont la graduation est la plus grande ?

25° Énoncer et démontrer les théorèmes du premier livre qui doivent servir dans les démonstrations des trois derniers de celui-ci.

26° D'un point extérieur on mène un diamètre et une sécante qui interceptent deux arcs dont l'un est le tiers de l'autre, démontrer que la partie extérieure de la sécante est égale au rayon.

Le n° 180 fera voir que l'angle formé par ces deux sécantes a pour mesure le plus petit des deux arcs interceptés. Il est donc égal à l'angle au centre qui y correspond.

27° Les perpendiculaires menées aux deux extrémités d'un même diamètre déterminent sur une tangente quelconque une droite égale à la somme de ces deux perpendiculaires (**195**).

28° Les perpendiculaires aux bisectrices des angles d'un triangle, menées par les sommets, vont se couper deux à deux aux centres des trois cercles exinscrits au triangle.

Il faut d'abord démontrer que ces droites sont bisectrices des angles extérieurs du triangle.

29° Énoncer et démontrer tous les théorèmes du 2e livre où l'on emploie la réduction par l'absurde.

30° Résumer ce livre en faisant les figures de toutes les propositions.

31° Différence entre le théorème et le problème. Donnez des exemples.

32° Mettez en regard chaque cas de la construction et de l'égalité des triangles, et démontrer que deux triangles obtusangles sont égaux lorsqu'ils ont l'angle obtus égal, le côté opposé à cet angle est un des côtés adjacents.

33° Deux triangles sont-ils égaux, lorsqu'ils ont un angle égal, le côté opposé et un des côtés adjacents? Énoncer les cas où ce théorème est vrai et en faire la démonstration (**222**).

34° Peut-on construire un parallélogramme connaissant les quatre côtés, ou un côté et les deux angles adjacents, ou un côté et les deux diagonales? Résoudre le problème lorsqu'il est possible.

35° Construire un losange dont on connaît les diagonales.

36° Construire un triangle connaissant la base, un angle adjacent et la hauteur (**210, 212**).

37° Qu'entend-on par la discussion d'un problème? citer des exemples parmi les problèmes précédemment résolus. Résoudre et discuter le problème suivant :

Par un point donné, mener une droite dont la partie comprise entre deux parallèles tracées, soit égale à une droite donnée.

On prendra d'abord au moyen du compas, une droite

comprise entre les deux parallèles et égale à la droite donnée, et la parallèle à cette droite tirée du point donné sera une solution du problème. Il peut se présenter trois cas.

38° Construire un triangle équilatéral connaissant 1° la hauteur, 2° la somme de la hauteur et du côté.

1° En supposant le problème résolu, on voit que la hauteur divise l'angle du sommet en deux parties égales et est perpendiculaire sur la base (**73**). Donc, après avoir construit un triangle équilatéral avec un côté quelconque, on divisera son angle en deux parties égales, puis avec la moitié de cet angle et un angle droit comme angles adjacents au côté donné, on construira un triangle dans lequel l'hypoténuse sera le côté du triangle équilatéral cherché.

Dans le 2ᵉ cas, après avoir prolongé la hauteur d'un triangle équilatéral ABC construit à volonté, d'une longueur égale au côté, on aura la somme donnée. Joignant alors l'extrémité H de cette droite avec l'extrémité C de la base, on forme un triangle isocèle BHC dans lequel l'angle $BHC = \dfrac{DBC}{2}$ (**61**, **72**).

On pourra donc construire le triangle DHC dans lequel on connaît un côté DH et les deux angles adjacents. Faisant ensuite l'angle BCH = BHC, ou bien menant une perpendiculaire IB au milieu de HC, on déterminera le sommet B du triangle demandé.

La moitié de l'angle d'un triangle équilatéral est le tiers d'un angle droit (**66**). D'où le moyen de diviser l'angle droit en trois parties égales.

39° Construire un triangle connaissant le périmètre et deux angles.

D'abord, connaissant deux des angles on pourra trouver le 3ᵉ (**209**).

Soit maintenant le triangle ABC à construire.

En prolongeant la base des distances BE = BC et AD = AC la droite DE sera égale au périmètre donné et si on joint CE et DC, les angles E et C du triangle DEC vaudront

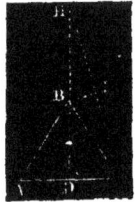

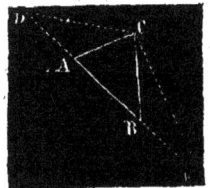

respectivement les moitiés des angles B et A du triangle ABC.

On pourra donc construire le triangle DEC (**216**), et par suite le triangle ABC.

40° Construire un triangle, connaissant un angle, un côté adjacent à cet angle et la somme des deux autres côtés. On le ramène au n° **218** par un moyen analogue à celui du problème précédent.

41° Construire un triangle connaissant un angle, le côté opposé et la somme ou la différence des deux autres côtés.

1° Soit ABC le triangle demandé et dont-on connaît l'angle ABC, le côté AC et la somme des autres côtés AB + CB = AD.

L'angle ADC étant égal à la moitié de ABC, on pourra construire le triangle ADC, dans lequel on connaît un angle D, un côté adjacent AD et le côté opposé AC, et ce sera le cas qui offre deux solutions, puisque dans un triangle un côté AC est toujours plus petit que la somme AD des deux autres (**222**, **5°**). Soit ADC' le 2ᵉ triangle.

Ces deux triangles feront connaître respectivement, comme solutions du problème, les deux triangles ABC et AB'C'.

Mais ces deux triangles sont égaux, car l'angle ACC'=AC'C et BCD=BDC, donc en ajoutant ces deux égalités on a ACC'+BCD = AC'C+BDC; mais ces deux sommes sont les suppléments des angles BCA et B'AC', donc ces deux angles sont égaux et par suite les deux triangles en question.

2° Soient B l'angle donné, AC le côté donné et AD la différence des deux autres côtés. On construira facilement le triangle ADC (**222**, **3°**), puis le reste. Il n'y a qu'une solution.

42° Démontrer que deux triangles sont égaux dans les cas analogues à ceux des problèmes 40 et 41 qui précèdent.

43° Construire un triangle connaissant deux angles et le rayon soit du cercle circonscrit, soit du cercle inscrit.

(Voir n° 7 des exercices).

44° Deux triangles sont égaux, lorsqu'ils ont deux côtés

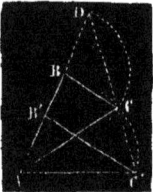

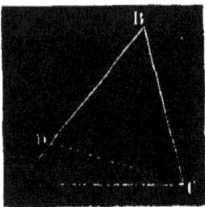

égaux chacun à chacun et que les rayons des cercles circonscrits sont égaux.

Énoncer et résoudre le problème analogue.

45° Construire un triangle connaissant deux côtés et la médiane du troisième. Et démontrer que deux triangles sont égaux dans le cas analogue. En prolongeant la médiane d'une longueur égale à elle-même, on aura le 4e sommet d'un parallélogramme qui peut servir à résoudre cette double question.

46° Circonscrire un cercle à un rectangle, ou à un trapèze isocèle donné.

47° Construire un triangle avec la base, l'angle opposé et sachant que le sommet doit se trouver sur une droite donnée (**236**).

48° On donne une droite indéfinie MN et deux points A et B situés du même côté de cette droite, trouver sur cette dernière un point P, tel que les droites AP et BP fassent avec MN deux angles APM et BPN égaux entre eux. Supposer le problème résolu et soient AP et BP ces deux droites. En prologeant PB de PC = PA et joignant AC, le triangle PAC est isocèle, l'angle BPN = CPM = APM. Donc MN est perpendiculaire au milieu M de AC. Donc, il suffit de mener AC perpendiculaire sur MN, de prendre MC = MA et de joindre CB. Le point P où CB rencontre MN est le point cherché.

Il faut remarquer que la plus courte distance de A en B en passant par un point de MN est précisément la ligne brisée APB dont les deux parties font des angles égaux avec MN. Car AR = CR, AP = CP, BC < BR + CR.

49° Construire un triangle isocèle connaissant un angle et un côté, ou la base et la hauteur.

50° Mener la bisectrice de l'angle de deux droites qu'on ne peut prolonger jusqu'à leur intersection.

51° Par un point donné, mener une droite qui fasse des angles intérieurs égaux avec deux droites convergentes données, ou qui fasse avec ces deux droites un triangle isocèle.

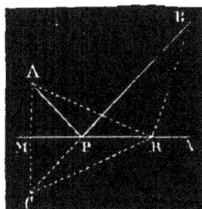

52º Par un point donné mener une sécante à un cercle donné de manière que la partie interceptée soit égale à une droite donnée. On le ramène au **nº 230**.

53º Construire un triangle connaissant la base, la hauteur et un côté.

54º Construire un triangle rectangle connaissant l'hypoténuse et la somme des deux autres côtés.

55º Construire un carré connaissant 1º la diagonale et 2º la somme ou la différence de la diagonale et du côté.

56º Mener une sécante commune à deux cercles donnés, de manière que les parties comprises soient égales à deux droites données. On le ramène au **nº 235**.

57º Tracer une droite qui passe à égale distance de deux points donnés.

58º Avec un rayon donné, tracer une circonférence qui passe par un point donné et qui soit tangente à un cercle donné.

C'est le problème XI dans lequel on a remplacé la droite donnée par une circonférence.

59º Avec un rayon donné, tracer une circonférence tangente à une droite et à un cercle donnés, ou à deux cercles donnés.

C'est le problème XII où le cercle remplace la droite.

60º Étant donnée deux circonférences, trouver sur l'une d'elles un point tel, qu'en menant de ce point deux tangentes à l'autre, ces deux tangentes soient rectangulaires.

Construire un carré ayant pour côté le rayon de la 2e circonférence, et de son centre avec la diagonale de ce carré pour rayon, décrire une circonférence qui ira couper la première au point demandé.

61º Connaissant trois points d'une circonférence en trouver un 4e sans chercher le centre (**194**).

LIVRE III.

DÉFINITIONS.

---

243. L'**aire** ou la **superficie** d'une surface est la mesure de cette surface, c'est-à-dire (**136**) son rapport avec l'unité de son espèce.

L'unité pour les surfaces ou l'**unité superficielle** est un carré dont le côté est l'unité linéaire (**132**).

244. Deux surfaces sont **équivalentes** lorsqu'elles ont la même superficie, quelles que soient leurs formes. Ainsi un triangle est équivalent à un cercle si, en les mesurant avec la même unité, on trouve pour résultats des nombres égaux.

245. Deux polygones sont **semblables,** lorsqu'ayant le même nombre de côtés, ils ont les angles respectivement égaux et les côtés homologues proportionnels (**138**).

246. Dans deux polygones semblables les côtés **homologues** sont ceux qui aboutissent aux sommets des angles égaux; il en est de même des diagonales homologues. Dans les triangles semblables, les côtés homologues sont opposés aux angles égaux; les hauteurs, les médianes, les bisectrices homologues sont celles qui partent des sommets des angles égaux.

L'égalité, la similitude et l'équivalence sont trois qualités qu'il ne faut pas confondre. Ainsi, lorsque deux polygones sont équivalents, ils ont la même aire et des formes différentes; lorsqu'ils sont semblables, ils ont la même forme et des aires différentes; lorsqu'ils sont égaux, ils ont la même aire et la même forme.

247. Une quantité est dite **quatrième proportionnelle** à trois autres, lorsqu'elle forme un terme d'une proportion (**138**) dans laquelle ces trois quantités sont les trois autres termes. Ainsi dans une proportion telle qne $a : x = b : c$, ou $b : c = a : x$, la quantité x est une quatrième proportionnelle aux trois quantités a, b, c. On peut aussi écrire $bx = ac$ ou $x = \dfrac{ac}{b}$.

248. Une **troisième proportionnelle** à deux quantités n'est rien d'autre qu'une quatrième proportionnelle, lorsque deux des autres quantités sont égales, ou lorsque l'une de ces trois quantités forme les deux moyens ou les deux extrêmes de la proportion, comme dans $a : b = b : x$, où x est une troisième proportionnelle aux deux quantités a et b. On peut aussi écrire $ax = b^2$ ou $x = \dfrac{b^2}{a}$.

249. Lorsqu'une même quantité forme les deux moyens ou les deux extrêmes d'une proportion, elle est appelée **moyenne proportionnelle** entre les deux quantités qui forment les deux autres termes. Telle est x dans $a : x = x : b$, ou $x : a = b : x$. On peut aussi l'exprimer par $x^2 = ab$, ou $x = \sqrt{ab}$.

250. Une quantité est divisée en **moyenne et extrême raison,** lorsque la plus grande des deux parties est moyenne proportionnelle entre la quantité entière et la plus petite partie. Ainsi, la droite AB sera partagée en moyenne et extrême raison au point C, si AB : AC = AC : CB.

251. La **projection** d'une ligne sur une droite est la distance entre les pieds (**17**) des perpendiculaires menées des deux extrémités de la première sur la seconde. Dans les trois exemples ci-contre, AB est la projection de CD sur MN.

252. On entend par **segments** d'une ligne les distances

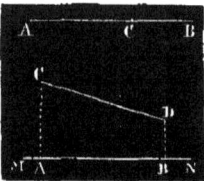

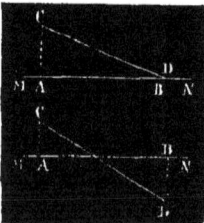

de ses deux extrémités à un point marqué sur cette ligne, qu'il soit ou ne soit pas entre les deux extrémités. La hauteur d'un triangle (**32**) détermine sur la base deux segments, qui sont les projections des deux autres côtés sur la base; celle-ci est égale à leur somme ou à leur différence suivant que la hauteur tombe dans le triangle ou en dehors.

253. Le **carré d'une droite** AB est un carré dont les quatre côtés sont égaux à cette droite ou qui est construit sur cette droite. On le représente par $\overline{AB}^2$ ou par ses quatre sommets, ou seulement par deux sommets opposés.

254. Le **rectangle de deux droites** AB et CD est un rectangle qui a pour dimensions ces deux droites (**36**). On le représente par $AB \times CD$, ou par les quatre sommets ou par deux sommets opposés.

255. Trouver ou opérer la **quadrature** d'une figure, c'est déterminer un carré équivalent à cette figure. Ainsi, construire un carré équivalent à un triangle c'est trouver la quadrature de ce triangle.

256. Le **centre de gravité** d'un triangle est le point où se coupent les trois médianes. Et le **centre** du parallélogramme est le point où se rencontrent les diagonales.

THÉORÈME I.

(N^o^s 35, 36, 49, 93, 96, 102, 106, 241.)

257. Deux parallélogrammes de même base et de même hauteur sont équivalents.

Soient les deux parallélogrammes ABCD et ABEF construits sur la même base inférieure AB. Puisqu'ils ont la même hauteur, les bases supérieures seront sur une même droite DE parallèle à AB.

D'après la définition du parallélogramme (**35**), les côtés AD et AF de l'angle DAF sont respectivement parallèles aux

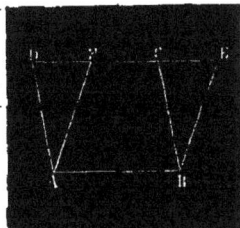

7

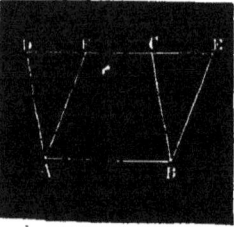

côtés BC et BE de l'angle CBE, donc (**106**) ces deux angles sont égaux. Mais les mêmes côtés sont aussi respectivement égaux, comme côtés opposés d'un parallélogramme (**93**), donc les deux triangles ADF et BCE ont un angle égal compris entre deux côtés respectivement égaux, donc (**49**) ils sont égaux.

Mais les deux parallélogrammes en question contiennent une partie commune ABCF plus un de ces deux triangles; donc ils ont la même superficie et sont équivalents.

COROLLAIRES.

258. I. *Le rectangle et équivalent au parallélogramme de même base et de même hauteur*, car (**102**) le rectangle est un parallélogramme.

259. II. *Tout triangle vaut la moitié du parallélogramme ou du rectangle de même base et de même hauteur* (**93**).

260. III. *Deux triangles de même base et de même hauteur sont équivalents* (**259**), *et par conséquent, lorsqu'ils ont la même base et que leurs sommets sont situés sur une parallèle à la base* (**96**).

THÉORÈME II.

261. Deux rectangles de même base sont entre eux comme leurs hauteurs.

La démonstration est exactement la même que celle du n° **150.**

On distingue deux cas, suivant que les hauteurs sont ou ne sont pas commensurables.

1° Soient a et b les nombres de fois que la commune mesure est contenue dans les hauteurs AF et AD des deux rectangles, le rapport de ces hauteurs sera exprimé par $\frac{a}{b}$ (**135**).

Si on divise AF en a parties égales, il y en aura b dans AD, et si par tous les points de division, on mène des parallèles HI, KL...... à la base AB, les deux rectangles seront parta-

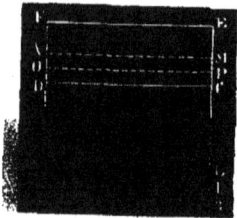

gés respectivement en a et b rectangles égaux (**116**). Donc leur rapport sera aussi représenté par $\frac{a}{b}$.

Donc (**138**) on a la proportion AE : AC = AF : AD.

2° Si les hauteurs sont incommensurables, en divisant AF en parties égales plus petites que DF, il y aura au moins un point de division N entre F et D.

Menant la parallèle NM à la base AB, les hauteurs des deux rectangles AE et AM seront commensurables et l'on aura, comme on vient de le voir

$$AE : AM = AF : AN.$$

De même, si on divise AF en parties égales plus petites que DN, il y aura encore au moins un point O entre N et D, et en menant OP parallèle à AB, on aura la proportion

$$AE : AP = AF : AO.$$

En continuant de la sorte, on aurait une suite indéfinie de rectangles qui ont pour limite inférieure le rectangle AC (**238**) et comme, à chaque terme de variation les rectangles et leurs hauteurs forment toujours la même proportion avec le rectangle AE et sa hauteur AF, on peut en conclure (**142**) qu'à la limite de ces rectangles, cette proportion aura encore lieu. Donc AE : AC = AF : AD.

COROLLAIRES.

262. I. *Deux rectangles de même hauteur sont entre eux comme leurs bases,* car dans un rectangle chaque côté peut être pris pour base.

263. II. *Deux parallélogrammes ou deux triangles de même base sont entre eux comme leurs hauteurs et s'ils ont même hauteur ils sont entre eux comme leurs bases* (**259**).

THÉORÈME III.

264. Deux rectangles quelconques sont entre eux comme les produits de leurs dimensions.

Soient R et R′ deux rectangles, b et b' leurs bases, h et h' leurs hauteurs.

Si on imagine un troisième rectangle A ayant la même base b que le 1er et la même hauteur h' que le 2e, on aura (**261**) R : A = h : h' et (**262**) A : R' = b : b'. Multipliant terme à terme ces deux porportions, il vient R A : R' A = bh : $b'h'$, ou R : R' = bh : $b'h'$, en supprimant le facteur A commun aux deux termes du 1er rapport.

263. *Deux parallélogrammes ou deux triangles sont proportionnels aux produits de leurs bases multipliées par leurs hauteurs* (**259**); car, on vient de voir que R : R' = bh : $b'h'$ (a), et si l'on a deux triangles T et T' de même base et de même hauteur que ces rectangles, on sait (**259**) que T = $\frac{1}{2}$ R et T' = $\frac{1}{2}$ R'. Or, dans la proportion (a), on peut diviser les deux premiers termes par deux et elle devient $\frac{1}{2}$ R : $\frac{1}{2}$ R' = bh : $b'h'$, ou T : T' = bh : $b'h'$.

THÉORÈME IV.

266. Toute droite parallèle à la base dans un triangle divise les deux autres côtés en parties proportionnelles.

Soit DE cette parallèle, en joignant AE et BD, les deux triangles BDE et CDE ont même hauteur DI et (**263**) sont entre eux comme leurs bases BE et CE. Donc BDE : CDE = BE : CE (1).

De même les deux triangles ADE et CDE ont même hauteur et sont entre eux comme leurs bases AD et CD. Donc ADE : CDE = AD : CD (2).

Mais les deux triangles BDE et ADE ont la même base DE et ont leurs sommets B et A situés sur une parallèle à la base, donc (**260**) ces deux triangles sont équivalents. Donc les premiers rapports des proportions (1) et (2) sont égaux; donc les deux autres le sont aussi, et l'on a

$$\text{BE : CE} = \text{AD : DC (3)}.$$

267. COROLLAIRE. 1° *Si* D *est le milieu de* CA, E *sera celui de* CB.

2° Dans la proportion (3) la somme des deux premiers termes est au premier ou au second, comme la somme des deux derniers est au troisième ou au quatrième. Donc BC : CE = AC : DC et BC : BE = AC : AD.

Donc les deux côtés sont entre eux comme leurs parties correspondantes.

THÉORÈME V.

268. Réciproquement, toute droite qui divise deux des côtés d'un triangle en parties proportionnelles, est parallèle au troisième côté.

Il est démontré (**89**) que, par un point D, on peut toujours mener une parallèle à une droite AB et qu'il n'y en a qu'une. Si DE n'est pas parallèle à AB, soit DF cette parallèle. Alors, d'après le théorème précédent, on aura AD : DC = BF : FC.

Mais on a, par supposition, AD : DC = BE : EC.

De ces deux proportions, qui ont le premier rapport commun, on déduit BE : EC = BF : FC.

Dans cette dernière, puisque BE est plus grand que BF, il faut aussi que EC soit plus grand que FC, tandis que c'est le contraire qui a lieu.

Absurdité qui prouve qu'il n'y a que DE qui puisse être parallèle à AB.

269. COROLLAIRE. 1° *Si les points* D, E *sont les milieux de* CA *et de* CB, *la droite* DE *sera parallèle à la base* AB.

2° *Si les côtés sont proportionnels à leurs parties correspondantes, la droite* DE *sera encore parallèle à* AB.

THÉORÈME VI.

(N° 49, 54, 56, 60, 64, 80, 92, 106, 245, 246, 266, 268.)

Deux triangles sont semblables.

270. 1° *Lorsqu'ils sont équiangles.*

Soient les deux triangles ABC et A'B'C' qui ont les angles respectivement égaux.

Prenant CD = C'A' et CF = C'B', puis joignant DF, les deux triangles DCF et A'C'B' seront égaux (**49**). Donc DF= A'B' et l'angle CDF = A'; mais A'= A par supposition, donc

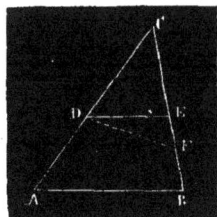

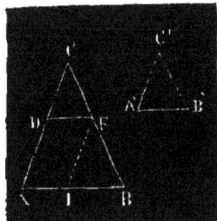

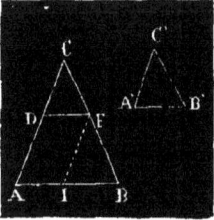

aussi CDF = A. Donc (**56**) DF est parallèle à BA et l'on a (**266**), la proportion CB : CF = AB : DF ou CB : C'B' = AC : A'C' (*a*), puisque, par construction, CD = C'A' et CF = C'B'.

Menant IF parallèle à CA, on aura aussi (**266**) CB : CF = AB : AI. Mais la figure ADFI étant un parallélogramme, la droite AI = DF (**92**). Donc en mettant DF à la place de AI, dans la dernière proportion, elle devient

$$CB : CF = AB : DF \text{ ou } CB : C'B' = AB : A'B' \ (b)$$

puisque CF = C'B' et DF = A'B'. Et si l'on compare les proportions (*a*) et (*b*) dont le premier rapport est commun, on trouve

$$CB : C'B' = AC : A'C' = AB : A'B'.$$

Donc ces deux triangles ont les angles égaux et les côtés homologues proportionnels ; donc ils sont semblables (**245**).

271. 2° *Lorsqu'ils ont les côtés proportionnels.*

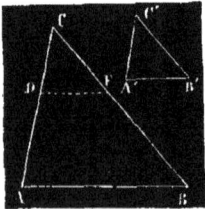

Ici, il reste à démontrer qu'ils sont équiangles. Or, on a par supposition CA : C'A' = CB : C'B', et si, comme au numéro précédent, on prend CD = C'A' et CF = C'B', cette proportion deviendra CA : CD = CB : CF. Donc (**268**) la droite DF est parallèle à BA. Donc (**54**) l'angle CDF = A et CFD = B, donc les triangles ABC et DFC sont équiangles, donc, d'après le numéro précédent, ils ont les côtés proportionnels, et l'on a AC : CD = AB : DF, ou, à cause que CD = A'C', AC : A'C' = AB : DF. Mais, par la supposition, on a aussi AC : A'C' = AB : A'B'. De ces deux dernières proportions, dans lesquelles les trois premiers termes sont respectivement égaux, on déduit que DF = A'B'. Ce qui prouve que les deux triangles CDF et C'A'B' sont égaux, comme ayant les trois côtés respectivement égaux (**80**). Donc leurs angles sont égaux. Mais comme ceux de CDF sont égaux à ceux de CAB, il en est de même de ceux de C'A'B'. Donc, etc.

272. 3° *Lorsqu'ils ont un angle égal compris entre deux côtés proportionnels.*

Il faut constater ici qu'ils sont équiangles ou qu'ils ont les côtés proportionnels, car dans l'un ou l'autre cas, il s'ensuivra, conformément aux deux propositions précédentes, qu'ils sont semblables.

Par supposition C = C′ et AC : A′C′ = BC : B′C′.

Après avoir fait les mêmes constructions qu'aux deux numéros précédents, on voit que les deux triangles CDF et C′A′B′ sont égaux (**49**), comme ayant un angle égal compris entre deux côtés égaux, et que la droite DF est parallèle à BA (**268**). Le triangle ABC est donc équiangle au triangle CDF et par suite à son égal C′A′B′. Donc les deux triangles en question sont équiangles et semblables.

273. 4° *Lorsqu'ils ont les côtés respectivement parallèles ou perpendiculaires.*

On a vu (**106**) que deux angles sont égaux ou supplémentaires, lorsqu'ils ont les côtés parallèles ou perpendiculaires.

Il faut donc constater si les angles des deux triangles dont il s'agit, sont égaux ou s'ils sont supplémentaires.

D'abord si les trois angles de l'un étaient les suppléments de ceux de l'autre, la somme des six angles de ces deux triangles serait égale à six angles droits, tandis qu'elle ne vaut que quatre droits (**60**).

En second lieu, si deux des angles du premier avaient leurs suppléments dans le second, la somme de ces quatre angles seraient déjà égale à quatre droits, tandis qu'il faut les six angles des deux triangles pour valoir cette quantité.

Chacune de ces suppositions conduisant à une absurdité, il faut admettre que deux des angles de l'un des triangles sont respectivement égaux à deux angles du second. Donc (**64**) ils sont équiangles, donc (**270**) ils sont semblables.

COROLLAIRES.

274. I. *Deux triangles sont semblables lorsqu'ils ont deux angles respectivement égaux* (**64, 270**).

275. II. *Deux triangles qui ne sont pas équiangles ne sauraient avoir leurs côtés proportionnels, et ceux qui n'ont pas les côtés proportionnels ne sauraient être équiangles* (**270, 271**).

276. III. *La droite qui joint les milieux de deux côtés d'un triangle est parallèle au troisième et en vaut la moitié.* Car

(**269, 270**), on a la proportion AC : CD : = AB : DF, ce qui prouve que si CD est la moitié de AC, DF sera aussi la moitié de AB.

277. IV. *Dans deux triangles semblables, les côtés et les hauteurs homologues sont proportionnels.* Car, en menant deux hauteurs homologues, on forme, dans les deux triangles, des triangles rectangles qui ont un angle aigu égal. Ils sont donc équiangles (**64**) et leurs côtés homologues sont proportionnels (**270**).

THÉORÈME VII.

(N° 131, 132, 133, 134, 135, 136, 138, 257, 261, 264.)

278. L'aire du rectangle est égale au produit numérique de sa base par sa hauteur ou au produit de ses deux dimensions.

Soient S le rectangle en question, A le carré pris pour unité (**243**), b et h les nombres qui expriment les mesures de la base et de la hauteur du rectangle (**136**). Puisque le carré A est l'unité superficielle, son côté est égal à l'unité linéaire et comme le carré est un rectangle on aura (**264**) la proportion

$$R : A = b \times h : 1 \times 1 \text{ ou } \frac{R}{A} = bh.$$

Donc le rapport du rectangle S à son unité A est égal au produit numérique de ses deux dimensions, donc (**243**) l'aire de ce rectangle est égale au même produit.

Mais A = 1, donc on a simplement S = $b.h$ pour l'expression de l'aire du rectangle.

COROLLAIRES.

279. I. *L'aire du carré est égale au carré numérique de son côté.* De sorte qu'en désignant par S sa surface et son côté par a, on aura S = a^2.

280. II. *L'aire du parallélogramme est égale au produit de sa base par sa hauteur* (**258**), donc S = $b\,h$.

281. III. *L'aire du triangle est égale à la moitié du*

produit de sa base par sa hauteur, et celle du losange à la moitié du produit de ses deux diagonales, donc $S = \frac{1}{2} b h$.

282. IV. Connaissant l'aire du rectangle ou du parallélogramme et l'une des dimensions, on aura l'autre *en divisant l'aire par la dimension connue*, et dans le triangle, *en divisant l'aire par la moitié de cette dimension*. Quant au carré, on trouvera le côté *en extrayant la racine carrée du nombre qui exprime son aire*.

283. V. *Si deux rectangles, deux parallélogrammes, deux triangles sont équivalents, les produits de leurs bases par leurs hauteurs sont égaux, et leurs bases sont inversement proportionnelles à leurs hauteurs.* Car, en désignant par b et h les dimensions du 1e, par b' et h' celles du 2e, on aura $b \cdot h = b' \cdot h'$. D'où, la proportion $b : b' = h' : h$, puisque le produit des moyens est égal à celui des extrêmes.

284. VI. *Le côté d'un carré équivalent à un parallélogramme ou un triangle est moyen proportionnel* (**248**) *entre les deux dimensions de cette figure, ou entre l'une et la moitié de l'autre suivant que c'est un parallélogramme ou un triangle.* Car, en désignant par a le côté du carré, par b et h les dimensions de l'autre figure, on aura

$bh = a^2$ ou $\frac{1}{2} b h = a^2$, d'où $b : a = a : h$ ou $\frac{1}{2} b : a = a : h$.

PROBLÈME VIII.

285. L'aire du trapèze est égale à la moitié du produit de sa hauteur par la somme des deux bases parallèles.

La diagonale AC divise le trapèze en deux triangles ABC et ADC qui ont pour bases respectives les deux bases AB, DC du trapèze et pour hauteur commune sa hauteur DE, car (**96**) deux parallèles sont partout à égale distance.

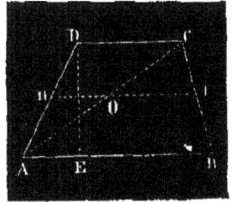

Mais (**281**) $ABC = \dfrac{AB \cdot DE}{2}$ et $ADC = \dfrac{DC \cdot DE}{2}$. Or, la somme de ces triangles égale le trapèze, donc $ABCD = ABC + ADC = \dfrac{AB \cdot DE}{2} + \dfrac{DC \cdot DE}{2} = \dfrac{(AB + DC) DE}{2}$; ou, en désignant par S, b, b' et h, l'aire, les deux bases et la hauteur du trapèze, $S = \dfrac{(b + b') \cdot h}{2}$ *(a)*.

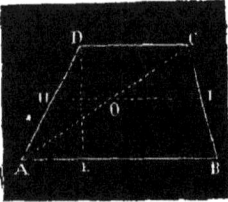

286. I. Si du milieu O de AC, on mène une parallèle HI aux bases, les points H et I seront les milieux de AD et de BC (**267**) et l'on aura (**276**) $IO = \dfrac{AB}{2}$ et $OH = \dfrac{DC}{2}$, d'où ajoutant membre à membre, $IH = \dfrac{AB + DC}{2} = \dfrac{b + b'}{2}$; et substituant dans l'expression (a) de l'aire du trapèze, $S = IH \times h$. Donc 1° *La droite qui joint les milieux des côtés d'un trapèze est parallèle aux bases et vaut la moitié de leur somme*, et 2° *l'aire du trapèze est égale au produit de sa hauteur par cette droite.*

287. II. L'aire d'un polygone quelconque se trouve en le décomposant en trapèzes et triangles rectangles par des perpendiculaires abaissées de tous les sommets sur une droite transversale, ou en triangles seulement par des diagonales menées d'un même sommet, ou par des droites menées d'un point intérieur à tous les sommets, *on mesure toutes ces figures et on en fait la somme.* Si le polygone est impénétrable ou si l'on ne peut pas le décomposer en d'autres figures, on lui circonscrit un rectangle et, en retranchant de celui-ci la somme des parties comprises entre son périmètre et celui du polygone, *on aura l'aire de ce dernier.*

THÉORÈME IX.

288. Deux polygones semblables sont composés d'un même nombre de triangles semblables chacun à chacun et disposés de la même manière.

Par supposition (**245**), les deux polygones ont les angles respectivement égaux et les côtés homologues proportionnels. De sorte qu'en menant les diagonales homologues AC et *ac*, les deux triangles ABC et *abc* seront semblables (**272**), comme ayant l'angle B = *b* compris entre côtés proportionnels. Mais si on retranche ces deux triangles, les polygones restants seront encore semblables; car, l'angle BAE étant égal à *bae*, et BAC à *bac*, la différence CAE entre BAE et BAC sera égale à la différence *cae* entre *bae* et *bac*; de même l'angle ACD sera égal à *acd*. De plus, de la similitude des deux polygones proposés, on déduit AE : *ae* = AB : *ab*, et de la similitude des deux triangles ABC, *abc*, on tire AB : *ab* = AC : *ac*. Ces deux proportions ayant un rapport commun, les deux autres sont en proportions et l'on a AE : *ae* = AC : *ac*. D'où l'on voit que les deux polygones ACDE et *acde* qui restent après avoir enlevé les deux triangles semblables ABC, *abc*, ont encore les angles respectivement égaux et les côtés proportionnels, et que par suite, ils sont encore semblables. On peut ainsi retrancher successivement et dans le même ordre des triangles semblables, jusqu'à ce que les deux dernières figures soient aussi des triangles. Donc.....

289. Corollaire. *Réciproquement, deux polygones sont semblables lorsqu'ils peuvent se décomposer en un même nombre de triangles respectivement semblables et semblablement disposés.*

Il est évident que deux polygones dissemblables ne sauraient être décomposés en un même nombre de triangles semblables; car, n'y eut-il qu'un angle inégal ou deux côtés qui ne fussent pas proportionnels dans ces polygones, encore est-il que les triangles, où entreraient ces éléments ne seraient pas semblables (**278**). Donc si deux polygones peuvent ainsi se décomposer, c'est qu'ils sont semblables.

THÉORÈME X.

290. Deux triangles qui ont un angle égal ou supplémentaire sont entre eux comme les produits des côtés qui forment cet angle.

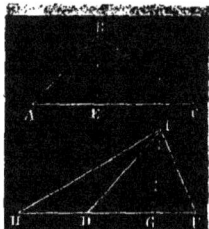

Soient les deux triangles ABC et DIF ou DIH dans lesquels l'angle A est égal à FDI ou le supplément de HDI, et soient BE et IG les hauteurs de ces triangles. D'après le **n° 265**, on aura $\dfrac{ABC}{IDF} = \dfrac{AC. BE}{DF. IG} = \dfrac{AC}{DF}·\dfrac{BE}{IG}$ (*a*) et $\dfrac{ABC}{IDH} = \dfrac{AC. BE}{DH. IG} = \dfrac{AC}{DH}·\dfrac{BE}{IG}$ (*b*).

Mais les deux triangles rectangles EAB et GID, ayant un angle aigu égal, sont semblables et fournissent la proportion $\dfrac{BE}{IG} = \dfrac{AB}{ID}$. Remplaçant dans (a) et (b), il vient $\dfrac{ABC}{IDF} = \dfrac{AC}{DF}$.

$$\dfrac{AB}{ID} = \dfrac{AC.\,AB}{DF.\,ID} \quad \text{et} \quad \dfrac{ABC}{IDH} = \dfrac{AC}{DH}\cdot\dfrac{AB}{ID} = \dfrac{AC.\,AB}{DH.\,DI}.$$

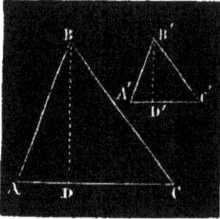

291. COROLLAIRE. *Deux triangles semblables sont entre eux comme les carrés de leurs côtés ou de leurs hauteurs homologues.*

L'angle **A** étant égal à l'angle **A′**, on a (**290**) $\dfrac{ABC}{A'B'C'} =$ $\dfrac{AB.\,AC}{A'B'.\,A'C'}$ (a) et de la similitude des deux triangles, on tire $\dfrac{AB}{A'B'} = \dfrac{AC}{A'C'}$. Substituant dans (a), il vient $ABC : A'B'C' =$ $\overline{AB}^2 : \overline{A'B'}^2$ (b). Mais $AB : A'B' = AC : A'C' = BC : B'C' = BD : B'D'$.

Élevant au carré et comparant avec (b), on trouve

$$ABC : A'B'C' = \overline{AB}^2 : \overline{A'B'}^2 = \overline{AC}^2 : A'\overline{C'}^2 = \overline{BC}^2 : \overline{B'C'}^2 = \overline{BD}^2 : \overline{B'D'}^2.$$

THÉORÈME XI.

292. Les périmètres de deux polygones semblables sont entre eux comme les côtés homologues et leurs surfaces comme les carrés des mêmes lignes.

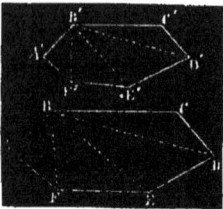

1° Puisque les polygones sont semblables, on a $\dfrac{AB}{A'B'} = \dfrac{BC}{B'C'}$ $= \dfrac{CD}{C'D'} = \dfrac{DE}{D'E'} = \dfrac{EF}{E'F'} = \dfrac{AF}{A'F'}$ (a). Proportion dans laquelle la somme des antécédents, ou le périmètre du 1er, est à la somme des conséquents, ou le périmètre du 2d, comme un antécédent est à son conséquent.

Donc, en représentant par P et P′ les périmètres de ces polygones, on aura $P : P' = AB : A'B' = BC : B'C' = \ldots\ldots$

2° Élevant au carré dans (a), on a $\dfrac{\overline{AB}^2}{\overline{A'B'}^2} = \dfrac{\overline{BC}^2}{\overline{B'C'}^2} =$ $\dfrac{\overline{CD}^2}{\overline{C'D'}^2} = \ldots\ldots$ (b). Et, comme les triangles qui composent le premier polygone sont semblables à ceux qui forment le second (**288**), ces triangles sont proportionnels aux carrés de leurs côtés homologues (**291**). On a donc les proportions ABF : A'B'F' $= \overline{AB}^2 : \overline{A'B'}^2$, BCD : B'C'D' $= \overline{BC}^2 : \overline{B'C'}^2$, BDE : B'D'E' $= \overline{DE}^2 : \overline{D'E'}^2$ et ainsi de suite. Les seconds rapports de ces proportions étant égaux d'après (*b*), les premiers sont en proportion et l'on a $\dfrac{BCD}{B'C'D'} = \dfrac{BDE}{B'D'E'} = \dfrac{BEF}{B'E'F'} = \dfrac{BAF}{B'A'F'}$,

d'où $\dfrac{BCD + BDE + BEF + BAF}{B'C'D' + B'D'E' + B'E'F' + B'A'F'} = \dfrac{BAF}{B'A'F'} = \dfrac{\overline{AB}^2}{\overline{A'B'}^2}$; ou,

en représentant par S et S' les surfaces des deux polygones et ayant égard à la proportion (*b*).

$$S : S' = \overline{AB}^2 : \overline{A'B'}^2 = \overline{BC}^2 : \overline{B'C'}^2 = \overline{CD}^2 : \overline{C'D'}^2 = \overline{DE}^2 : \overline{D'E'}^2 = \overline{EF}^2 : \overline{E'F'}^2 = \overline{AF}^2 : \overline{A'F'}^2.$$

293. Corollaire. *Les périmètres de ces polygones sont proportionnels aux diagonales homologues et leurs surfaces aux carrés de ces lignes.*

THÉORÈME XII.

294. Le carré construit sur la somme ou la différence de deux droites est équivalent à la somme des carrés faits sur chacune de ces droites augmentée ou diminuée de deux fois le rectangle de ces lignes.

Soit AD le carré construit sur la -somme AC des deux droites AB et BC. Si l'on prend AG = AB et si l'on mène GH et BE respectivement parallèles aux lignes AC et AF, 1° la figure ABIG sera le carré de AB (**224**); 2° puisque AC = AF et AB = AG, la différence BC entre AC et AB est égale à la différence GF entre AF et AG, donc GF = BC, mais IH = BC et GF = IE (**95**), donc IH = IE et comme ces deux lignes sont rectangulaires par construction, la figure IHDE est le carré construit sur BC; 3° la droite BI = AB et GI = AB, puisque AI est un carré, et comme d'ailleurs EI = BC et IH = BC, les deux figures BCHI et GFEI sont deux rectangles ayant AB et BC pour dimensions. Donc etc.

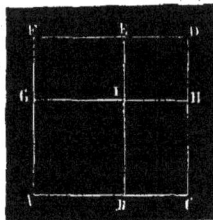

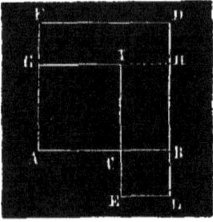

Soit, en second-lieu, AI le carré fait sur la différence AC des droites AB et BC. Construisant les carrés AD et CL sur AB et sur CB, et prolongeant le côté GI jusqu'au point H où il rencontre BD, il est facile de voir que le carré AI est équivalent à la somme des carrés AD et CL diminuée des deux rectangles GD et IL, qui ont pour dimensions AB et CB, comme on peut le constater par les mêmes principes qui ont servi dans la 1re partie du théorème.

295. Corollaire. On peut écrire ces deux propriétés d'une manière abrégée, comme suit :

$$(AB + BC)^2 \text{ ou } \overline{AC}^2 = \overline{AB}^2 + \overline{BC}^2 + 2 AB.\ BC.$$
$$(AB - BC)^2 \text{ ou } \overline{AC}^2 = \overline{AB}^2 + \overline{BC}^2 - 2 AB.\ BC.$$

Dans le 1er cas, si AB = BC, on a $\overline{AC}^2 = 4\ \overline{AB}^2$, c'est-à-dire que le carré d'une droite est égal à 4 fois le carré de sa moitié.

THÉORÈME XIII.

(N°° 237, 261.)

296. Le carré construit sur l'hypoténuse d'un triangle rectangle est équivalent à la somme des carrés faits sur les deux autres côtés.

Je suppose que les trois carrés sont construits, que AL est menée perpendiculairement du sommet de l'angle droit sur l'hypoténuse et qu'on a joint les deux sommets opposés A et F du petit carré AF aux deux sommets opposés C et D du grand carré CD.

Si l'on peut constater que les deux rectangles BL et CL qui composent le carré CD sont équivalents aux deux autres carrés la question sera résolue.

Or, par supposition l'angle CAB est droit. De là il résulte que, si, dans le triangle CBF, on prend BF pour base, la hauteur CO sera égale au côté AB du carré AF, comme parallèles comprises entre parallèles (**93**), donc le triangle CBF et le carré AF ont même base et même hauteur, donc le triangle vaut la moitié du carré (**259**).

D'un autre côté, le triangle ABD ayant même base BD et même hauteur AP que le rectangle BL en vaut la moitié.

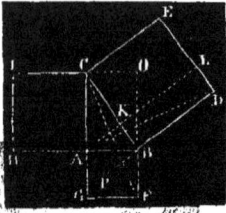

Mais les deux triangles CBF et ABD ont le côté BF = AB, comme côtés du même carré, le côté BC = BD pour la même raison, et l'angle CBF = ABD; car ces deux angles sont formés l'un et l'autre de l'angle ABC et d'un angle droit. Donc (**49**) ces deux triangles sont égaux. Or, le 1er vaut la moitié du carré AF et le 2e vaut la moitié du rectangle BL. Donc le carré AF et le rectangle BL sont équivalents.

On démontrerait de la même manière que le carré AI est équivalent au rectangle CL. Donc la somme des deux carrés est égale à celle des deux rectangles. Et comme cette dernière est précisément le carré fait sur l'hypoténuse, il s'ensuit que

$$\overline{BC}^2 = \overline{AB}^2 + \overline{AC}^2.$$

COROLLAIRES.

297. I. *Le carré de l'un des côtés de l'angle droit est équivalent à celui de l'hypoténuse moins celui de l'autre côté,* ou $\overline{AB}^2 = \overline{BC}^2 - \overline{AC}^2$

298. II. *Le carré fait sur la diagonale d'un carré est double de ce carré.* Car, si AB = AC, on aura, $\overline{BC}^2 = \overline{AB}^2 + \overline{AB}^2 = 2\,\overline{AB}^2$.

299. III. *Le carré de l'hypoténuse est à celui de l'un des côtés, comme l'hypoténuse est au segment de celle-ci, adjacent à ce côté.* Car (**261**) BE : BL = BC : BK. Or BE = $\overline{BC}^2$ et BL = $\overline{AB}^2$. Donc $\overline{BC}^2 : \overline{AB}^2$ = BC : BK.

300. IV. *Les carrés des deux côtés de l'angle droit sont entre eux comme les segments de l'hypoténuse adjacents à ces côtés.* Car (**262**) BL : CL = BK : CK. Or BL = $\overline{AB}^2$ et CL = $\overline{AC}^2$, donc $\overline{AB}^2 : \overline{AC}^2$ = BK : CK.

301. V. *Chaque côté de l'angle droit est moyen proportionnel entre l'hypoténuse et le segment adjacent à ce côté* (**249**). Car, de ce que le carré AI est équivalent au rectangle CL, il s'en suit (**278, 279**) que $\overline{AC}^2$ = CE × CK, or CE = CB, donc $\overline{AC}^2$ = CB × CK ou CB : AC = AC : CK.

302. VI. *La perpendiculaire abaissée du sommet de l'angle droit sur l'hypoténuse est moyenne proportionnelle entre les deux segments de celle-ci.* Car (**297**) $\overline{AK}^2 = \overline{AC}^2 - \overline{CK}^2$. Mais (**301**) $\overline{AC}^2 = CB \times CK$. Donc $\overline{AK}^2 = CB.CK - \overline{CK}^2 = CK (CB - CK) = CK \times BK$.

THÉORÈME XIV.

(N°° 294, 296, 250, 292)

303. Dans un triangle quelconque, le carré d'un côté est équivalent à la somme des carrés des deux autres plus ou moins le double rectangle ayant pour base l'un de ces deux côtés et pour hauteur la projection de l'autre sur celui-ci, suivant que l'angle opposé au premier des côtés est obtus ou aigu.

1° Soient le triangle ABC dans lequel l'angle B est obtus. Si l'on mène CD perpendiculaire sur AB prolongée, BD sera la projection de BC sur AB (**280**) et, dans le triangle rectangle ACD, on aura (**296**) $\overline{AC}^2 = \overline{CD}^2 + \overline{AD}^2$ (a). Mais (**295**) $\overline{AD}^2 = (AB + BD)^2 = \overline{AB}^2 + \overline{BD}^2 + 2\,AB.BD$ (b), et (**297**) $\overline{CD}^2 = \overline{BC}^2 - \overline{BD}^2$ (c).

Remettant dans (a) les valeurs de $\overline{CD}^2$ et de $\overline{AD}^2$ tirées des égalités (b) et (c), il vient $\overline{AC}^2 = BC^2 - \overline{BD}^2 + \overline{AB}^2 + \overline{BD}^2 + 2\,AB.BD$, ou comme $\overline{BD}^2$ disparait, $\overline{AC}^2 = \overline{BC}^2 + \overline{AB}^2 + 2\,AB.BD$.

Ce qui prouve que la propriété énoncée est vraie pour le côté opposé à un angle obtus.

2° Si l'angle B est aigu, ainsi que A, on aura successivement $\overline{AC}^2 = \overline{CD}^2 + \overline{AD}^2$ (a), $\overline{CD}^2 = \overline{CB}^2 - \overline{BD}^2$ (b), $\overline{AD}^2 = (AB - BD)^2 = \overline{AB}^2 + \overline{BD}^2 - 2\,AB.BD$ (c); donc en substituant les quantités (b) et (c) dans (a), on aura $\overline{AC}^2 = \overline{BC}^2 + \overline{AB}^2 - 2\,AB.BD$. Et, si B étant aigu, A est obtus, les égalités (a) et (b) ne changent pas et dans (c) on a AD = BD — AB au lieu de AD = AB—BD. Mais, d'après la seconde partie du n° **294**, on a aussi $(BD - \overline{AB})^2 = \overline{AB}^2 + \overline{BD}^2 - 2\,AB.BD$; de sorte que l'égalité (a) devient encore $\overline{AC}^2 = \overline{BC}^2 + \overline{AB}^2 - 2\,AB.BD$.

Ainsi, que l'angle A soit aigu ou obtus, du moment que C est aigu, la seconde partie du théorème est réalisée. Donc, etc.

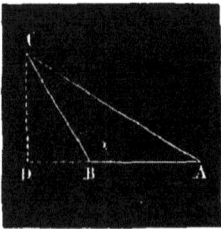

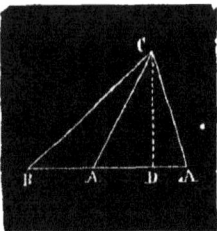

COROLLAIRES.

304. I. Ainsi des n^{os} **296** et **303**, il résulte que *le carré d'un côté, dans un triangle, est équivalent à la somme des carrés des deux autres, plus grand ou plus petit que cette somme, suivant que l'angle qui lui est opposé est droit, obtus ou aigu.*

Cette propriété s'applique également à trois polygones semblables construits sur les trois côtés d'un triangle rectangle, comme côtés homologues. Car, soient M, N, P trois polygones semblables construits sur les trois côtés du triangle ABC, rectangle en A on aura (**292**) M : P = $\overline{BC^2}$: $\overline{AB^2}$ (a) et N : P = $\overline{AC^2}$: $\overline{AB^2}$ ou N + P : P = $\overline{AC^2}$ + $\overline{AB^2}$: $\overline{AB^2}$ (b), puisque dans une proportion la somme des deux premiers termes est au 2^d, comme la somme des deux derniers est au 4e. Mais les proportions (a) e((b) ont les mêmes conséquents, donc leurs antécédents sont en proportion, et l'on a

$$\frac{N+P}{M} = \frac{\overline{AC^2}+\overline{AB^2}}{\overline{BC^2}}.$$

De cette égalité, on déduit M=N+P, M>N+P, M<N+P, suivant que l'angle A est droit, obtus ou aigu, car alors on a $\overline{BC^2}=\overline{AC^2}+\overline{AB^2}$, $\overline{BC^2}>\overline{AC^2}+\overline{AB^2}$, $\overline{BC^2}<\overline{AC^2}+\overline{AB^2}$.

305. II. *Réciproquement, un angle dans un triangle, est droit, obtus ou aigu suivant que le carré du côté opposé est équivalent à la somme des carrés des deux autres côtés, plus grand ou plus petit.*

Cette réciproque se démontre par l'absurde au moyen des n^{os} **296** et **303**, et elle peut s'appliquer à trois polygones semblables comme la proposition directe.

THÉORÈME XV.
(N°s 97, 295.)

306. Dans tout triangle la somme des carrés de deux côtés est équivalente au double carré de la médiane du troisième plus le double carré de la moitié de celui-ci.

Soit CD la médiane du côté AB dans le triangle ABC, je dis qu'on aura $\overline{AC^2} + \overline{CB^2} = 2\,\overline{CD^2} + 2\,\overline{AD^2}$.

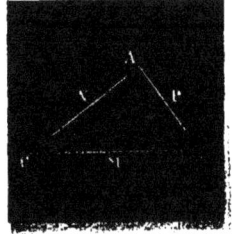

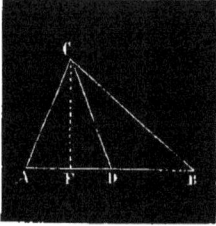

1° Si les côtés AC et BC sont différents et l'angle A aigu ou obtus, en menant la perpendiculaire CF, on retrouvera les deux parties du théorème précédent, car si l'un des angles formés par la médiane avec AB est aigu l'autre sera obtus. Ainsi ou aura (**303**) dans le triangle CBD, $\overline{CB}^2 = \overline{CD}^2 + \overline{DB}^2 + 2\,DB.FD$ et dans le triangle ACD, $\overline{AC}^2 = \overline{CD}^2 + \overline{AD}^2 - 2\,AD.FD$. Ajoutant membre à membre ces deux égalités, en observant que AD = DB, il vient $\overline{AC}^2 + \overline{CB}^2 = 2\,\overline{CD}^2 + 2\,\overline{AD}^2$.

2° Si AC = CB, ou si le triangle est isocèle, la médiane CD est perpendiculaire sur la base (**73**) et l'on est ramené au carré de l'hypothénuse (**296**). Donc $\overline{AC}^2 = \overline{CD}^2 + \overline{AD}^2$ et $\overline{CB}^2 = \overline{CD}^2 + \overline{DB}^2$, d'où ajoutant, $\overline{AC}^2 + \overline{CB}^2 = 2\,\overline{CD}^2 + 2\,\overline{AD}^2$.

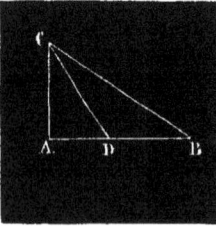

3° Si l'angle A est droit, on aura dans le triangle ACD (**297**), $\overline{AC}^2 = \overline{CD}^2 - \overline{AD}^2$, et dans le triangle CDB (**303**), $\overline{CB}^2 = \overline{CD}^2 + \overline{DB}^2 + 2\,DB.AD$. Ajoutant membre à membre et réduisant avec la supposition que AD = DB, on trouve, comme précédemment $\overline{AC}^2 + \overline{CB}^2 = 2\,\overline{CD}^2 + 2\,\overline{AD}^2$. Donc, etc.

COROLLAIRES.

307. I. *Dans tout parollélogramme, la somme des carrés des côtés est équivalente à celle des carrés des diagonales.* En effet, on sait (**97**) que les diagonales d'un parallélogramme se coupent mutuellement en parties égales. Donc (**306**) on aura, dans le triangle DAB, $\overline{AD}^2 + \overline{AB}^2 = 2\,\overline{AO}^2 + 2\,\overline{OB}^2$, et dans le triangle DCB, $\overline{BC}^2 + \overline{DC}^2 = 2\,\overline{OC}^2 + 2\,\overline{OB}^2$. Puisque OC = OA, si on ajoute membre à membre les deux égalités qui précèdent, on trouve $\overline{AD}^2 + \overline{AB}^2 + \overline{BC}^2 + \overline{DC}^2 = 4\,\overline{AO}^2 + 4\,\overline{OB}^2$ (*a*). Mais (**295**) $4\,\overline{AO}^2 = \overline{AC}^2$ et $4\,\overline{OB}^2 = \overline{DB}^2$; donc en substituant dans (*a*), il vient $\overline{AD}^2 + \overline{AB}^2 + \overline{BC}^2 + \overline{DC}^2 = \overline{AC}^2 + \overline{DB}^2$.

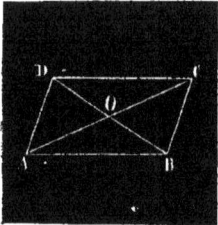

308. II. On peut généraliser davantage cette propriété et dire que, *dans un quadrilatère quelconque, la somme des*

carrés des côtés est égale à la somme des carrés des diagonales plus quatre fois le carré de la droite qui joint leurs milieux.

Soient E et F les milieux des diagonales.

Dans les triangles DCB et DAB, on a $\overline{BC}^2 + \overline{DC}^2 = 2\,\overline{CE}^2 + 2\,\overline{EB}^2$ et $\overline{BA}^2 + \overline{DA}^2 = 2\,\overline{EA}^2 + 2\,\overline{EB}^2$. Ajoutant, il vient $\overline{BC}^2 + \overline{DC}^2 + \overline{DA}^2 + \overline{BA}^2 = 4\,\overline{EB}^2 + 2\,\overline{CE}^2 + 2\,\overline{EA}^2 (a)$. Mais le triangle CAE donne $\overline{CE}^2 + \overline{AE}^2 = 2\,\overline{FA}^2 + 2\,\overline{EF}^2$, ou multipliant par 2, $2\,\overline{CE}^2 + 2\,\overline{EA}^2 = 4\,\overline{FA}^2 + 4\,\overline{EF}^2$.

Substituant dans (a), on trouve

$$\overline{BC}^2 + \overline{DC}^2 + \overline{DA}^2 + \overline{BA}^2 = 4\,\overline{EB}^2 + 4\,\overline{FA}^2 + 4\,\overline{EF}^2 = \overline{DB}^2 + \overline{CA}^2 + 4\,\overline{EF}^2.$$

Si le quadrilatère est un parallélogramme, les diagonales se coupent en leurs milieux et la droite EF est nulle. On retombe ainsi sur la conclusion qui précède; de sorte que cette proposition n'est alors qu'un corollaire de celle-ci.

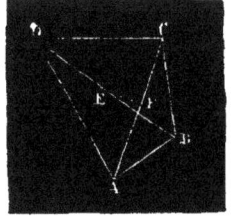

THÉORÈME XVI.

309. Lorsque des droites, qui aboutissent à un même point, sont rencontrées par des parallèles, ces deux systèmes de droites se coupent mutuellement en parties proportionnelles.

1° D'après le **n**os **266** et **267**, on a les proportions OI : OK = EI : FK (1), OE : OF = EI : FK (2), OE : OF = EA : FB (3). De (2) et (3), on tire EI : FK = EA : FB (4). Comparant (1) et (4), on voit que OI : OK = EI : FK = EA : FB. On démontrerait de même les proportions OI : OL = EI : LG = EA : GC et OI : OM = EI : MH : EA : HD.

2° En comparant les triangles semblables OAB et OEF dont deux des côtés homologues sont sur OB, on a AB : EF = OB : OF et BC : FG = OB : OF. D'où AB : EF = BC : FG (a).

Considérant ceux dont les côtés homologues sont sur OC, on trouve BC : FG = OC : OG et CD : GH = OC : OG. D'où BC : FG = CD : GH (b).

Des proportions (a) et (b) on déduit

$$AB : EF = BC : FG = CD : GH$$

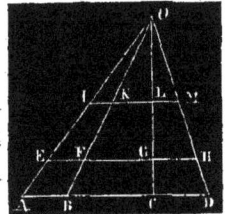

On aurait de la même manière

$$AB : IK = BC : KL = CD : LM$$
$$\text{et} \quad EF : IK = FG : KL = GH : LM.$$

Donc, etc.

310. I. *Si l'une des droites convergentes OA est divisée en parties égales, chacune des autres le sera aussi, et de même relativement aux parallèles.*

311. II. *Si plusieurs droites convergentes coupent un système de parallèles en parties proportionnelles, ces droites aboutissent à un même point.* Car, supposons que les parallèles AC et DF sont coupées par les droites AO, BH, CP de manière à fournir la proportion AB : DE = BC : EF (1), et admettons que, contrairement à la conclusion, ces trois droites se rencontrent en des points différents O, H, P. Joignant les points F et H par la ligne HI, on aura (**309**) AB : DE = BI : EF (2). Les proportions (1) et (2) auront trois termes respectivement égaux, donc les quatrièmes BC et BI le seront aussi, tandis que BC est plus petit que BI.

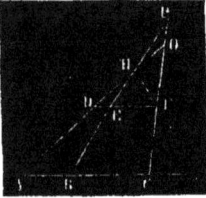

THÉORÈME XVII.

312. La perpendiculaire menée du sommet de l'angle droit d'un triangle rectangle sur l'hypoténuse divise ce triangle en deux triangles semblables au triangle proposé et semblables entre eux.

Soit le triangle ABC rectangle en A. Si on mène la perpendiculaire AD, les deux triangles CAB et CDA auront l'angle C commun et chacun un angle droit, ils sont donc équiangles et semblables (**64, 270**) et l'angle $m = m'$. De même les triangles rectangles CAB et ADB ont l'angle B commun, ils sont donc aussi semblables et l'angle $n = n'$. Les deux triangles partiels CAD et ABD ont donc les trois angles respectivement égaux et sont aussi semblables.

313. I. *La perpendiculaire AD est moyenne proportion-*

nelle entre les deux segments de l'hypoténuse (**249**). Car, dans les deux triangles semblables CAD et ABD les côtés homologues (**246**) sont proportionnels. Donc le côté CD, opposé à l'angle *m'* dans le triangle CAD, est à DA opposé à l'angle *m* dans le triangle ABD, comme DA opposé à l'angle *n* dans CAD, est à DB opposé à *n'* dans ABD, ou plus simplement, CD : AD = AD : DB (**302**).

314. II. *Chaque côté de l'angle droit est moyen proportionnel entre l'hypoténuse et le segment adjacent à ce côté.* Car, de la similitude des triangles CAB et CDA, on déduit CB : AC = AC : CD ; et de celle des triangles CAB et ADB, on tire CB : AB = AB : DB (**301**).

315. III. En joignant un point quelconque d'une circonférence aux deux extrémités d'un diamètre, on forme un triangle rectangle (**173**). *Donc la perpendiculaire abaissée d'un point de la circonférence sur un diamètre est moyenne proportionnelle entre les deux segments de celui-ci, et chacune des cordes menées de ce point aux extrémités du diamètre est moyenne proportionnelle entre le diamètre entier et le segment adjacent à cette corde.*

THÉORÈME XVIII.

(Nᵒˢ 107, 261.)

316. La bissectrice d'un angle dans un triangle détermine sur le côté opposé deux segments proportionnels aux deux côtés adjacents.

Si DC est la bissectrice de l'angle ACB, le point D est équidistant des côtés AC et BC (**107**); donc en prenant AC et BC pour bases dans les deux triangles ACD et BCD, ils auront même hauteur et seront entre eux comme leurs bases (**263**); on aura donc $\dfrac{\text{ACD}}{\text{BCD}} = \dfrac{\text{AC}}{\text{BC}}$. D'un autre côté, si l'on prend pour bases de ces deux triangles les côtés AD et DB, ils auront encore même hauteur CH et donneront la proportion $\dfrac{\text{ACD}}{\text{BCD}} = \dfrac{\text{AD}}{\text{DB}}$. Les premiers rapports de ces deux proportions étant identiques, les deux autres formeront la proportion énoncée AC : BC = AD : DB.

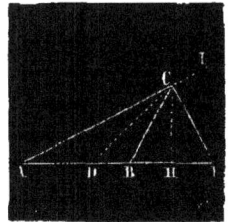

317. COROLLAIRE. On démontre de la même manière que *la bisectrice CF de l'angle supplémentaire ICB jouit de la même propriété, c'est-à-dire que AC : BC = AF : BF. La double réciproque est vraie.*

THÉORÈME XIX.

318. Les parties de deux cordes qui se coupent dans un cercle sont inversement proportionnelles.

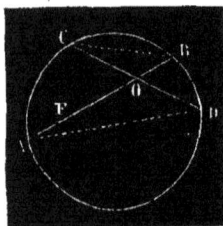

En joignant AD et CB, les angles inscrits BCD et BAD comme interceptant le même arc BD (**172**). De même CBO = ADO, et les angles AOD et COB sont égaux comme opposés au sommet, donc les triangles COB et AOD ont les côtés homologues proportionnels, donc AO : CO = OD : OB, ou AO × OB = CO × OD.

COROLLAIRES.

319. I. *Le produit des deux parties de l'une est égal à celui des deux parties de l'autre. Ou, ce qui revient au même, le rectangle des deux parties de l'une est équivalent au rectangle des deux parties de l'autre* (**278** et **283**).

320. II. *Si deux droites se coupent en parties inversement proportionnelles, leurs extrémités sont sur une même circonférence.* Car, supposons que la circonférence qui passe par les trois points C, B, D, coupe OA au point F, on aura, comme on vient de le voir, FO × OB = CO × OD; mais la supposition donne AO × OB = CO × OD. De ces deux égalités, on déduit OA = OF. Absurdité qui prouve que le point A ne peut pas être hors du cercle. On prouverait de même qu'il ne peut pas être à l'intérieur. Donc il est sur la circonférence. Donc.....

321. III. *Tout quadrilatère est ou n'est pas inscriptible, suivant que ses diagonales se coupent ou ne se coupent pas en parties inversement proportionnelles.*

THÉORÈME XX.

322. Les sécantes menées d'un même point à un cercle, sont inversement proportionnelles à leurs parties extérieures.

Dans les triangles OBC et OAD, l'angle O est commun et l'angle OBC = ODA (**172**); donc ces triangles sont semblables, donc OB : OD = OC : OA.

COROLLAIRES.

323. I. De cette proportion, on tire OB × OA = OD × OC. *Donc les rectangles de chacune des sécantes et de sa partie extérieure sont équivalents.*

324. II. *Si l'une des sécantes devient tangente, celle-ci est moyenne proportionnelle entre la sécante entière et sa partie extérieure.* Car l'angle tangentiel OAB est égal à l'angle inscrit OCA, (**177**). Outre cet angle égal, les deux triangles OCA et OBA ont l'angle O commun, donc ils sont équiangles, donc les côtés homologues sont proportionnels, donc OC : AO = AO : OB, ou $\overline{AO}^2 = OC \times OB$.

325. III. *Donc* (**284**) *le carré fait sur la tangente est équivalent au rectangle qui aurait pour base la sécante entière et pour hauteur la partie extérieure de cette sécante.*

326. IV. *La différence des carrés de deux droites OD et DC est équivalente au rectangle de la somme et de la différence de ces droites, c'est-à-dire que* $\overline{OD}^2 - \overline{DC}^2 = (OD + DC) \times (OD - DC)$. Car, dans le **n° 324**, si la sécante passe par le centre D du cercle, on a DC = DB = DA. Donc $\overline{OA}^2 = OC \times OB = (OD + DC) \times (OD - DC)$, et puisque le triangle AOD est rectangle (**168**), $\overline{OA}^2 = \overline{OD}^2 - \overline{DC}^2$ (**297**). De ces deux égalités on déduit la propriété énoncée.

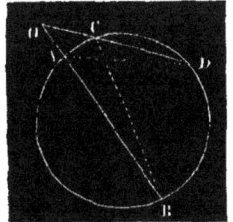

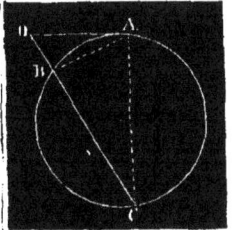

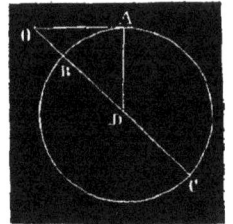

THÉORÈME XXI.

327. Dans tout triangle le rectangle des côtés d'un angle est équivalent 1° au carré de la bisectrice de cet angle plus le rectangle des deux segments qu'elle forme sur le côté opposé; 2° au rectangle fait avec le diamètre du cercle circonscrit et la hauteur qui correspond au troisième côté.

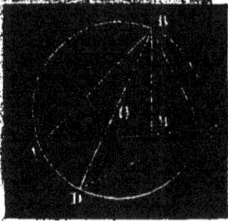

1° Prolongez la bisectrice AD de l'angle A jusqu'au point F où elle rencontre la circonférence circonscrite au triangle et joignez BF. Les triangles ABF, ACD sont semblables; car l'angle BAF = DAC par supposition, les angles BFA et DCA sont égaux comme inscrits dans un même segment; donc leurs côtés homologues donnent la proportion AB : AD = AF : AC, d'où $AB \times AC = AD \times AF = AD \times (AD + DF) = \overline{AD}^2 + AD . DF$. Mais (**318**), $AD \times DF = BD \times DC$, donc $AB \times AC = \overline{AD}^2 + BD \times DC$.

2° Après avoir tracé le diamètre BD et la hauteur BH, si on joint DC, les deux triangles ABH et DBC seront semblables; car l'angle BCD, comme inscrit dans un demicercle, est droit et l'angle AHB est droit par supposition; de plus l'angle A = D comme ayant même mesure. Donc AB : BD = BH : BC, ou AB . BC = BD . BH (a).

328. Corollaire. *L'aire d'un triangle est égale au produit de ses trois côtés divisé par le double du diamètre du cercle circonscrit.* Car, multipliant par $\dfrac{AC}{2}$ les deux membres de l'égalité (a), il vient $\dfrac{AB . BC . AC}{2} = \dfrac{BD . BH . AC}{2}$; d'où $\dfrac{BH . AC}{2} = \dfrac{AB . BC . AC}{2 \, BD}$. Mais (**280**), en représentant par S l'aire du triangle, on a $S = \dfrac{BH . AC}{2}$; donc aussi $S = \dfrac{AB . BC . AC}{2 \, BD}$.

THÉORÈME XXII.

329. Suivant qu'un quadrilatère est ou n'est pas inscriptible, le rectangle des diagonales est ou n'est pas équivalent à la somme des rectangles des côtés opposés.

1° Le quadrilatère ABCD est inscriptible.

Les angles BAC et BDC sont égaux parce qu'ils sont inscrits dans un même segment. De sorte que si l'on fait l'angle ABE = CBD, les deux triangles AEB et DBC seront semblables et fourniront l'égalité

$$BD \times AE = AB \times DC \ (1)$$

Mais l'égalité des angles ABE et DBC entraîne celle des angles EBC et ABD. De plus l'angle ECB = ADB puisqu'ils ont l'un et l'autre pour mesure la moitié de l'arc AB. Donc les deux triangles BEC et BAD sont aussi semblables et donnent l'égalité

$$BD \times EC = BC \times AD \ (2)$$

Ajoutant (1) et (2), il vient BD (AE + EC) = AB × DC + BC × AD. Mais AE + EC = AC. Donc, remplaçant dans l'égalité précédente, il vient

$$BD \times AC = AB \times DC + BC \times AD.$$

2° Supposons que le quadrilatère ne soit pas inscriptible et que le sommet D se trouve dans l'intérieur du cercle dont la circonférence passe par les trois sommets A, B, C.

D'après le n° **179**, l'angle BDC est plus grand que BAC. Donc, après avoir fait l'angle ABE = CBD, pour que l'angle BAE soit égal à BDC, on devra le faire plus grand que BAC, et par suite le point E tombera au dessous de AC, pour former le troisième sommet du triangle AEC, dans lequel AC < AE + EC. Alors les triangles BAE et BDC seront semblables et on aura BD : AB = BC : BD. Proportion qui prouve que les triangles BEC et BAD sont semblables, comme ayant l'angle CBE = ABD, compris entre côtés proportionnels. De la simultitude des triangles ABE et CBD, on tire BD. AE = AB. DC (1), et de celle des triangles BCE et BAD, BD. EC = BC. AD (2). Ajoutant les égalités (1) et (2), il vient BD (AE + EC) = AB. DC + BC. AD (3). Mais on a vu plus haut que dans le triangle ACE, AC < AE + EC. Donc, si dans l'égalité (3) on met AC à la place de AE + EC, le 1er membre deviendra plus petit que le 2d. Donc.....

$$BD. AC < AB. DC + BC. AD.$$

Si le point D tombait hors du cercle, le point E serait

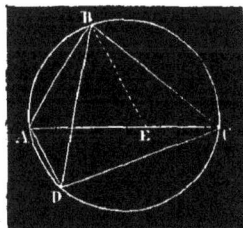

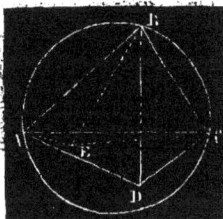

au-dessus de AC et la démonstration se ferait de la même manière.

330. COROLLAIRE. *Tout quadrilatère est ou n'est pas inscriptible, suivant que le rectangle des diagonales est ou n'est pas égal à la somme des rectangles des côtés opposés.*

PROBLÈME I.

(Nᵒˢ 158, 212, 309).

331. Diviser une droite en parties proportionnelles à d'autres droites données.

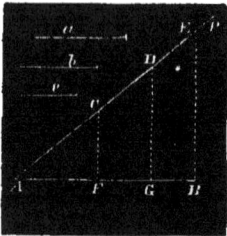

Soit AB la ligne qu'il s'agit de diviser en trois parties qui soient proportionnelles aux trois droites *a*, *b*, *c*.

Par une des extrémités A de AB, mener une droite indéfinie AP; sur cette droite prendre AC = *a*, CD = *b*, DE = *c*; joindre BE et lui mener les parallèles CF, DG (**212**).

En vertu du nᵒ **309**, la droite AB sera divisée en trois parties AF, FG, GB proportionnelles aux lignes AC, CD, DE et par suite aux trois droites données.

332. COROLLAIRE. *Diviser une droite en un nombre quelconque de parties égales.*

En prenant trois distances arbitraires égales AC, CD, DE, les trois parties de AB seront aussi égales; car AB : AF = AE : AC, et si AC est le tiers de AE, AF sera aussi le tiers de AB.

Ce procédé peut remplacer le nᵒ **202**.

PROBLÈME II.

(Nᵒˢ 247, 243, 266.)

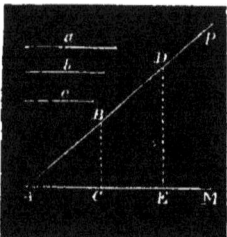

333. Trouver une quatrième proportionnelle à trois droites données *a*, *b*, *c*.

Tracer deux droites indéfinies AP, AM, sous un angle quelconque; prendre AB = *a*, BD = *b*, AC = *c*; joindre BC, et mener DE parallèle à BC. La droite CE sera la solution du problème (**266**).

334. COROLLAIRE. *Trouver une troisième proportionnelle à deux droites données a, b.*

Il suffit de prendre AC = b.

PROBLÈME III.

(N° 249, 312, 315.)

335. Construire une moyenne proportionnelle à deux droites données *a* et *b*.

1° Sur une droite indéfinie AM, prenez AB = a et BC = b; sur AC comme diamètre, tracez une circonférence, et la perpendiculaire BD menée au point B de la droite BC sera le droite cherchée. Car, on sait (**313**) que la perpendiculaire menée d'un point de la circonférence sur un diamètre est moyenne proportionnelle entre les deux segments de ce diamètre.

336. 2° Le même n° **313** fournit une seconde construction propre à résoudre ce problème. Car, si l'on prend AC = a et AB = b, si l'on mène la perpendiculaire BD, la corde AD sera moyenne proportionnelle entre AC = a et AB = b.

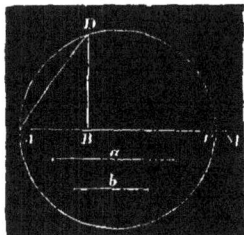

PROBLÈME IV.

(N° 163, 250, 324.)

337. Partager une droite en moyenne et extrême raison.

Si, à l'extrémité B de AB, on mène une perpendiculaire BC égale à la moitié de AB; si du point B avec le rayon CB, on décrit une circonférence; si l'on joint AB par une droite qui rencontre la circonférence aux points O et F; si l'on prend AI = AO; je dis que le point I divisera la droite AB de manière à avoir AB : AI = AI : BI.

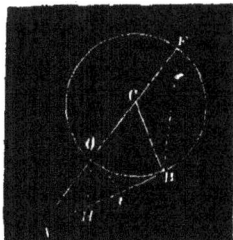

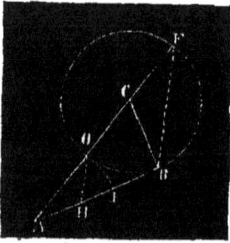

En effet, AB étant perpendiculaire à l'extrémité du rayon CB est tangente au cercle (**165**) et par suite (**324**), elle est moyenne proportionnelle entre la sécante entière AF et sa partie extérieure; donc on a la proportion AF : AB = AB : AO. Mais dans une proportion, la différence des deux premiers termes est au 2e, comme la différence des deux derniers est au 4e, donc AF — AB : AB = AB — AO : AO (*a*). Or AB = OE, puisque OF est un diamètre et que le rayon CB est égal à le moitié de AB, donc AF — AB = AD; on a aussi AB — AO = AB — AI = BI et AO = AI. La proportion (*a*) devient ainsi AI : AB = BI : AI. Ou, en mettant les extrêmes à la place des moyens,

$$AB : AI = AI : BI.$$

338. COROLLAIRE. La droite AF est aussi divisée au point O en moyenne et extrême raison, et la plus grande partie est OF = AB. *Donc on peut trouver par le même procédé une droite AF, telle que, si on la divise en moyenne et extrême raison, la plus grande partie soit égale à une droite donnée AB.*

PROBLÈME V.

339. Par un point P, donné dans un angle, mener une droite dont les parties comprises entre ce point et les côtés de l'angle soient proportionnelles à deux droites données *a* et *b*.

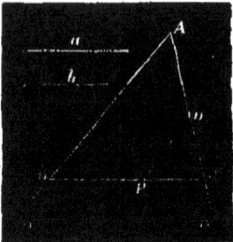

Si on suppose le problème résolu, on aura PB : PC = a : b, et d'après le n° **166**, si PD est parallèle à MA, on aura PB : PC = AD : DC. De ces deux proportions on déduit a : b = AD : DC. Donc, après avoir mené par le point P une droite PD parallèle à l'un des côtés AM de l'angle donné, on cherchera (**333**) une quatrième proportionnelle DC aux trois lignes *a*, *b*, AD et en joignant CP, on aura la droite demandée CB.

340. COROLLAIRE. *Si le point P doit être le milieu de la droite BC, au lieu de chercher une 4e proportionnelle, on prendra DC = AD.*

PROBLÈME VI.

Nᵒˢ 257, 260.

341. Transformer un polygone donné en un triangle équivalent.

Soit à convertir le polygone ABCDE en un triangle équivalent HDF.

Si le triangle ADE était équivalent au triangle ADH, il est clair que la figure ABCDE serait équivalente à la figure HBCD ; car, en retranchant de chacune d'elles, chacun de ces triangles, on obtiendrait le même reste ABCD. Or, ces deux triangles seront équivalents si EH est parallèle à AD, car (**260**), ils auront même base AD et leurs sommets E et H seront sur une parallèle à la base.

Donc il faut tirer la diagonale AD ; par le point E, mener une parallèle EH à AD, limitée au prolongement de AB, et joindre DH. On aura ainsi un polygone équivalent au proposé et qui aura un côté de moins.

On diminuera ainsi le nombre des côtés, jusqu'à ce qu'on arrive au triangle HDF.

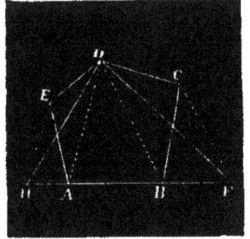

PROBLÈME VII.

(Nᵒˢ 225, 278, 279, 280, 284, 285, 286.)

342. Construire un carré équivalent à un parallélogramme ou à un triangle donné.

On a vu (**284**) que le côté du carré équivalent à un parallélogramme est une moyenne proportionnelle entre les deux dimensions de celui-ci. Donc pour avoir le côté du carré, on cherchera (**335**) une moyenne proportionnelle entre la base et la hauteur du parallélogramme donné.

Le même n° **284** montre que pour avoir le côté du carré équivalent à un triangle, il faut d'abord diviser une de ses dimensions, soit la base, soit la hauteur, en deux parties égales (**332**), puis construire une moyenne proportionnelle entre cette moitié et l'autre dimension.

Le côté du carré étant connu, on construira ce carré comme il est indiqué au **n° 224.**

343. COROLLAIRE. *Si la figure donnée est une trapèze, on cherchera une moyenne proportionnelle entre la hauteur et la moitié de la somme des deux bases (**285**), ou entre la hauteur et la droite qui joint les milieux des côtés (**286**).*

*Et si c'est un polygone ordinaire, on convertira d'abord celui-ci en un triangle équivalent (**341**), puis ce triangle en un carré, comme on vient de le voir.*

Ce problème sert donc à opérer la quadrature d'un polygone quelconque donné (**285**).

PROBLÈME VIII.

(N** 215, 218, 296, 297.)

344. Construire un carré équivalent à la somme ou à la différence de deux carrés donnés.

1° On a vu (**296**) que le carré fait sur l'hypoténuse d'un triangle rectangle est équivalent à la somme des carrés des deux autres côtés. Donc, en construisant (**218**) un triangle rectangle dont les côtés de l'angle droit soient les côtés des deux carrés donnés, l'hypténuse de ce triangle sera le côté du carré demandé.

2° Si le carré doit être équivalent à la différence de deux autres carrés, on construira (**218**) un triangle rectangle ayant pour hypoténuse le côté du plus grand de ces deux carrés et dont un des côtés de l'angle droit soit le côté de l'autre carré ; le troisième côté de ce triangle rectangle sera le côté du carré cherché (**297**).

345. COROLLAIRE. *Faire un carré équivalent 1° à la somme ou à la différence de deux polygones donnés 2° à la somme de plusieurs carrés ou de plusieurs polygones donnés.*

PROBLÈME IX.

346. Construire un carré qui soit le double ou la moitié d'un carré donné.

Soit **ABCD** le carré donné. Si l'on fait le carré **EFGH** sur la diagonale **AC** de ce carré, et le carré **AOBE** sur la moitié **AO** de cette diagonale, on aura les deux carrés demandés. Car, on sait (**298**) que le carré fait sur la diagonale d'un carré est double de celui-ci. Or, le premier de ces deux carrés a pour côté la diagonale **AC** de **ABCD** et celui-ci, à son tour, a pour côté la diagonale **AB** du second. Donc.....

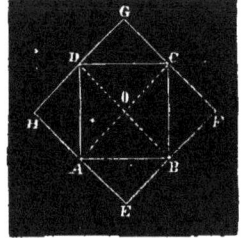

347. COROLLAIRE. 1° *Construire un carré dont on connaît la diagonale, et* 2° *qui soit le double ou la moitié d'un polygone donné.*

PROBLÈME X.

348. Sur une droite donnée construire un rectangle équivalent à un parallélogramme ou un carré donné.

1° Soient **ABCD** le parallélogramme donné, **AB**, **DF** sa base et sa hauteur, et soit *m* la droite sur laquelle on doit construire le rectangle.

En représentant par x la hauteur de ce rectangle on sait (**278, 280**) que $AB \times DF = m \times x$. D'où l'on voit que pour avoir la hauteur cherchée, il faut trouver une 4ᵉ proportionnelle aux droites **AB**, **DF**, et *m* (**333**). Alors (**224**) on pourra construire le rectangle.

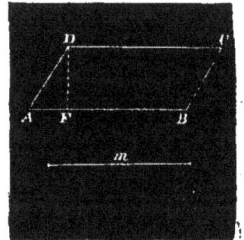

2° Si la figure donnée est un carré dont le côté est *a*, on aura (**278, 279**) $a^2 = mx$. Ce qui prouve que x est une 3ᵉ proportionnelle aux droites *m* et *a* (**334**).

349. COROLLAIRE. *La figure donnée peut être un rectangle, un triangle, un trapèze ou un polygone quelconque.*

PROBLÈME XI.

350. Construire un rectangle équivalent à un carré donné P et dont les deux dimensions fassent une somme ou une différence égale à une droite donnée m.

1ʳᵉ *partie.* Dans la construction d'une moyenne propor-

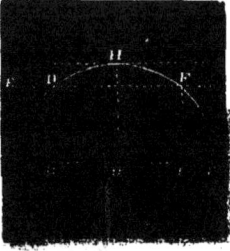

tionnelle (**335**), si AB + BC = m et si BD est le côté du carré donné, **AB** et **BC** seront les deux dimensions du rectangle cherché.

Donc, sur une droite AC = m, décrire une circonférence; mener parallèlement à AC et à une distance AE égale au côté du carré donné, la droite EF qui rencontre la circonférence au point **D**; de ce point abaisser la perpendiculaire DB sur AC; BC et AB seront la base et la hauteur du rectangle demandé. Car BC + AB = m et $\overline{BD}^2$ = AB. BC.

Discussion. 1° Si le côté du carré AE est plus petit que le rayon du cercle décrit sur m comme diamètre, ou si l'on a AE < $\dfrac{m}{2}$, la droite EF rencontrera la circonférence en deux points D, F, et il y aura deux solutions; le 1ᵉʳ rectangle ayant pour base et pour hauteur les segments BC et AB; le 2ᵉ, AI et IC. Mais ces droites étant respectivements égales, ce qu'on démontre facilement par l'égalité des triangles BDC et IFA, les deux rectangles ainsi trouvés sont égaux.

2° Si AE = $\dfrac{m}{2}$, la droite parallèle à AC sera tangente à la circonférence et les dimensions OA et OC du rectangle seront égales au côté du carré donné. De sorte que le rectangle obtenu n'est rien d'autre que le carré donné.

3° Si AE > $\dfrac{m}{2}$, le problème est impossible.

2ᵉ *partie.* Soit **AB** = m, c'est-à-dire la droite qui doit être la différence entre les deux côtés du rectangle.

Si l'on décrit une circonférence sur AB comme diamètre; si l'on mène à une de ses extrémités B une tangente BC égale au côté du carré donné, et si on tire le diamètre CF, les deux dimensions du rectangle cherché seront CF et CD. Car, d'abord CF — CD = DF = AB = m, et en 2ᵉ lieu (**324**) CF × CD = $\overline{CB}^2$ = P. Donc les deux conditions du problème sont remplies. Ce problème est toujours possible et n'a qu'une solution, car, au point C, on peut toujours mener une tangente et il n'y en a qu'une.

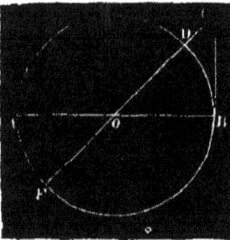

PROBLÈME XII.

351. Trouver deux droites qui soient entre elles comme deux rectangles donnés.

Soient a et b les dimensions du premier, m et n celles du second de ces rectangles.

En prenant pour une des lignes cherchées, la base a du premier et en représentant par x la 2ᵉ de ces droites, on aura (**264**) $ab : mn = a : x$; d'où, en égalant les produits des moyens et des extrêmes, et simplifiant, $mn = bx$. Ce qui prouve que la droite cherchée est une 4ᵉ proportionnelle aux droites b, m et n.

Ce problème a une infinité de solution; car, après avoir trouvé x, on pourra toujours diviser une droite quelconque en deux parties proportionnelles aux droites a et x (**331**), et chaque fois ces deux parties seront entre elles comme les deux rectangles.

352. COROLLAIRE. 1º Si les figures données sont des carrés a^2 et m^2, il faudra construire une 3ᵉ proportionnelle, car on aura $a^2 : m^2 = a : x$, d'où $ax = m^2$.

2º Si les figures données ont deux dimensions comme le triangle, le parallélogramme, le losange, le trapèze, on opère comme pour deux rectangles.

3º Si ce sont deux polygones quelconques, on les ramène d'abord à des triangles équivalents.

4º Si l'une des droites est donnée, ainsi que l'on ait à trouver une droite qui soit à une droite donné d comme deux rectangles donnés. On cherchera d'abord x comme précédemment, puis en appelant y la droite demandée on aura $a : x = d : y$; c'est-à-dire qu'il faudra encore trouver une 4ᵉ proportionnelle.

PROBLÈME XIII.

353. Diviser une droite donnée m en deux parties proportionnelles à deux carrés donnés P et Q.

Soient AB et BC les côtés des deux carrés donnés. Si l'on

9

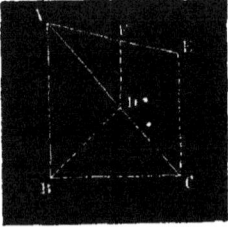

construit un triangle rectangle ayant pour côtés de l'angle droit AB et BC, et si l'on mène la perpendiculaire BD sur l'hypoténuse, on aura (**300**) $\overline{AB}^2 : \overline{BC}^2 = AD : DC$ (*a*). Traçant arbitrairement par le point A, une droite AE = *m*, en la divisant en parties proportionnelles aux lignes AD et DC (**331**), on aura AD : DC = AF : FE. Comparant cette proportion avec (*a*), il en résulte $\overline{AB}^2 : \overline{BC}^2 = AF : FE$, ou, puisque $\overline{AB}^2 = P$ et $\overline{BC}^2 = Q$, P : Q = AF : FE.

Ce problème peut servir à trouver deux droites AD et DC qui soient entre elles comme deux carrés donnés et à diviser une droite en deux parties proportionnelles à deux figures données.

PROBLÈME XIV.

384. Construire un carré qui soit à un carré donné P comme deux droites données *m* et *n*.

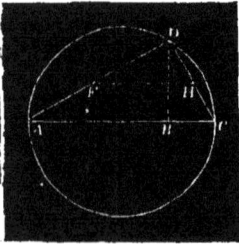

Prendre sur une droite indéfinie, AB = *m*, BC = *n*; sur AC comme diamètre décrire une circonférence; au point B mener la perpendiculaire BD sur AC; joindre AD et DC; porter sur DA une longueur DF égale au côté du carré P; tracer FH parallèle à AC, et DH sera le côté du carré demandé.

Car, $\overline{AD}^2 : \overline{DC}^2 = AB : BC = m : n$ (**300**) et AD : DC = DF : DH (**267**), ou élevant au carré tous les termes de cette proportion, $\overline{AD}^2 : \overline{DC}^2 = \overline{DF}^2 : \overline{DH}^2$; mais cette proportion et la première ont un rapport commun, donc les deux autres sont en proportion, et l'on a $m : n = \overline{DF}^2 : \overline{DH}^2$. Donc, etc.

On voit que l'on peut ainsi trouver deux carrés $\overline{AD}^2$ et $\overline{DC}^2$ qui soient dans le rapport de deux droites données *m* et *n*.

PROBLÈME XV.

(N°⁵ 204, 288, 289, 290, 291, 292, 303, 304).

385. Sur une droite donnée MN décrire un polygone T semblable à un polygone donné S.

Décomposer le polygone S en triangles par les diagonales

menées du sommet A; aux deux extrémités de MN, faire des angles égaux aux angles CAB et ABC (**204**) et le triangle MNO ainsi formé sera semblable au triangle ABC (**274**). Former de même aux extrémités de MO des angles respectivement égaux à DAC et DCA, le triangle MOP sera aussi semblable à DAC. Continuant de la sorte à former des triangles semblables à ceux du polygone donné, on obtiendra un polygone MNOPQR semblable au proposé (**289**), car ces deux polygones seront composés d'un même nombre de triangles semblables et disposés de la même manière.

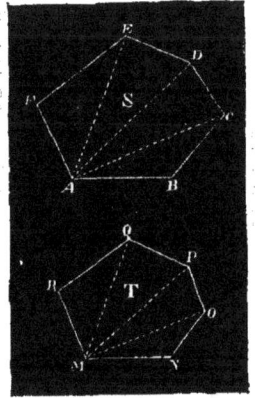

356. COROLLAIRE. *Étant donnés deux polygones semblables S et T construire un polygone X qui leur soit semblable et en même temps équivalent à leur somme ou à leur différence.*

1° L'hypoténuse du triangle rectangle dont les côtés de l'angle droit sont AB et MN, sera le côté homologue à AB sur lequel il faudra construire un polygone semblable à S (**304**).

2° En décrivant un triangle rectangle avec une hypoténuse égale à AB et le 2e côté égal à MN, le 3e côté sera celui du polygone à construire.

PROBLÈME XVI.

357. Étant donnés deux polygones quelconques **M** et **N**, trouver un polygone **P** qui soit semblable à **M** et équivalent à **N**.

Soit a un des côtés AB du polygone M et x sont homologue dans le polygone cherché P, on aura $M : P = a^2 : x^2$, car (**292**) deux polygones semblables sont entre eux comme les carrés de leurs côtés homologues. Mais puisque P doit être équivalent à N, en mettant N à la place de P, la proportion précédente deviendra $M : N = a^2 : x^2$ (A). Maintenant, si l'on opère la quadrature des polygones M et N (**342** et **343**), en représentant par m et n les côtés des carrés obtenus, on aura $M = m^2$ et $N = n^2$ d'où la proportion (A), $m^2 : n^2 = a^2 : x^2$, ou $m : n = a : x$. Il faut donc construire une 4e proportionnelle entre les lignes m, n, a; puis sur cette ligne comme côté homologue à AB, on décrit un polygone semblable à M (**355**).

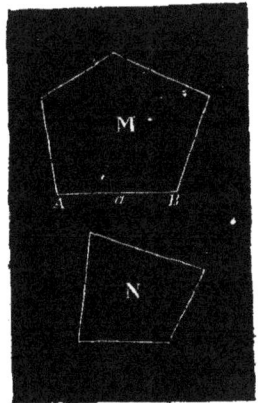

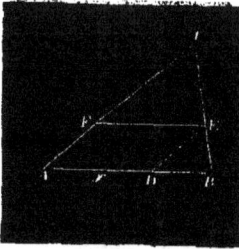

358. COROLLAIRE. *Si M est un triangle, après avoir trouvé* x *comme précédemment, on mènera une droite* EF = x *parallèlement à la base* AB *du triangle* (**214**). Le triangle FCE sera le triangle demandé.

PROBLÈME XVII.

359. Diviser un triangle en deux parties proportionnelles à deux lignes données par une droite tirée du sommet.

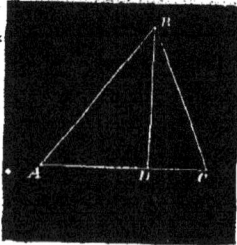

On sait (**263**) que deux triangles de même hauteur sont entre eux comme leurs bases.

Donc si l'on divise la base proportionnellement aux deux droites données, et si l'on joint le point de division D au sommet par la droite DB, le problème sera résolu.

360. COROLLAIRE. *Si les parties doivent être équivalentes, on divise la base en deux parties égales. Si elles doivent être proportionnelles à des nombres donnés, par exemple comme* 3 : 3, *on divise la base en 5 parties égales et on joint le 3e point de division au sommet. Si elles doivent être proportionnelles à deux carrés, on divise la base proportionnellement à ces deux carrés* (**353**).

PROBLÈME XVIII.

361. Diviser un triangle en deux parties équivalentes par un parallèle à la base.

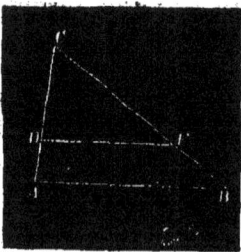

Supposons le problème résolu, et soit DF la droite de division. Les deux triangles ABC et CDF sont semblables, donc ils sont entre eux comme les carrés des côtés homologues CA et CD (**291**). On a donc la proportion ABC : DFC = $\overline{AC}^2 : \overline{DC}^2$; d'un autre côté ABC est le double de DFC, donc aussi $\overline{AC}^2$ est le double de $\overline{DC}^2$. Donc, en cherchant le côté CD d'un carré qui soit la moitié de $\overline{AC}^2$ ou dont la diagonale soit AC (**346, 347**), on aura le point D par où l'on doit mener la parallèle DF pour résoudre la question.

PROBLÈME XIX.

362. Diviser un polygone donné en deux parties équivalentes au moyen d'une droite menée par un point donné sur son périmètre. (Sur le terrain.)

Mener une droite arbitraire PD par le point donné P. Mesurer les deux parties ainsi formées (**287**) et soit S la quantité dont la 1re PAED surpasse l'autre. En traçant PF de manière que le triangle PDF soit équivalent à $\frac{S}{2}$ le problème sera résolu. Or, en menant la perpendiculaire PH sur ED, on aura la hauteur de ce triangle, et en divisant S par le nombre qui exprime la mesure de cette hauteur on aura la base DF. Car (**281**), $\frac{S}{2} = \frac{PH \times DF}{2}$, d'où $DF = \frac{S}{PH}$, et de là le point F par où l'on doit mener la droite de division.

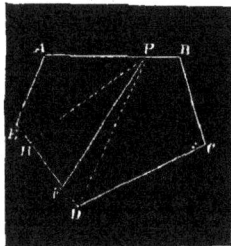

On peut ainsi diviser un polygone quelconque en parties équivalentes par des droites aboutissant à un même point ou à plusieurs points du périmètre, ou en deux parties dont l'une soit un multiple ou une fraction de l'autre.

PROBLÈME XX.

N°s 137, 230, 279, 281, 296, 298,

363. Trouver l'aire d'un carré dont on connaît la diagonale et celle du triangle équilatéral dont on connaît le côté.

1° Soient a la diagonale du carré et x son côté. On sait (**298**) que $a^2 = 2\,x^2$, d'où $x^2 = \frac{a^2}{2}$, d'où (**279**) l'aire du carré.

2° Soient a le côté et x la hauteur du triangle. La médiane d'un côté étant en même temps la hauteur qui y correspond, cette hauteur divise le triangle proposé en deux triangles rectangles égaux, dans chacun desquels on a $a^2 = x^2 + \frac{a^2}{4}$, d'où $x = \frac{a}{2}\sqrt{3}$. Mais (**281**) l'aire du triangle est $S = \frac{ax}{2}$, d'où $S = \frac{a^2}{4}\sqrt{3}$.

364. Corollaire. De l'égalité $a^2 = 2\,x^2$, on déduit a^2 : $x^2 = 2 : 1$, d'où $a : x = \sqrt{2} : 1$, ou $\dfrac{a}{x} = \sqrt{2}$. Donc (**137, 239**) *le côté du carré et sa diagonale sont deux lignes incommensurables. Il en est de même du côté et de la hauteur du triangle équilatéral.* Car, de la formule $x = \dfrac{a}{2}\sqrt{3}$, on déduit $\dfrac{x}{a} = \dfrac{1}{2}\sqrt{3}$. On voit donc que ces deux rapports ne peuvent s'obtenir qu'approximativement, en extrayant la racine carrée de 2 et celle de 3.

EXERCICES.

1° Trouver l'aire d'un rectangle dont les dimensions sont 24,06 et 5,40; 2° dont la diagonale et la hauteur ont respectivement 5 et 4 mètres (**278, 297**).

2° La diagonale d'un carré a 8^m, trouver l'aire et le côté, ce dernier à moins de $\frac{1}{100}$ près (**279, 298, 363**).

3° Les deux bases et la hauteur d'un trapèze ont respectivement 5, 3 et 4 mètres, trouver 1° l'aire du trapèze, 2° la droite qui joint les milieux de ses côtés, 3° le côté du carré équivalent (**285, 286**).

4° Chercher l'aire du trapèze isocèle dont les bases et le côté ont respectivement 11, 5 et 6 mètres. En menant une perpendiculaire de l'une des extrémités de la petite base sur la grande, on forme un triangle rectangle qui fera connaître la hauteur.

5° L'aire d'un losange est égale à 24^m et l'une de ses diagonales a 4^m, qu'elle est l'autre? (**281**)

6° La base et la hauteur d'un triangle ont 25 et 12 mètres, chercher la hauteur du parallélogramme équivalent, sachant que sa base a 10^m (**280, 281, 282**). 2° Le côté d'un carré a 2,04^m ; les deux dimensions d'un rectangle ont 1,03 et 2 $\frac{2}{5}$ mètres. Calculer à moins de $\frac{1}{100}$ près le rapport de ces deux surfaces (**135, 264, 278, 279**).

7° Indiquer par des figures et des nombres la différence entre deux polygones égaux, deux polygones équivalents et deux polygones semblables.

8° Deux rectangles qui ont les côtés proportionnels, ou deux polygones qui les ont parallèles sont-ils semblables?

9° Construire deux parallélogrammes semblables et démontrer que deux rectangles ne sont pas semblables, lorsque leurs périmètres sont partout équidistants.

10° Deux triangles isocèles sont semblables lorsqu'ils ont 1° un angle égal, 2° les hauteurs proportionnelles aux bases (**60, 72, 270, 271, 272**).

11° Lorsque deux triangles sont semblables, leurs côtés homologues sont proportionnels aux rayons des cercles circonscrits ou des cercles inscrits, et leurs surfaces aux carrés des mêmes rayons. En joignant le centre O à deux sommets A et B on forme des triangles semblables (**171, 225, 291**).

12° Les trois hauteurs d'un triangle forment trois quadrilatères inscriptibles (**194**) et six triangles semblables deux à deux (**64, 270**).

On sait, (n° **44** des exercices du 1er livre,) que ces trois lignes se coupent en un même point.

13° Deux triangles sont semblables, lorsqu'ils ont un angle égal et les deux hauteurs opposées à cette angle proportionnelles. On le ramène au n° **272**.

14° Deux triangles rectangles sont semblables, lorsqu'ils ont l'hypoténuse et un côté proportionnels. Démonstration analogue à celle du n° **272**.

15° Deux parallélogrammes qui ont un angle égal ou supplémentaire sont entre eux comme les rectangles des côtés qui forment cet angle (**291**).

16° Deux parallélogrammes sont semblables, lorsqu'ils ont un angle égal compris entre côtés proportionnels, ou lorsqu'ils ont un côté et les deux diagonales proportionnels (**248, 289**).

17° Deux losanges sont semblables, lorsqu'ils ont 1° un angle égal, 2° les diagonales proportionnelles.

18° Deux trapèzes sont semblables, lorsqu'ils ont les côtés proportionnels; et deux quadrilatères quelconques sont semblables si, outre cette condition, ils ont encore un angle égal.

Dans les deux cas, on décompose les deux polygones proposés en triangles semblables.

19° Énoncer et démontrer la réciproque du 17ᵉ théorème, ainsi que celles de ses deux premiers corollaires. Déduire du même théorème celui du n° **296** ainsi que tous les corollaires de celui-ci.

20° Les trois côtés d'un triangle ont respectivement 132, 80 et 95 mètres, ce triangle est-il rectangle, obtusangle ou acutangle? Avec les mêmes données, trouver la médiane du 1ᵉʳ des trois côtés (**305, 306**).

21° Les médianes des trois côtés d'un triangle se coupent en un même point, au tiers de leur longueur à partir du côté. Soit O le point où se rencontrent les deux médianes CD et AF. En joignant DF, les triángles semblables OAC et ODF donnent AC : DF = AO : OF. Mais $DF = \dfrac{AC}{2}$ (**276**), donc $OF = \dfrac{AO}{2}$ et par suite $OF = \dfrac{AF}{3}$. La 3ᵉ médiane rencontre aussi AF au tiers de sa longueur, donc au point O.

22° Les trois médianes divisent le triangle en trois quadrilatères équivalents. Chacun des six triangles ainsi formés, tel est AOD, vaut le $\frac{1}{6}$ du triangle proposé, car $ADC = \dfrac{ABC}{2}$ et $AOD = \dfrac{ADC}{3} = \dfrac{ABC}{6}$ (**263**).

23° Dans tout triangle, la somme des carrés des médianes est égale aux $\frac{3}{4}$ de la somme des carrés des trois côtés (**306**).

24° Si on divise deux des côtés d'un triangle en n parties égales et si l'on joint les points de division par des droites,

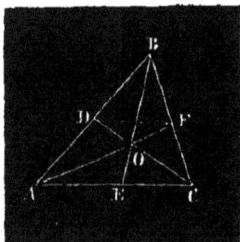

la première, à partir du sommet, vaut le $\frac{1}{n}$ du 3e côté, la seconde les $\frac{2}{n}$ et ainsi de suite. Et si $n = 3$, quelle partie le 1er triangle sera-t-il du triangle total (**268, 270, 291**) ?

25° Si on divise les deux côtés d'un trapèze en trois parties égales, les droites qui joignent les points correspondants sont parallèles aux bases, et la première, à partir de l'une des bases, vaut les $\frac{1}{5}$ de celle-ci plus le $\frac{1}{5}$ de l'autre. On mène une diagonale et l'on applique le théorème précédent.

26° Si du centre de gravité et des trois sommets d'un triangle, on mène des parallèles aboutissant à une même droite, la première est égale au tiers de la somme des trois autres. Si l'on fait la même construction sur un parallélogramme, quelle fraction la 1re est-elle de la somme des quatre autres ? (**256** et les deux théorèmes précédents.)

27° Vérifier si trois droites données convergent vers un même point (**311**).

28° Lorsque deux circonférences se coupent, si d'un point quelconque de la droite qui passe par les deux points d'intersection, on mène une tangente à chacune de ces deux circonférences, ces deux tangentes sont égales (**324**). Si les deux cercles se touchent, la tangente commune à leur point de contact jouit de la même propriété (**197**).

29° On donne une droite et deux cercles qui se coupent, trouver sur la droite un point tel que les tangentes menées de ce point à chacun des cercles soient égales entre elles. Remplacer ensuite la droite donnée par une circonférence.

30° Par deux points donnés, faire passer une circonférence tangente à une droite donnée. En supposant le problème résolu et joignant les deux points donnés, on voit (**324**) que pour avoir le point de contact, il faut construire une moyenne proportionnelle (**335, 336**). Considérer les cas où les points sont de part et d'autre ou du même côté de la droite ; dans cette dernière supposition, la droite qui joint les deux points donnés peut être oblique ou perpendiculaire ou parallèle à la droite donnée. En général, il y a deux solutions.

31° Décrire une circonférence qui passe par un point donné et qui soit tangente à deux droites données.

Sachant que la bisectrice de l'angle des deux droites passe par le centre du cercle et que par suite, elle divise en deux parties égales toute corde qui lui est perpendiculaire, on trouvera un second point de la circonférence et le problème sera ramené au précédent.

32° Étant donnés trois points d'une circonférence, en trouver un quatrième sans chercher le centre (**194, 321**).

33° On donne un point et deux droites convergentes dont on ne connaît pas le point de rencontre, tracer par le point donné une droite qui aboutisse au même point que les deux premières (**411, 333**).

34° Trois droites parallèles divisent en parties proportionnelles toutes les droites qu'elles rencontrent. On joint les points ou les deux parallèles extrèmes rencontrent deux de ces droites et on applique le n° **266**. Ainsi l'une des réciproques du n° **309** est fausse et l'autre est démontrée au n° **311**.

35° Connaissant la hauteur d'un triangle équilatéral trouver le côté, et réciproquement (**296, 297, 363, 364**).

36° La hauteur du triangle équilatéral est égale à la somme des trois perpendiculaires menées d'un point intérieur sur les trois côtés. On égale l'expression de l'aire du triangle proposé à la somme de celles des trois triangles, qu'on obtient en joignant le point intérieur aux trois sommets (**281**).

37° Dans la figure du n° **337**, si l'on joint FB, en menant par le point O une parallèle OH à FB, la droite AB sera aussi divisée en moyenne et extrème raison au point H; mais AH sera la plus petite partie.

38° Convertir un triangle donné ABC en un autre triangle équivalent, de manière que son sommet soit en un point donné D et sa base sur celle du 1er.

Par le point D mener DE parallèle à AB, joindre EA,

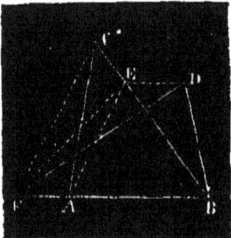

tracer CF parallèle à EA et joindre EF. Le triangle EFB étant équivalent à ABC, si l'on joint DF et DB, le triangle DFB sera aussi équivalent à ABC (**260, 341**).

39° Du centre d'un parallélogramme, tirer des droites qui le divisent en parties équivalentes. Diviser chaque côté en autant de parties égales qu'on veut en faire dans le parallélogramme. Alors si l'on joint le centre à chaque point de division, la figure sera partagée en quatre fois autant de triangles équivalents qu'il doit y avoir de parties; de sorte qu'en les prenant quatre à quatre, à partir de l'un des points de division, le problème sera résolu. Car, les quatre triangles formés par les diagonales sont équivalents, de même que ceux formés dans chacun d'eux par le moyen indiqué (**260**).

40° Par un des sommets d'un parallélogramme mener deux droites qui le divisent en trois parties équivalentes. Et par un point quelconque tracer une droite qui le divise en deux parties égales.

41° Si deux cordes se coupent à angle droit, la somme des carrés des quatre parties est égale au carré du diamètre. On fera usage du carré de l'hypoténuse dans les deux triangles CIA et DIB; puis en menant le diamètre DE, on aura le triangle rectangle DBE, dans lequel BE=CA, car les cordes AB et CE sont parallèles, comme perpendiculaires à une même droite CD, et par suite elles interceptent des arcs égaux, etc.

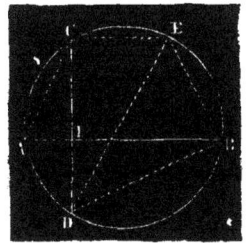

42° Énoncer et démontrer les propositions des trois premiers livres qui doivent servir dans le théorème précédent.

43° Trouver dans un triangle un point tel qu'en le joignant aux trois sommets, le triangle soit partagé en trois triangles proportionnels à trois droites données. Diviser d'abord la base en parties proportionnelles à ces droites (**331**), puis par les points de division mener des parallèles aux deux autres côtés du triangles et le point de rencontre de ces deux parallèles sera le point cherché. Si les trois triangles devaient être équivalents, on diviserait la base en trois parties égales (**332**). Ce problème serait aussi résolu en menant les trois médianes.

44° Énoncer et résoudre tous les problèmes dont la solution conduit à celle du suivant : sur une droite donnée construire un rectangle équivalent à la somme de deux polygones donnés.

45° Construire un polygone semblable à un polygone donné, et dont le périmètre soit à celui du premier comme deux droites données.

46° Inscrire un carré dans un carré donné. Diviser les côtés en un même nombre de parties égales et joindre les points qui se correspondent. Le plus petit de tous les carrés ainsi formés est celui dont les sommets sont aux milieux des côtés du premier. En supposant connu le côté du premier, qu'elle serait l'aire du second si, pour le former, on avait divisé les côtés du premier en trois parties égales.

47° Énoncer et démontrer tous les cas de la similitude des triangles, et indiquer les théorèmes et les problèmes ou chacun d'eux est employé.

48° Inscrire un carré dans un triangle donné. Faire sur la hauteur du triangle le carré BDEF, joindre AF, et le point I, où AF rencontre BC, est le sommet du carré cherché IHGL. Ce que l'on démontre facilement par les triangles semblables.

Résoudre le même problème numériquement, c'est-à-dire calculer le côté du carré, étant donnés en nombres les éléments du triangle. Soient b et h la base et la hauteur de ce triangle et x le côté du carré cherché, on aura AH : $x =$ AB : h et BH : $x =$ AB : b; d'où AH $= \dfrac{AB.\,x}{h}$ et BH $= \dfrac{AB.\,x}{b}$.

Ajoutant ces deux égalités membre à membre et réduisant, il vient $x = \dfrac{bh}{b+h}$ (a). Si $b = 12^m$ et $h = 6^m$, $x = 4^m$. La formule (a) peut aussi servir à résoudre le problème graphiquement, car elle montre (**247**) que le côté du carré est une 4e proportionnelle entre la base du triangle, sa hauteur et la somme de ces deux lignes.

49° Dans un triangle, inscrire un rectangle dont les dimensions soient entre elles dans un rapport donné. On

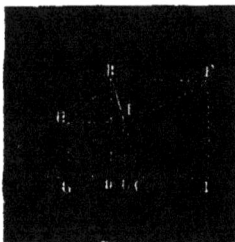

construira sur la hauteur du triangle, un rectangle dont les dimensions soient dans le rapport donné, puis le reste comme au problème précédent.

50° Les deux côtés d'un triangle rectangle ont 4 et 3 mètres, calculer la hauteur qui correspond à l'angle droit et les deux segments qu'elle forme sur l'hypoténuse (**302, 303, 313, 314**).

51° Quelle est la supposition du 13e théorème et montrer où l'on en fait usage dans la démonstration. Énoncer tous les corollaires de ce théorème avec les propositions qui doivent servir à les démontrer et tous les problèmes où ils sont employés.

52° Si par le point de contact de deux cercles, on mène deux sécantes communes, les parties interceptées sont proportionnelles. En joignant leurs extrémités par des cordes, on forme des triangles semblables.

53° On connaît deux côtés d'un triangle et la hauteur qui correspond au 3e, trouver le rayon du cercle circonscrit, soit numériquement, soit graphiquement (**328**).

54° Diviser un triangle ABC en deux parties équivalentes, ou qui soient entre elles soit comme deux nombres, soit comme deux lignes, soit comme deux carrés donnés par une droite partant d'un point P donné sur son périmètre. Diviser d'abord ce triangle, comme aux n°s **359** et **360**, en deux parties ABD et DBC qui soient entre elles dans le rapport demandé; puis, par le n° **38** des exercices, construire le triangle PEC équivalent à DBC. Si le point E tombe entre A et C, le problème est résolu; mais s'il se trouve sur le prolongement de AC, il faut construire le triangle PAF équivalent à PAE, en traçant AP, menant EF parallèle à AP et joignant PF. Les deux parties sont alors AFPC et BFP.

55° Diviser un triangle en deux parties, qui soient entre elles comme deux droites données *m* et *n*, 1° par une parallèle, 2° par une perpendiculaire à la base.

1° Partager d'abord le triangle en deux parties ABD et DBC dans le rapport de *m* à *n*. Construire ensuite (**358**) un

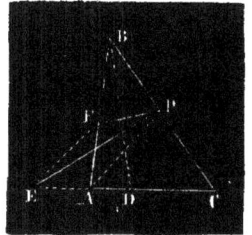

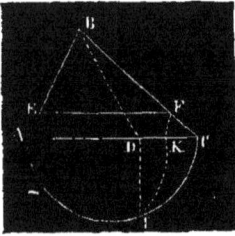

triangle BEF semblable à BAC et équivalent à BAD. La droite EF sera la droite démandée.

Car, puisque BEF $=$ ABD, il s'ensuit que AEFC $=$ BDC. Mais par la supposition ABD : BDC $= m : n$, donc aussi BEF : AEFC $= m : n$. Mais la construction du n° **388** se simplifie ici considérablement, car si au lieu de prendre les carrés équivalents aux triangles ABC et ABD, on prend ces triangles eux-mêmes, on aura en désignant par EF la droite inconnue ABC : ABD $=$ AC : AD (**263**) et ABC : BEF $= \overline{AC}^2 : \overline{EF}^2$ **291**). D'où la proportion AC : AD $= \overline{AC}^2 : \overline{EF}^2$, d'où $\overline{EF}^2 =$ AD. AC. D'où l'on voit que EF est une moyenne proportionnelle entre AC et AD. Cette droite pourra se construire sur place, comme suit (**336**) : Sur AC comme diamètre décrive une demi-circonférence; mener la perpendiculaire DI sur AC; prendre AK $=$ AI, puis EF $=$ AK, au moyen de la parallèle KF à BA. Le n° **361** n'est qu'un cas particulier de celui-ci.

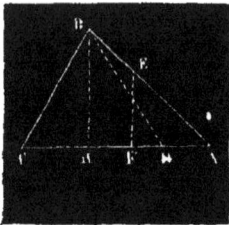

2° Soient encore construits les deux triangles ABD et DBC dans le rapport de m à n. Désignant par BH la hauteur du triangle donné et par EF la droite cherchée, on voit que le triangle AEF est semblable au triangle ABH et équivalent à ABD. Donc, on construira comme précédemment une moyenne proportionnelle AF entre AH et AD, et on aura le point F par où l'on doit mener la perpendiculaire FE pour résoudre le problème.

Résoudre les mêmes problèmes en supposant que m et n sont des nombres ou des polygones donnés.

56° Partager un trapèze de manière que les deux parties soient dans le rapport de $m : n$, par une droite menée d'une base à l'autre.

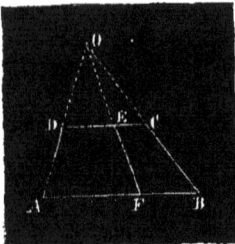

Si on prolonge les côtés AD, BC jusqu'à leur intersection O et si, après avoir divisé AB en deux parties AF et FB dans le rapport de m à n, on joint OF, la droit DC sera aussi divisée dans le même rapport (**309**). Par cette construction on a évidemment OAF : OBF $=$ ODE : OCE et OAF : OBF $= m : n$.

Dans la 1re de ces proportions, la différence des antécédents est à celle des conséquents comme un antécédent est à son conséquent, donc ADEF : BCEF $=$ OAF : OBF $= m : n$.

Donc pour résoudre le problème, diviser chacune des bases en parties proportionnelles à m et n et joindre les points de division E et F.

57° Diviser de la même manière un trapèze donné au moyen d'une parallèle aux bases.

Soit O le point de rencontre des deux côtés non parallèles, et soit le triangle AOE équivalent à DOC. On aura AOB : DOC $= \overline{AB}^2 : \overline{DC}^2$ et AOB : AOE $=$ AB : AE, car les deux triangles AOB et DOC étant semblables sont comme les carrés de leurs côtés homologues, et les deux triangles AOB et AOE ayant la même hauteur sont entre eux comme leurs bases. Puisque les triangles AOE et DOC sont équivalents, ces deux proportions ont le premier rapport égal et par suite les deux autres sont en proportions, donc $\overline{AB}^2 : \overline{DC}^2 =$ AB : AE, d'où $\overline{DC}^2 =$ AB $\times$ AE, d'où l'on voit que DC est moyenne proportionnelle entre AB et AE ou plutôt que AE est une 3e proportionnelle entre AB et DC.

On pourra ainsi construire le triangle AOE équivalent à DOC. Alors le triangle EOB sera équivalent au trapèze donné.

Divisant ce triangle en deux triangles EOH et HOB dans le rapport de m à n, puis construisant le triangle OML semblable à OAB et équivalent à OAH, le problème sera résolu.

On peut faire toutes les constructions sur une même figure, comme suit :

Décrire une demi-circonférence sur AB comme diamètre ; prendre AF $=$ DC ; du centre A avec le rayon AF tracer l'arc FG ; mener GE perpendiculaire sur AB, AE sera la 3e proportionnelle entre AB et DC qui détermine le triangle AOE ; diviser EB en parties proportionnelles à m et n ; au point de division H mener la perpendiculaire HI ; prendre AK $=$ AI ; tirer KL parallèle à OA, puis LM parallèle à AB.

58° Diviser de la même manière un polygone ABCDE par une droite tirée d'un point donné P sur le périmètre.

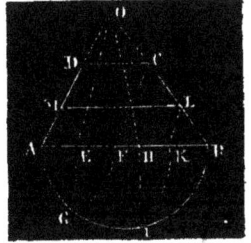

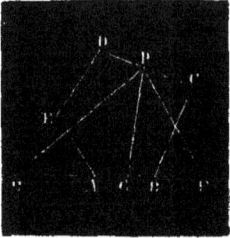

Convertir d'abord le polygone donné en un triangle PHF équivalent et ayant son sommet au point P.

Par ce point mener une droite PG qui divise ce triangle dans le rapport donné. Si G touche sur AB le problème est résolu et s'il tombe sur son prolongement, il faudra opérer comme au **nº 53** de ces exercices.

59º Diviser un triangle en moyenne et extrême raison par une droite tirée du sommet, puis par une parallèle à la base

1º Supposons le problème résolu, et soit ACB : ACD = ACD : DCB.

Les deux triangles ACB et ACD ayant même hauteur sont entre eux comme leurs bases, donc ACB : ACD = AB : AD.

Les deux triangles ACD et DCB ont aussi la même hauteur et donnent ACD : DCB = AD : DB.

De ces trois proportions, on déduit AB : AD = AD : DB.

D'où l'on voit qu'il faut diviser la base en moyenne et extrême raison et joindre le point de division D au sommet.

2º Pour résoudre la 2ᵉ partie, il suffit maintenant de construire le triangle CEF semblable à CAB et équivalent à CAD.

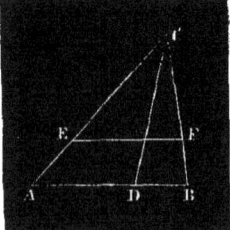

60º En désignant par a, b, c...... des droites données et par x une droite inconnue, construire cette dernière dans les expressions ou formules qui suivent.

1º $x = \dfrac{ab}{c}$. C'est une 4ᵉ proportionnelle entre a, b et c (**247, 333**).

2º $x = \sqrt{ab}$. Élevant au carré, on a $x^2 = ab$; x est donc une moyenne proportionnelle entre a et b, ou x est le côté du carré équivalent au rectangle des droites a et b (**249, 335, 284**).

3º $x = a\sqrt{2}$, d'où $x^2 = 2 a^2$; x est donc la diagonale du carré dont a est le côté (**298, 346**).

4º $bx = a^2$, d'où $b : a = a : x$, c'est une 3ᵉ proportionnelle aux droites b et a, ou bien c'est construire sur b un rectangle équivalent à un carré donné a^2 (**248, 334, 348**).

5º $x^2 = a^2 + b^2$, c'est l'hypothénuse du triangle rectangle dont les côtés de l'angle droit sont a et b.

6° $x = \sqrt{a^2 - b^2}$, c'est un des côtés du triangle rectangle, dont l'autre côté est b et ayant pour hypoténuse a.

7° $x = \sqrt{a^2 - \dfrac{a^2}{4}}$, c'est le côté du triangle rectangle dans lequel l'autre côté est la moitié de l'hypoténuse.

8° $x = \dfrac{a}{2}\sqrt{3}$, c'est la hauteur du triangle équilatéral ayant a pour côté (**363**). C'est aussi le n° précédent; car, $a^2 - \dfrac{a^2}{4} = 3\dfrac{a^2}{4}$, d'où $x = \dfrac{a}{2}\sqrt{3}$.

9° $x^2 = \dfrac{m \cdot a^2}{n}$, d'où $\dfrac{x^2}{a^2} = \dfrac{m}{n}$. C'est trouver le côté d'un carré qui soit à un carré donné a^2 comme deux droites données m et n (**354**).

10° $\dfrac{x}{a - x} = \dfrac{m^2}{n^2}$. Diviser une droite donnée a en deux parties qui soient entre elles comme deux carrés donnés m^2 et n^2 (**353**).

11° $x = \dfrac{a}{b}$, d'où $x : a = 1 : b$. C'est une 4e proportionnelle entre la droite a, l'unité et la ligne b.

12° $\dfrac{x}{a} = \dfrac{m \cdot n}{p \cdot q}$. C'est trouver une droite qui soit à une droite donnée comme deux rectangles donnés par leurs dimensions.

On a vu, au 4e corollaire du 18e problème, qu'il faut chercher deux quatrièmes proportionnelles. C'est ce qu'on peut facilement déduire de l'équation donnée. Car, soit $y = \dfrac{m \cdot n}{q}$, on aura $\dfrac{x}{a} = \dfrac{y}{p}$. D'où l'on voit qu'on doit d'abord trouver y par une 4e proportionnelle et ensuite x de la même manière.

13° $x = a + \sqrt{bc}$. On sait que $\sqrt{bc}$ est une moyenne proportionnelle entre b et c. Soit y cette droite, on aura $x = a + y$, ou la somme géométrique des droites a et y. Cette expression provient de l'équation du 2e degré $x^2 - 2ax = bc - a^2$.

10

On voit donc que la géométrie peut servir à résoudre les équations et que l'algèbre peut servir, à son tour, à résoudre les questions de géométrie.

14° $x^2 = a\,(a - x)$. Résolvant cette équation, on trouve $x = -\dfrac{a}{2} \pm \sqrt{a^2 + \dfrac{a^2}{4}}$. Le radical étant plus grand que $\dfrac{a}{2}$, la première valeur de x est positive et il est facile de voir que c'est AO de la figure du 4ᵉ problème. Or en portant AO en AI on divise la droite AB $= a$ en moyenne et extrême raison. Ainsi dans l'expression donnée $x^2 = a\,(a - x)$, x est la plus grande partie de a divisée en moyenne et extrême raison. On pouvait du reste déduire cette conséquence de l'équation sans la résoudre, car elle peut prendre la forme $a : x = x : a - x$, proportion dans laquelle x étant la plus grande partie de a, la plus petite est $a - x$ et dans laquelle x est moyenne proportionnelle entre a et $a - x$.

La 2ᵉ valeur de x est évidemment négative et plus grande que a. Or, si on change le signe de x dans l'équation primitive, elle devient $x^2 = a^2 + ax$, d'où $x^2 - ax = a^2$, d'où $x\,(x - a) = a^2$, d'où $x : a = a : x - a$.

D'où l'on voit que x, la droite inconnue, est telle qu'étant divisée en moyenne et extrême raison, sa plus grande partie est a. C'est donc la droite AE dans la figure du 4ᵉ problème.

En simplifiant la valeur positive de x on trouve $x = \dfrac{a}{2}\,(-1 + \sqrt{5})$. Ce qui prouve que le rapport d'une quantité à sa plus grande partie, lorsque cette quantité est divisée en moyenne et extrême raison, est exprimé par $\dfrac{-1 + \sqrt{5}}{2}$ et que, par suite, ce rapport étant irrationnel, ces deux droites sont incommensurables.

15° $a^2 = x\,(p - x)$. On voit que x est une partie de la droite p, que l'autre partie est $p - x$ et que a est moyenne proportionnelle entre ces deux parties. C'est donc diviser une droite p en deux parties dont le rectangle soit égal au carré a^2, ou trouver les deux dimensions d'un rectangle connaissant l'aire a^2 et le périmètre $2p$. C'est donc la 1ʳᵉ partie du 11ᵉ problème.

En résolvant l'équation donnée, on trouve $x = \frac{p}{2} \pm$ $\sqrt{\frac{p^2}{4} - a^2}$ (A). Le radical étant plus petit que $\frac{p}{2}$, ces deux valeurs sont positives et expriment les deux dimensions du rectangle, car leur produit est a^2 et leur somme est p.

En construisant directement ces valeurs, il faut d'abord trouver le côté OI du triangle rectangle dont l'hypoténuse est OF $= \frac{p}{2}$ et l'autre côté IF $= a$, puis ajouter OI à $\frac{p}{2} =$ OA ou l'en retrancher. On voit que c'est la même construction qu'au 11e problème.

Si a est plus petit que $\frac{p}{2}$ les valeurs de x dans (A) sont réelles et le problème a deux solutions qui sont $x =$ AI et $x =$ AB.

Si $a = p$, x n'a plus qu'une valeur $x = p$, qui est le côté même du carré donné. Si a est plus grand que p, les valeurs de x sont imaginaires et le problème est impossible.

On voit encore ici qu'en suivant les indications de l'algèbre on arrive aux mêmes résultats que par les propriétés géométriques.

De plus l'équation (A) montre que a^2, l'aire du rectangle, est à son maximum lorsqu'elle est égale à $\frac{p^2}{4}$, c'est-à-dire au carré fait sur la moitié de la droite donnée et alors $x = \frac{p}{2}$.

Donc le plus grand rectangle que l'on puisse former avec les deux parties d'une droite donnée a lieu, lorsque les parties sont égales et dans ce cas, c'est le carré fait sur la moitié de la droite.

16° $a^2 = x(x - p)$. On voit que a est une moyenne proportionnelle entre x et $x - p$, a^2 est donc un carré équivalent à un rectangle ayant pour dimensions x et $x - p$. Or la différence entre ces deux dimensions est égale à p. La question revient donc à trouver un rectangle équivalent à un carré donné et dont la différence entre la base et la hauteur fasse une droite donnée. C'est donc la 2e partie du 11e problème.

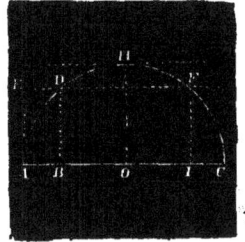

Résolvant l'équation proposée, on a $x = \dfrac{p}{2} \pm \sqrt{a^2 + \dfrac{p^2}{4}}$ (A). Puisque le radical est plus grand que $\dfrac{p}{2}$, la 1re valeur de x est positive et la 2e est négative.

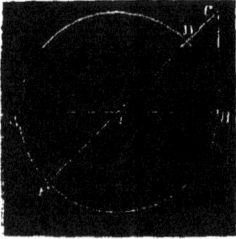

Pour obtenir la première, il faut d'abord construire le triangle rectangle BOC ayant pour côtés $a = $ CB et OB $= \dfrac{p}{2}$, l'hypoténuse OC sera le radical de la valeur de x, en y ajoutant $\dfrac{p}{2} = $ OF, CF sera la droite demandée ou la base du rectangle. La hauteur $x - p$, se trouvera en soustrayant p de $\dfrac{p}{2} + \sqrt{a^2 + \dfrac{p^2}{4}}$, ce qui donne $-\dfrac{p}{2} + \sqrt{a^2 + \dfrac{p^2}{4}}$ ou OC — OD $=$ CD. On aura donc encore les mêmes constructions que par les propriétés géométriques. Et l'on voit aussi que le problème n'a qu'une solution et qu'il est toujours possible, car les racines de l'équation donnée sont toujours réelles et l'une d'elles seulement est positive.

La valeur négative de l'inconnue peut facilement s'interpréter, car changeant le signe de x dans l'équation proposée, elle devient $a^2 = x\,(x + p)$, équation dans laquelle x et $x + p$ sont encore les deux dimensions d'un rectangle équivalent à un carré donné. C'est donc le même problème, seulement dans le 1er, x représente la plus grande des deux dimensions et dans le 2e, c'est la plus petite. Ici, $x = -\dfrac{p}{2} \pm \sqrt{a^2 + \dfrac{p^2}{4}}$, où la valeur positive, qui n'est rien d'autre que la valeur négative de tantôt, est OC — OD $=$ CD.

61° Trouver l'aire d'un triangle en fonction des trois côtés, c'est-à-dire connaissant les trois côtés.

Soient BC $= a$, AC $= b$, AB $= c$, BD $= h$ et faisant AD $= x$, on aura DC $= b - x$.

On sait que S $= \dfrac{bh}{2}$ (A). De sorte qu'il faut trouver h. Les triangles rectangles ABD et CBD donnent $h^2 = c^2 - x^2$ (B) et $h^2 = a^2 - (b - x)^2$ (a). D'où $c^2 - x^2 = a^2 - (b - x)^2$, d'où $x = $

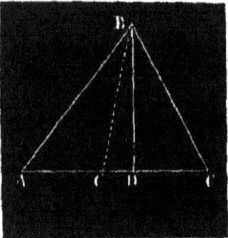

$\frac{b^2+c^2-a^2}{2b}$. Substituant dans (B), on a $h^2=c^2-\frac{(b^2+c^2-a^2)^2}{4b^2}$

$=\frac{4b^2c^2-(b^2+c^2-a^2)^2}{4b^2}$ (C). On pourrait tirer la valeur

de h de cette dernière égalité et, la substituant dans (A), le problème serait résolu. Mais on peut trouver une formule beaucoup plus simple. Le numérateur de (C) étant la différence de deux carrés, on aura successivement $4b^2c^2 -$ $(b^2+c^2-a^2)^2 = (2bc+b^2+c^2-a^2)(2bc-b^2-c^2+a^2) =$ $[(b+c)^2-a^2][a^2-(b-c)^2] = (b+c+a)(b+c-a)$ $(a-b+c)(a+b-c)$ (D).

Si on désigne par $2p$ le périmètre du triangle, on aura $a+$ $b+c=2p$ et $b+c-a=2p-2a=2(p-a)$ en soustrayant $2a$ dans les deux membres; de même $a+b-c=2(p-c)$ et $a+c-b=2(p-b)$; ainsi le produit (D) devient $16p(p-a)(p-b)$ $(p-c)$, et par suite l'égalité (C), $h^2=\frac{16(p-a)(p-b)(p-c)}{4b^2}$.

Extrayant la racine et substituant dans (A), il vient S $=$ $\sqrt{p(p-a)(p-b)(p-c)}$ (P).

Discussion. 1° Si l'angle C était obtus, l'équation (a) serait $h^2=a^2-(x-b)^2$, mais comme $(b-x)^2=(x-b)^2$, on arriverait au même résultat.

2° Si cet angle était droit, on aurait $h=a$ et S $=\frac{ab}{2}$.

3° Si le plus grand côté $b=a+c$, alors $p-b=o$ et la formule (P) donne S $=o$. Il n'y a donc pas de triangle.

4° Si $b>a+c$, $p-b$ est négatif, et comme alors $p-a$ et $p-c$ sont nécessairement positifs, il s'ensuit que le radical de (P) est imaginaire. Donc, dans ce cas, le problème est impossible.

Ces deux derniers résultats sont conformes au **n° 69**.

62° Au moyen de la formule (P) du problème précédent, trouver 1° l'aire du triangle équilatéral dont on connaît le côté, 2° l'aire et la hauteur du triangle dont les côtés ont respectivement 36, 24 et 30 mètres 3° l'aire du parallélogramme dont on connaît un côté et les diagonales 4° l'aire du trapèze connaissant les 4 côtés.

63° Trouver l'aire d'un triangle, connaissant les côtés et le rayon du cercle circonscrit ou du cercle inscrit.

$$1° \ S = \frac{a.\ b.\ c}{4\ R}, \quad 2° \ S = \frac{R\ (a + b + c)}{2} \quad \textbf{(281, 328)}.$$

64° Connaissant les trois côtés d'un triangle, trouver le rayon du cercle inscrit et celui du cercle circonscrit (**n**[os] **61** et **63** de ces exercices.

65° Construire un rectangle équivalent à un carré donné a^2 et dont les dimensions soient dans un rapport donné $\frac{m}{n}$. Soit x la base, la hauteur sera $\frac{a^2}{x}$ et l'on aura $x : \frac{a^2}{x} = m : n$, d'où $x^2 : a^2 = m : n$ **(384)**.

66° On connait l'aire a^2 d'un triangle rectangle et la somme $2p$ des côtés de l'angle droit, trouver les trois côtés. Soient x et y les deux côtés de l'angle droit, on aura $xy = 2a^2$ et $x + y = 2p$. D'où l'on voit que x et y sont les deux racines de l'équation du 2e degré $z^2 - 2pz = -a^2$. Donc $x = p + \sqrt{p^2 - 2a^2}$ et $y = p - \sqrt{p^2 - 2a^2}$.

67° On connait l'aire s et l'hypoténuse a d'un triangle rectangle, trouver les deux autres côtés. $x^2 + y^2 = a^2$ et $xy = 2s$ sont les équations du problème. Multipliant les deux membres de la 2e par 2, puis ajoutant et soustrayant, on aura $x^2 + y^2 + 2xy = a^2 + 4s$ et $x^2 + y^2 - 2xy = a^2 - 4s$, d'où extrayant les racines, on trouvera deux équations du 1er degré.

68° La diagonale d'un rectangle surpasse sa base de a et sa hauteur de b, trouver l'aire du rectangle et le construire. En désignant par x et y la base et la hauteur, on trouve $x = b \pm \sqrt{2ab}$ et $y = a \pm \sqrt{2ab}$, au moyen des équations $x + a = y + b$ et $(x + a)^2 = x^2 + y^2$, qui sont les équations immédiates du problème.

LIVRE IV.

DÉFINITIONS.

365. Un polygone est **régulier** lorsqu'il est en même temps équilatéral et équiangle (**26**). Ainsi le triangle équilatéral et le carré sont des polygones réguliers.

366. Dans un polygone régulier, on appelle **centre** un point équidistant de tous les sommets et de tous les côtés; **rayon**, la distance du centre au sommet; **apothème**, la distance du centre au côté; **angle au centre**, l'angle formé par deux rayons aboutissant aux extrémités d'un même côté.

367. Deux arcs sont **semblables**, lorsqu'ils correspondent à des angles au centre égaux dans des cercles inégaux, ou lorsqu'ils ont la même graduation (**139**). Et deux secteurs sont **semblables**, lorsqu'ils interceptent des arcs semblables.

368. Si on divise un arc de cercle en parties égales et si l'on joint les points de division par des droites, la ligne ainsi formée s'appelle **portion de périmètre régulier** ou **ligne brisée régulière**. Et si l'on joint les deux extrémités au centre, la surface ainsi déterminée se nomme **secteur polygonal régulier**. Cependant cette ligne et cette surface n'appartiennent à un polygone régulier qu'autant que les divisions de l'arc sont en même temps des parties égales de la circonférence.

369. On appelle **couronne circulaire** la surface comprise entre deux circonférences concentriques.

370. On dit que deux polygones sont **isopérimè-tres**, lorsqu'ils ont des périmètres égaux.

THÉORÈME I.

(N⁰⁸ 74, 163, 165.)

371. Tout polygone régulier est en même temps inscriptible et circonscriptible.

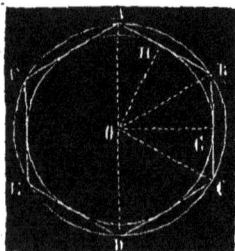

Soit O le point où se rencontrent les bisectrices des angles A et B. Par supposition A=B, donc leurs moitiés OAB et OBA sont aussi égales, donc (**74**) OA = OB.

Joignant OC, les triangles OAB et OBC seront égaux comme ayant un angle égal compris entre côtés égaux, savoir OBA = OBC par construction, AB=BC par supposition et OB commun ; donc OC=OA. De plus, à cause de l'égalité des mêmes triangles, l'angle OCB = OAB, et comme A = C, OAB étant la moitié de A, OCB est aussi la moitié de C. D'où l'on ferait ressortir que OD = OB, et ainsi de suite. Donc tous les sommets sont à égale distance du point O. Donc, etc.

En second lieu, les côtés du polygone sont des cordes égales dans le cercle circonscrit, donc elles sont équidistantes du centre (**163**). Donc les perpendiculaires menées du centre O sur les côtés sont égales. Donc, si du point O, avec le rayon OH, égal à l'une de ces perpendiculaires, on décrit une circonférence, elle sera tangente à tous les côtés du polygone, puisque chacun d'eux sera perpendiculaire à l'extrémité d'un rayon (**165**).

372. COROLLAIRE. 1° *Le centre du polygone régulier est aussi le centre du cercle circonscrit et celui du cercle inscrit, et il se trouve à la rencontre des bisectrices des deux angles ou des perpendiculaires menées au milieu de deux côtés.*

2° *Le rayon du polygone et son apothème sont respectivement les rayons du cercle circonscrit et du cercle inscrit.*

3° *L'angle au centre est égal à quatre droits, divisés par le nombre de côtés. Ainsi dans le décagone régulier, l'angle au centre est égal à ⅖ de droit ou à 36° et dans l'hexagone à ⅔ de droit ou 60°.*

THÉORÈME II.

(N°ˢ 155, 170, 180, 197.)

373. On peut toujours inscrire et circonscrire un polygone régulier à un cercle donné.

Après avoir divisé la circonférence en parties égales, si on joint les points de division, on aura un polygone régulier inscrit et si par les mêmes points, on mène des tangentes, on aura un polygone régulier circonscrit.

En effet, 1° les côtés du polygone inscrit seront égaux, puisque ce sont des cordes qui soustendent des arcs égaux (**153**). Les angles de ce polygone sont aussi égaux, car chacun d'eux est un angle inscrit qui intercepte un arc égal à la circonférence entière moins deux divisions.

Donc tous ces angles ont la même mesure (**170**). Donc le polygone est en même temps équilatéral et équiangle, donc il est régulier (**365**).

2° Les angles du polygone circonscrit sont égaux, car les tangentes interceptant des arcs égaux, ces angles ont pour mesure la moitié de la différence de deux arcs égaux (**180**). De plus, les droites qui joignent le point O à tous les sommets étant bisectrices des angles (**197**), les angles OAB, OBA, OBC, OCB sont égaux et les triangles OAB et OBC sont isocèles; donc OA = OB = OC, donc les deux triangles OAB et OBC sont égaux, donc AB = BC, et de même pour les autres côtés. Ce polygone, ayant ses angles égaux ainsi que ses côtés, est régulier.

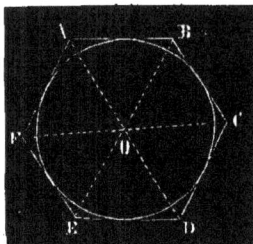

COROLLAIRES.

374. I. *Si le polygone inscrit est tracé, on aura le polygone circonscrit, en menant des tangentes soit aux sommets du premier, soit aux milieux des arcs interceptés; et dans ce dernier cas les côtés des deux polygones sont parallèles. Si c'est le polygone circonscrit qui est d'abord construit, on obtiendra l'autre en joignant les points de contact du premier, ou en joignant les milieux des arcs interceptés.*

375. II. *Si, après avoir divisé un arc en parties égales, on joint les points de division, ou si l'on mène des tangentes par ces points, la ligne brisée ainsi formée sera régulière et aura ses côtés égaux et ses angles égaux.*

THÉORÈME III.

376. Dans le quadrilatère régulier (carré), le carré du côté est égal à deux fois le carré du rayon.

Les diagonales AC et BD du carré se coupent en parties égales et à angle droit (**104**). Donc le triangle AOB est rectangle et isocèle ; donc $\overline{AB}^2 = 2\,\overline{AO}^2$ (**296**).

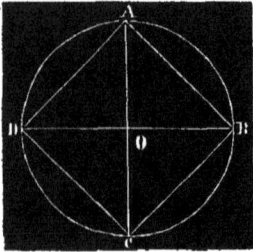

377. COROLLAIRE. 1° *Le côté est double de l'apothème et la diagonale double du rayon.* 2° *Le carré du côté est au carré du rayon comme 2 est à 1, ou le côté est au rayon comme la racine carrée de 2 est à 1, car, de l'égalité* $\overline{AB}^2 = 2.\,\overline{AO}^2$, on déduit $\overline{AB}^2 : \overline{AO}^2 = 2 : 1$, d'où AB : AO $= \sqrt{2} : 1$. 3° *Donc le côté du carré et le rayon sont deux lignes incommensurables.*

THÉORÈME IV.

378. Le côté de l'hexagone régulier est égal à son rayon.

L'angle au centre AOB vaut les $\frac{2}{3}$ d'un droit (**372**, 3°), donc la somme des deux autres angles du triangle OAB est égale à deux droits moins les $\frac{2}{3}$ d'un droit ou les $\frac{4}{3}$ d'un droit (**60**). Mais ce triangle est isocèle, donc les deux angles adjacents à la base AB sont égaux, donc chacun d'eux vaut les $\frac{2}{3}$ d'un droit. Donc les trois angles de ce triangle sont égaux, donc (**75**) il est équilatéral et OA = AB.

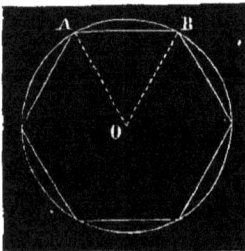

THÉORÈME V.

379. Dans le triangle régulier (équilatéral), le carré du côté est égal à trois fois le carré du rayon.

Soit CB le côté du triangle. En menant le rayon OA

erpendiculaire sur CB, le point A sera le milieu de l'arc
C (**156**) et la corde AC sera le côté de l'hexagone régulier
nscrit; donc OA = OC. Donc la figure ABOC est un
osange et par suite un parallélogramme. Donc la somme
les carrés des côtés est égale à celle des carrés des diago-
iales (**307**). Donc $4\,\overline{OB}^2 = \overline{BC}^2 + \overline{OA}^2$, ou $4\,\overline{OB}^2 - \overline{OA}^2 =$
$\overline{BC}^2$, ou, puisque OA = OB, $3\,\overline{OB}^2 = \overline{BC}^2$.

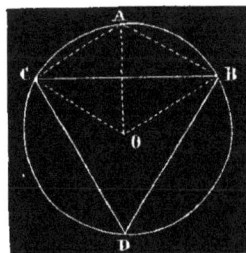

380. COROLLAIRE. 1° *De la dernière égalité, on déduit*
$\overline{BC}^2 : \overline{BO}^2 = 5 : 1$, ou $BC : BO = \sqrt{5} : 1$. *Donc le côté et le*
rayon sont deux droites incommensurables. 2° *Le rayon est*
double de l'apothème.

THÉORÈME VI.

381. Le côté du décagone régulier est égal à la plus grande partie
du rayon divisé en moyenne et extrême raison.

L'angle au centre AOB est égal aux $\frac{2}{5}$ d'un droit (**372**, 3°);
donc chacun des deux autres angles du triangle isocèle OAB
vaut les $\frac{4}{5}$ d'un droit. Si on fait l'angle CBO = AOB, l'angle
ACB, extérieur au triangle COB, étant égal à la somme des
deux angles intérieurs COB et CBO, vaudra aussi les $\frac{4}{5}$ d'un
droit. Donc les deux triangles AOB et CBA sont équiangles,
donc (**270**) OA : AB = AB : CA. Mais le triangle COB est
isocèle de même que le triangle CBA, puisque dans le premier, deux des angles COB et CBO sont égaux par construction et que, dans l'autre, on a démontré que les angles BAC
et BCA valent chacun les $\frac{4}{5}$ d'un droit. Donc CO = CB = AB;
donc la proportion précédente devient OA : CO = CO : CA.
Donc, etc.

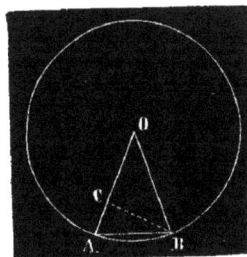

THÉORÈME VII.

382. Deux polygones réguliers d'un même nombre de côtés sont
semblables.

Conformément à la définition des polygones semblables,
il faut prouver que les angles de ces polygones sont égaux
et que leurs côtés sont proportionnels.

La somme des angles étant la même de part et d'autre
(**167**), et chacun étant égal au quotient de cette somme
divisée par le nombre d'angles, qui est aussi le même des
deux côtés, il s'ensuit que les angles sont égaux.

En second lieu, puisque dans chaque polygone, tous les
côtés sont égaux entre eux, en divisant chacun des côtés du
premier par ceux du second, on aura toujours le même quotient ou le même rapport. Donc (**138**) les côtés sont proportionnels.

383. COROLLAIRE. *Les périmètres de ces polygones sont
entre eux comme les côtés et leurs surfaces comme les carrés
des mêmes côtés* (**292**).

THÈORÈME VIII.

384. Les périmètres de deux polygones réguliers semblables sont
entre eux comme leurs rayons ou leurs apothèmes et leurs surfaces
comme les carrés des mêmes lignes.

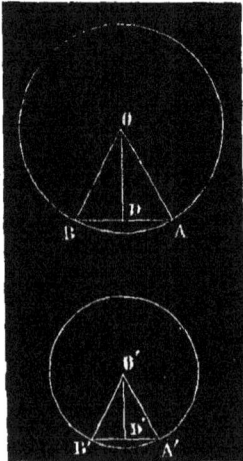

Soient AB et A′B′ deux des côtés, O et O′ leurs centres,
OA et O′A′ leurs rayons, OD et O′D′ leurs apothèmes, P et P′
leurs périmètres, S et S′ leurs surfaces.

Les triangles équiangles OAB et O′A′B′ donnent la proportion AB : A′B′ = OA : O′A′ (*a*), et l'on sait (**383**) que P :
P′ = AB : A′B′ (*b*).

De ces deux proportions, on déduit

$$P : P′ = AO : A′O \quad (A).$$

Dans les mêmes triangles, les bases sont proportionnelles
aux hauteurs (**277**), donc AB : A′B′ = OD : O′D′ (*c*). Les
proportions (*b*) et (*c*) donnent

$$P : P′ = OD : O′D′ \quad (B)$$

Les proportions (A) et (B) démontrent la première partie
du théorème.

En second lieu (**383**) S : S′ = $\overline{AB}^2 : \overline{A′B′}^2$ et, à cause des
triangles semblables AOB et A′O′B′, $\overline{AB}^2 : \overline{A′B′}^2 = \overline{AO}^2 : \overline{A′O′}^2$
= $\overline{OD}^2 : \overline{O′D′}^2$. De ces deux proportions, on tire

$$S : S′ = \overline{AO}^2 : \overline{A′O′}^2 = \overline{OD}^2 : \overline{O′D′}^2.$$

COROLLAIRES.

385. I. En doublant indéfiniment le nombre des côtés d'un polygone régulier inscrit ou circonscrit à un cercle, on voit que sa surface se rapproche aussi indéfiniment de celle du cercle (**408**). Ainsi le cercle est la limite commune de chacun de ces polygones, et par suite (**142**) le cercle peut être assimilé aux polygones réguliers, quant aux propriétés générales dont ils jouissent. *Donc les circonférences de deux cercles sont entre elles comme leurs rayons et leurs surfaces comme les carrés des mêmes lignes.*

386. II. *Le rapport d'une circonférence à son diamètre est constant.* En représentant par C et C′ deux circonférences et par R et R′ leurs rayons, on vient de voir que $C : C' = R : R'$, d'où $C : C' = 2R : 2R'$, d'où $\dfrac{C}{2R} = \dfrac{C'}{2R'}$. On aurait de même $\dfrac{C}{2R} = \dfrac{C''}{2R''}$ .... On représente ordinairement ce rapport par la lettre grecque π. On a ainsi $\dfrac{C}{2R} = \pi$, d'où $C = 2R.\pi$ (*a*).

387. III. *Donc la longueur de la circonférence est égale à son diamètre multiplié par* π. Et comme on a trouvé $\pi = 3,14159$, du moins approximativement, on voit qu'il suffit de connaître le rayon d'un cercle pour pouvoir calculer la longueur de sa circonférence.

388. IV. Dans la formule (*a*) (**386**), si $R = 1$, $\pi = C$; et si, de plus, on y met la graduation de C, on aura $\pi = 180°$. *Donc* π *désigne aussi la longueur d'une demi-circonférence dont le rayon est l'unité linéaire et la graduation de cette demi-circonférence ou de deux angles droits.*

THÉORÈME IX.

389. L'aire du polygone régulier est égale au produit de son périmètre par la moitié de son apothème.

En joignant le centre à tous les sommets, le polygone est

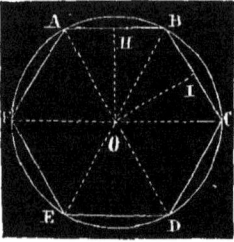

décomposé en triangles ayant tous pour hauteur son apothème OH et dont les bases sont les différents côtés du polygone. Donc (**281**) OAB $=$ AB $\times \dfrac{\text{OH}}{2}$, OBC $=$ BC $\times \dfrac{\text{OH}}{2}$ et ainsi de suite, donc le polygone ou la somme de ces triangles est (AB $+$ BC $+$ CD $+$ ....) $\times \dfrac{\text{OH}}{2}$. Donc en désignant par S l'aire du polygone, par p son périmètre et par a son apothème, on aura S $= \dfrac{p.\,a}{2}$.

COROLLAIRES.

390. I. *L'aire d'un polygone circonscrit quelconque est égale à son périmètre multiplié par la moitié du rayon du cercle inscrit.*

391. II. *L'aire du cercle est égale au produit de sa circonférence multipliée par la moitié de son rayon* (**385, 389**). Donc S $= \dfrac{\text{C.R}}{2}$.

392. III. *L'aire du cercle est aussi le produit du carré de son rayon par* π.

On vient de voir (**391**) que S $= \dfrac{\text{R.C}}{2}$. Or (**386**), C $= 2\,\pi\text{R}$, donc, en substituant la valeur de C de la 2ᵉ de ces formules dans la 1ʳᵉ, S $= \pi\,\text{R}^2$ (a).

393. IV. Si R $= 1$, dans la formule (a), S $= \pi$.

Donc π *représente le cercle dont le rayon est l'unité.*

THÉORÈME X.

394. L'aire du secteur est égale à son arc multiplié par la moitié de son rayon.

Soient A un secteur, a son arc, R son rayon, S le cercle dans lequel il se trouve et C la circonférence de ce cercle.

On sait (**181**), que dans un cercle, deux secteurs sont

entre eux comme les arcs interceptés. Donc le secteur A est au secteur droit $\frac{S}{4}$ comme l'arc a est au quadrant $\frac{C}{4}$, ou A : a $= \frac{S}{4} : \frac{C}{4}$, d'où A $= \frac{a.\,S}{C}$, mais S $= \frac{C.\,R}{2}$, donc A $= a.\,\frac{R}{2}$ (1).

COROLLAIRES.

395. I. Soient m la graduation de l'angle au centre qui correspond au secteur, et D l'angle droit, on aura **(150)** $a : \frac{C}{4} = m : D$, d'où $a = \frac{C.\,m}{4\,D}$ ou $a = 2\,\pi R.\,\frac{m}{4\,D}$ (2), puisque C $= 2\,\pi R$ **(386)**. Substituant cette valeur de a dans (1), il vient A $= \pi R^2.\,\frac{m}{4D}$ (3).

Les expressions (2) et (3) servent à calculer la longueur d'un arc et l'aire d'un secteur, connaissant la graduation de l'angle au centre qui y correspond et le rayon du cercle dans lequel ils se trouvent.

396. II. *Les arcs semblables sont entre eux comme leurs rayons et les secteurs semblables comme les carrés des mêmes lignes.*

Soient a et a' deux arcs semblables, R et R' leurs rayons; les angles au centre qui y correspondent étant égaux **(367)** on les représentera par la même lettre m et l'on aura $a = 2\,\pi R.\,\frac{m}{4D}$ et $a' = 2\,\pi R'.\,\frac{m}{4D}$, d'où $a : a' = $ R : R'.

De même A $= \pi R^2.\,\frac{m}{4D}$ et A' $= \pi R'^2\,\frac{m}{4D}$, d'où A : A' $=$ R² : R'².

PROBLÈME I.

(Nᵒˢ 149, 154, 357, 373, 378, 381.)

397. Inscrire un polygone régulier dans un cercle.

On divise la circonférence en autant de parties égales qu'il doit y avoir de côtés dans le polygone et l'on joint les points de division **(373, 1º)**.

La question est donc ramenée à diviser une circonférence en parties égales, et nous allons résoudre le problème pour les quatre séries de polygones réguliers dont s'occupe la géométrie élémentaire.

398. 1° *Le carré.*

Menez deux diamètres perpendiculaires et la circonférence sera divisée en quatre parties égales (**149**).

399. 2° *L'hexagone et le triangle.*

En portant le rayon six fois sur la circonférence, elle sera divisée en 6 parties égales (**378**). Et en prenant deux de ces divisions pour en faire une, elle sera divisée en trois parties égales. Mais il faut bien se garder de prendre une corde double de celle qui soustend la sixième partie (**154**).

400. 3° *Le décagone et le pentagone.*

Diviser le rayon en moyenne et extrême raison (**337**) et la plus grande partie sera l'ouverture de compas que l'on doit prendre pour diviser la circonférence en dix parties égales. Et en réunissant deux de ces divisions on aura la cinquième partie de la circonférence.

401. 4° *Le pentédécagone*, si du sixième de la circonférence, on soustrait le dixième, on en aura la quinzième partie. De là, avec les n°⁵ **399** et **400**, le moyen de résoudre la question.

Maintenant, en partant du carré, de l'hexagone, du décagone et du pentédécagone, on peut inscrire quatre séries indéfinies de polygones réguliers, en divisant les arcs successivement en deux parties égales.

PROBLÈME II.

402. Circonscrire un polygone régulier à un cercle donné.

Il suffit de diviser la circonférence en parties égales et de mener des tangentes aux points de division (**373**, 2°). Donc, on peut circonscrire tous les polygones réguliers que l'on peut inscrire, en divisant de la même manière, la circonférence en autant de parties égales que le polygone doit avoir de côtés. Et le **n° 374** montre comment on peut trouver l'un de ces polygones avec son semblable.

PROBLÈME III.

403. Construire un polygóne régulier connaissant 1° son rayon, 2° son apothème et 3° son côté.

1° Tracez, avec le rayon donné, une circonférence que vous diviserez en autant de parties égales qu'on demande de côtés et joignez les points de division.

2° Après avoir divisé en parties égales, la circonférence décrite avec un rayon égal à l'apothème donné, menez des tangentes à tous les points de division.

3° Soient c le côté du polygone à construire et x son rayon. Avec un rayon arbitraire a, tracez un cercle, dans lequel vous inscrirez un polygone semblable à celui que l'on cherche (**382, 397**). Soit b le côté de ce polygone, on aura $c : b = a : x$. On voit donc qu'une 4e proportionnelle fera connaître le rayon du polygone à construire (**333**). Ce troisième cas sera ainsi ramené au 1er. S'il s'agissait du triangle, du carré, de l'hexagone et du décagone, le problème pourrait se résoudre directement (**221, 224, 378, 381, 338**). Ainsi pour le décagone, on a vu (**338**) qu'on peut trouver une droite telle qu'en la divisant en moyenne et extrême raison, la plus grande partie soit égale à une droite donnée. En résolvant ce problème on aurait donc le rayon du polygone (**381**).

PROBLÈME IV.

404. Étant donnés numériquement le rayon d'un cercle et le côté d'un polygone régulier inscrit, calculer 1° l'apothème de ce polygone, 2° le côté du polygone régulier circonscrit semblable et 3° le côté du polygone régulier inscrit d'un nombre de côtés double.

1° Soient R le rayon, $c = DF$ la moitié du côté donnés et a l'apothème cherché.

11

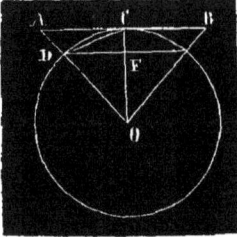

On sait (**297**) que $R^2 - c^2 = a^2$, d'où $a = \sqrt{R^2 - c^2}$ (1).

2° Soit $x = AC$ la moitié du côté cherché. Les triangles semblables ODF et OAC donnent OF : OC = DF : AC ou $a : R = c : x$, d'où $x = \dfrac{c \cdot R}{a} = \dfrac{c \cdot R}{\sqrt{R^2 - c^2}}$ (2).

3° Soit $DC = y$ le côté cherché. On sait (**315**) que DC est moyenne proportionnelle entre le diamètre 2R et le segment adjacent CF; donc $x^2 = 2R \times CF = 2R(R - a) = 2R(R - \sqrt{R^2 - c^2})$ (3).

PROBLÈME V.

405. Trouver l'aire du polygone dans chacun des trois cas précédents.

1° Désignons par n le nombre de côtés. On sait (**389**) que $S = p\,a$. Dans cette formule, $p = 2nc$ et $a = \sqrt{R^2 - c^2}$ donc $S = nc\sqrt{R^2 - c^2}$ (1).

2° Le demi-côté $x = \dfrac{cR}{\sqrt{R^2 - c^2}}$, donc le périmètre $p = \dfrac{2ncR}{\sqrt{R^2 - c^2}}$, et comme l'apothème est R, on aura $S = \dfrac{nc\,R^2}{\sqrt{R^2 - c^2}}$ (2).

3° Le triangle OAC $= \frac{1}{2}$ OC$\times$AF (**281**) ou OAC $= \frac{1}{2}cR$. Mais dans le polygone en question, il y a $2n$ triangles égaux à OAC, donc $S = ncR$ (3).

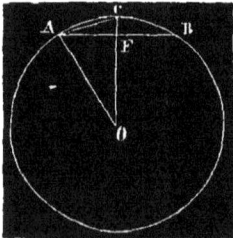

PROBLÈME VI.

406. Connaissant le rayon **R** d'un cercle et le demi-côté c d'un polygone régulier circonscrit, calculer 1° l'aire **S** de ce polygone, 2° l'aire **S'** du polygone régulier inscrit dont le nombre de côtés est double, 3° le côté x du polygone régulier circonscrit aussi d'un nombre double de côtés.

1° Soit n le nombre de côtés. On aura immédiatement $S = 2nc \times \dfrac{R}{2} = ncR$ (1).

2° Il est facile de voir que le polygone S contient autant de triangles égaux à OAB qu'il y a de triangles égaux à OAC dans S', donc S : S' = OAB : OAC. Mais en prenant A pour sommet, ces deux triangles ont même hauteur, donc OAB : OAC = OB : OC et par suite S : S' = OB : OC. Or **(396)**, $OB = \sqrt{R^2 + c^2}$; donc S : S' = $\sqrt{R^2 + c^2}$: R, d'où S' = $\dfrac{S.\,R}{\sqrt{R^2 + c^2}}$, ou en substituant la valeur de S tirée de (1), S' = $\dfrac{nc\,R^2}{\sqrt{R^2 + c^2}}$ **(2)**.

3° Menant la tangente DC, on aura DC = DA = x **(197)**; donc OD est bisectrice de l'angle AOB **(107)**, donc **(316)** OA : OB = AD : DB, d'où $\dfrac{OA + OB}{OA} = \dfrac{AD + DB}{AD}$, ou $\dfrac{R + \sqrt{R^2 + c^2}}{R} = \dfrac{c}{x}$, d'où $x = \dfrac{R.\,c}{R + \sqrt{R^2 + c^2}}$ **(3)**.

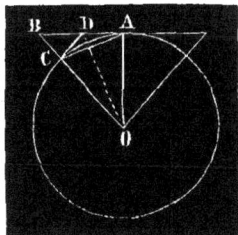

PROBLÈME VII.

407. Calculer approximativement la valeur de π.

Soit un cercle dont le rayon est 1, le demi-côté du carré circonscrit sera 1 et son aire 4. La formule (3) du n° précédent fera connaître le demi-côté de l'octogone régulier circonscrit et la formule (1) l'aire de ce polygone. On pourra ainsi calculer, au moyen de ces deux formules, les aires des polygones réguliers circonscrits de 16, 32, 64........ côtés et ainsi indéfinitivement, en doublant successivement le nombre de côtés.

Au moyen de la formule (2) on pourra constater où il faudra s'arrêter, dans la série de ces opérations, pour atteindre à la limite voulue; car cette formule donnera les aires des polygones réguliers inscrits dont le nombre de côtés est aussi successivement double, et la comparaison des polygones circonscrits avec les polygones inscrits fournira cette limite.

On trouve, par ce procédé, que l'aire du polygone régulier circonscrit de 2048 côtés est 3, 1415951 et que celle du polygone régulier inscrit d'un nombre double de côtés est 3,1415924. Donc en prenant 3,14159 pour l'aire du cercle, on aura $\pi = 3, 14159$, à moins de $\frac{1}{10000}$, car (**393**) π représente l'aire du cercle qui a pour rayon l'unité.

On a aussi trouvé, en fraction ordinaire, $\pi = \frac{22}{7}$.

Les deux formules $C = 2R\pi$ et $S = R^2\pi$ fournissent chacune deux moyens de trouver la valeur de π. Car de la 1re, on tire $\pi = \dfrac{C}{2R}$ et si, connaissant R, on détermine un périmètre de polygone régulier qui s'approche de C d'une quantité inassignable, ou si, la circonférence étant donnée, on calcule un diamètre égal à 2R, en divisant ces deux quantités l'une par l'autre, on aura chaque fois une valeur de π aussi approchée que l'on voudra. De la 2e, on déduit $\pi = \dfrac{R^2}{S}$; de sorte que si, S étant donné on calcule le rayon, ou si, R étant donné, on calcule S, le quotient de S par R^2 donnera encore, dans les deux cas, la valeur de π.

C'est cette dernière méthode qui vient d'être exposée.

408. *Remarque.* On conçoit aisément, qu'en prenant la ligne droite pour unité, on ne puisse évaluer exactement l'aire du cercle, ni par suite la valeur de π. Mais il est facile de démontrer que l'on peut trouver un polygone régulier qui ne diffère du cercle que d'une quantité plus petite que *toute quantité assignable*, et qu'ainsi la valeur de π peut-être calculée aussi approximativement que l'on veut.

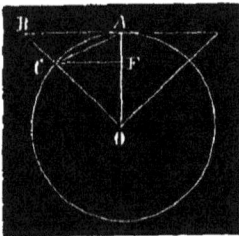

En effet, soit S un polygone régulier circonscrit et S' le polygone régulier inscrit d'un nombre de côtés double. On a déjà vu (**406**, 2°) que S : S' = OB : OC; mais les triangles semblables OAB et OCF donnent OB : OC = OA : OF, donc S : S' = OA : OF ou, puisque AO = OC, S ; S' = OC : OF.

De cette proportion, on déduit $\dfrac{S - S'}{S} = \dfrac{OC - OF}{OC}$, d'où $S - S' = \dfrac{S}{OC}$ (OC — OF) (*a*). Mais on sait (**69**) que OC — OF < CF; (**82**) que CF < CA; (**37**) que la corde CA est plus petite que l'arc CA. Or, l'arc CA peut devenir aussi petit que l'on veut, car on peut toujours diviser une circonférence en parties égales plus petites que toute quantité donnée, donc à plus forte raison la quantité OC—OF peut elle devenir aussi petite que l'on veut. De plus S diminue à mesure que le nombre de ses côtés augmente et OC reste constant. Donc dans (a), la différence S—S' est égale au produit de deux quantités dont l'une $\frac{S}{OC}$ diminue et dont l'autre OC—OF peut devenir plus petite que toute quantité assignable. Donc, à plus forte raison, la différence entre le cercle et l'un ou l'autre des polygones S et S' peut devenir aussi petite que l'on voudra.

Ce qui prouve aussi, qu'au n° **388**, le cercle est la limite inférieure des polygones réguliers circonscrits et la limite supérieure des polygones réguliers inscrits.

EXERCICES.

1° Énoncer et démontrer la réciproque du premier théorème.

2° Les milieux des côtés d'un polygone régulier sont les sommets d'un polygone régulier semblable.

3° L'hexagone régulier inscrit est double du triangle équilatéral inscrit dans le même cercle.

4° Si on divise les côtés d'un triangle équilatéral en trois parties égales, les points de division sont les sommets d'un hexagone régulier dont l'aire et le périmètre sont respectivement les deux tiers de l'aire et du périmètre du triangle.

5° En prolongeant les côtés d'un carré, au-delà de chaque extrémité, d'une longueur égale à la moitié de sa diagonale, on obtient un octogone régulier de même centre que le carré et d'un périmètre double.

6° Le triangle équilatéral inscrit est le quart du triangle équilatéral circonscrit au même cercle.

7° On donne deux circonférences concentriques, inscrire dans la plus grande un polygone régulier dont les côtés ne touchent pas la plus petite, et circonscrire à la plus petite un polygone régulier dont les côtés ne rencontrent pas la plus grande. 1° Mener une tangente à la plus petite, terminée à la plus grande, diviser celle-ci en parties égales plus petites que l'arc soustendu par cette tangente et joindre les points de division. 2° Les rayons qui joignent les mêmes points de division au centre déterminent sur la petite circonférence les points par où l'on doit lui mener des tangentes pour avoir le polygone demandé.

8° La somme des perpendiculaires, menées d'un point quelconque pris dans un polygone régulier sur tous les côtés, est constante et égale à autant de fois l'apothème qu'il y a de côtés (**389**).

9° Construire un carré équivalent à un polygone régulier donné. Le côté de ce carré est moyen proportionnel entre la moitié du périmètre et l'apothème du polygone (**279, 335, 389**).

10° 1° Trouver l'aire du cercle en fonction de son diamètre. 2° Démontrer que deux cercles sont entre eux comme les carrés de leurs diamètres ou de leurs circonférences. 3° Que deviennent le cercle et sa circonférence, lorsque l'on y fait le rayon égal au diamètre? (**385, 391, 392**).

11° Le cercle qui a pour rayon ou pour diamètre l'hypoténuse d'un triangle rectangle est équivalent à la somme des cercles qui auraient pour rayons ou pour diamètres les deux autres côtés de ce triangle.

Soient a l'hypoténuse, b et c les deux autres côtés de ce triangle, on a (**296**) $a^2 = b^2 + c^2$, donc $\pi a^2 = \pi b^2 + \pi c^2$. Donc (**392**).

12° Construire un cercle équivalent à la différence de deux cercles donnés (**297, 392, 344**), ou qui soit le double ou la moitié d'un cercle donné (**346**).

13° Trouver l'aire du cercle connaissant la circonférence et réciproquement.

1° De la formule C = 2πR (**386**), on tire R = $\frac{2\pi}{C}$; connaissant le rayon, on aura l'aire du cercle, avec la formule du n° **391** ou avec celle du n° **392**.

2° La formule S = πR² fera connaître le rayon, car on en tire R = $\sqrt{\dfrac{S}{\pi}}$; d'où la circonférence, avec la formule C = 2 πR.

Soient comme applications C = 24ᵐ et S = 120ᵐ·ᶜ·

14° Soient b = 30, b′ = 16, h = 4 les deux bases et la hauteur d'un trapèze, calculer à moins d'un millimètre près le diamètre du cercle équivalent à ce trapèze.

15° Deux angles égaux inscrits dans des cercles inégaux, interceptent des arcs semblables (**171, 367**).

16° Deux arcs semblables sont entre eux comme leurs cordes, et les secteurs semblables, comme les carrés de ces lignes.

Les propriétés des triangles semblables et le n° **396** donneront la solution.

17° Un angle au centre est de 40° 15′, dans un cercle dont le rayon a 4ᵐ, calculer la longueur de l'arc et l'aire du secteur qui y correspondent (**139, 140, 395**).

18° Sur une droite donnée, construire un polygone régulier de 8, 10, 12, et 15 côtés (**403**).

19° Connaissant le rayon R d'un cercle, calculer le côté du polygone régulier inscrit de 3, 4, 6 et 10 côtés. En représentant par x ce côté on a : 1° $x = R\sqrt{3}$ (**379**), 2° $x = R\sqrt{2}$ (**376**), 3° $x = R$ (**378**), 4° on sait (**381**) que R : x = x : R — x, d'où $x = \dfrac{R}{2}(-1 \pm \sqrt{5})$. Mais on doit prendre le signe plus du radical, car avec le signe moins, la valeur numérique de x serait plus grande que le rayon, tandis qu'elle n'en est qu'une partie.

20° Trouver les aires de l'hexagone régulier inscrit et de l'hexagone régulier circonscrit à un cercle dont le rayon R est donné, puis le rapport de ces deux polygones.

1° En faisant $n = 6$ et $c = \frac{R}{2}$ dans la 1re formule du

n° **405**, on trouve immédiatement $S = \frac{3 R^2}{2} \sqrt{3}$.

2° Avec la 2e formule, on trouve $S' = 2 R^2 \sqrt{3}$.

3° $S : S' = 3 : 4$, ou S est égale aux trois quarts de S'.

21° Trouver l'aire du dodécagone régulier dont-on connaît le rayon. Avec la formule (3) du n° **405**, $S = 3 R^2$.

Au moyen de la même formule, on trouve $S = 2 R^2 \sqrt{2}$ pour l'aire de l'octogone régulier.

22° Résoudre le même problème relativement au décagone régulier.

On a déjà trouvé (n° 19 de ces exercices) que le côté est $x = \frac{R}{2} (- 1 + \sqrt{5})$. En représentant par c la moitié du côté on aura donc $c = \frac{R}{4} (- 1 + \sqrt{5})$, d'où $c^2 = \frac{R^2}{16} (6 - 2\sqrt{5})$ et $R^2 - c^2 = R^2 - \frac{R^2}{16} (6 - 2\sqrt{5}) = \frac{R^2}{16} (10 + 2\sqrt{5})$.

Substituant dans la 1re formule du n° **404**, il vient $a = \frac{R}{4} \sqrt{10 + 2\sqrt{5}}$, pour la valeur de l'apothème. Le périmètre p étant égal à dix fois le côté on aura $p = 5 R (- 1 + \sqrt{5})$ et par suite (**389**) l'aire $S = \frac{5 R^2}{8} (- 1 + \sqrt{5}) \sqrt{10 + 2\sqrt{5}}$. Faisant passer la quantité $(- 1 + \sqrt{5}$ sous le radical, on a $S = \frac{5 R^2}{8} \sqrt{(10 + 2\sqrt{5})(- 1 + \sqrt{5})^2}$ $= \frac{5 R^2}{4} \sqrt{10 - 2\sqrt{5}}$.

23° Si le côté d'un polygone régulier est égal à son rayon, démontrer que ce polygone est un hexagone.

24° Si l'on décrit un cercle sur un des côtés d'un hexagone régulier comme diamètre, le prolongement du côté contigu est le côté d'un hexagone régulier inscrit dans ce cercle et dont l'aire est le quart de celle du premier.

25° L'aire d'un polygone régulier est quadruplée, lorsque l'on double son côté, ou son rayon, ou son apothème (**383, 384, 389**).

26° Un polygone équiangle est régulier, lorsqu'il est inscriptible ou circonscriptible. Il en est de même d'un polygone équilatéral.

27° La couronne circulaire, comprise entre deux circonférences concentriques, est équivalente au cercle qui aurait pour diamètre la partie de la tangente à la plus petite de ces deux circonférences, comprise dans la plus grande.

En joignant le centre à l'une des extrémités et au point de contact de la tangente, on forme un triangle rectangle. Et le cercle décrit avec le 3e côté de ce triangle est équivalent à la différence des deux cercles donnés.

28° Les diagonales d'un pentagone régulier se coupent mutuellement en moyenne et extrême raison, et la plus grande partie est égale au côté. Chaque diagonale est parallèle à un côté, comme interceptant des arcs égaux ; d'où il résulte un parallélogramme et deux triangles semblables.

29° Construire un pentagone régulier dont on connaît la diagonale.

30° Construire un cercle qui soit moyen proportionnel à deux cercles donnés.

31° Même problème relativement à deux polygones réguliers d'un même nombre de côtés.

32° Construire un carré équivalent à un cercle donné.

En cherchant une moyenne proportionnelle entre le rayon et la moitié de la circonférence on aura le côté du carré demandé (**391**).

On trouvera une droite égale à la moitié de la circonférence en prenant les $\frac{22}{7}$ du rayon (**386, 407**), ou 3 fois le rayon plus la 7e partie de cette ligne (**332**).

D'un autre côté, on a vu (**406, 407, 408**), qu'on peut obtenir un polygone régulier qui s'approche du cercle d'une quantité moindre que toute grandeur assignable. Le carré équivalent à ce polygone sera aussi équivalent au cercle.

Mais, dans tous les cas, ce problème ne peut se résoudre d'une manière rigoureusement exacte.

33° L'apothème du triangle régulier est égale à 2,50,

calculer l'aire de ce triangle, à moins d'un centimètre carré près.

D'après le n° **380**, le rayon est double de l'apothème et le côté est égal au rayon multiplié par $\sqrt{3}$. On pourra donc ainsi trouver le périmètre puis l'aire S $= 32,4759$, à moins d'un dix-millième près, ou à moins d'un centimètre carré près.

34° Connaissant le rayon R d'un cercle et le côté c d'un polygone régulier inscrit, calculer le côté x du polygone régulier inscrit d'un nombre deux fois moindre de côtés.

En appliquant les mêmes principes et les mêmes constructions qu'à la 3e partie du n° **404**, on trouve $x^2 = \dfrac{c^2(4R^2 - c^2)}{R^2}$ (a).

Soit à trouver le côté du pentagone régulier, connaissant celui du décagone régulier inscrit dans le même cercle. On sait que $c = \dfrac{R}{2}(-1 + \sqrt{5})$. D'où $c^2 = \dfrac{R^2}{4}(6 - 2\sqrt{5})$ et $4R^2 - c^2 = 4R^2 - \dfrac{R^2}{4}(6 - 2\sqrt{5}) = \dfrac{R^2}{4}(10 + 2\sqrt{5})$; donc $x^2 = \dfrac{R^4}{16R^2}(6 - 2\sqrt{5})(10 + 2\sqrt{5}) = \dfrac{R^2}{4}(10 - 2\sqrt{5})$, en appliquant la formule (a).

35° Le côté du pentagone régulier est l'hypoténuse d'un triangle rectangle dont les deux côtés de l'angle droit sont le rayon du cercle circonscrit et le côté du décagone régulier inscrit dans le même cercle.

Avec les mêmes notations que dans la question précédente, il faut démontrer que $x^2 = R^2 + c^2$.

Or, $c^2 = \dfrac{R^2}{4}(6 - 2\sqrt{5})$; donc $R^2 + c^2 = \dfrac{R^2}{4}(6 - 2\sqrt{5}) + R^2 = \dfrac{R^2}{4}(10 - 2\sqrt{5}) = x^2$.

36° Diviser un cercle 1° en deux parties qui soient entre elles comme deux carrés donnés et 2° en moyenne et extrême raison, par une circonférence concentrique.

1° Soit x le rayon de cette circonférence. En représentant par S et S′ les deux cercles, par m et n les côtés des deux carrés donnés, on aura S : S′ = R² : x^2 (**388**), d'où S—S′ : S′ = R² — x^2 : x^2; donc R² — x^2 : x^2 = m^2 : n^2, d'où R² : x^2 = $m^2 + n^2$: n^2. Soit $m^2 + n^2 = p^2$, on aura R : $x = p : n$. Donc on construira l'hypoténuse du triangle rectangle dont les côtés sont m et n, puis une quatrième proportionnelle.

2° On aura R² : x^2 = x^2 : R² — x^2, d'où $x^2 = \dfrac{R^2}{2} (-1 + \sqrt{5})$

et par suite R : $x = x : \dfrac{R}{2} (-1 + \sqrt{5})$. Le 4ᵉ terme de cette proportion est la plus grande partie du rayon R divisé en moyenne et extrême raison; donc, après avoir effectuer cette construction, il faudra encore trouver une moyenne proportionnelle.

37° Lorsque deux polygones réguliers semblables sont l'un inscrit et l'autre circonscrit à un même cercle, le polygone régulier inscrit d'un nombre de côtés double est moyen proportionnel entre les deux premiers.

38° Calculer à moins de $\frac{1}{100}$ près 1° le rapport entre le cercle inscrit et le cercle circonscrit à l'octogone régulier, 2° entre le cercle et le décagone régulier inscrit.

39° Le côté d'un dodécagone régulier est égal à 2ᵐ, calculer le rayon, l'apothème et l'aire de ce polygone.

Dans la formule (a) du **n° 34** de ces exercices, x est le côté de l'hexagone régulier pour le présent problème, donc $x = R$, et l'on a R² $= \dfrac{c^2 (4R^2 - c^2)}{R^2}$, d'où R⁴ — $4c^2 R^2 = -c^4$, d'où R² $= 2c^2 \pm \sqrt{3c^4} = c^2 (2 + \sqrt{3})$. Connaissant le côté et le rayon il sera facile de trouver le reste.

40° Comment reconnaître si un polygone est inscriptible ou circonscriptible? Énumérer ceux qui jouissent de l'une ou l'autre de ces deux propriétés ou des deux à la fois.

41° Résumer la théorie du mesurage des quantités géométriques en donnant les formules qui servent à leur évaluation numérique.

42° Exposer succinctement la théorie des figures semblables en montrant que, dans ces figures, les lignes homologues sont toujours proportionnelles entre elles et que leurs surfaces sont toujours entre elles comme les carrés de ces lignes.

43° Énoncer les propositions du 4e livre en reproduisant les constructions qui doivent servir à les résoudre.

44° Indiquer d'une manière abrégée les matières contenues dans chacun des 4 premiers livres.

FIN DE LA 1re PARTIE.

N. B. — Le 2e volume sera terminé par des suppléments sur les lieux géométriques, les maximums et les minimums, la symétrie, les polyèdres réguliers et une série d'exercices sur toute la géométrie.

NOTIONS PRÉLIMINAIRES.

---

409. On a déjà vu (**n° 9**) que la géométrie a pour objet l'étude de l'étendue.

Il y a trois espèces d'étendues :

1° La **ligne** qui n'a que la longueur.

2° La **surface** qui a deux dimensions, longueur et largeur.

3° Le **volume**, **corps** ou **solide** qui a les trois dimensions, longueur, largeur et hauteur.

On peut considérer la surface comme limite du volume, la ligne comme limite de la surface et le point comme limite de la ligne.

On compte deux espèces de lignes, de surfaces et de volumes.

1° La ligne est **droite** ou **courbe**, suivant que sa direction est constante ou qu'elle varie à chaque instant.

2° La surface est **plane** ou **courbe**, suivant qu'une droite peut ou ne peut pas être appliquée sur cette surface dans tous les sens et dans toutes ses parties.

Mais, de même que, parmi les lignes, on considère la ligne brisée comme formée de plusieurs droites, parmi les surfaces, on pourra considérer la surface **brisée** comme étant l'assemblage de plusieurs surfaces planes.

Dans tous les cas, une surface est **convexe**, qu'elle soit courbe ou brisée, lorsqu'une ligne droite ne peut la rencontrer qu'en deux points au plus.

1

3° Le volume est appelé **polyèdre** ou **corps rond,** suivant qu'il est entièrement limité par des surfaces planes ou par la surface courbe, soit seule, soit combinée avec la surface plane.

410. La **géométrie plane** contient, comme on l'a vu dans les quatre premiers livres, les figures dont toutes les parties sont comprises dans un même plan, ainsi la ligne droite; la ligne brisée, notamment comme périmètre des polygones; la courbe appelée circonférence et ses parties; la combinaison de deux droites, convergentes ou parallèles, obliques ou perpendiculaires; l'angle de deux droites ou angle plan, ainsi nommé parce que tous ses éléments sont dans un même plan; le polygone irrégulier et le polygone régulier; le cercle et ses parties, segment et secteur.

De sorte, qu'en résumé, la première partie comprend seulement la droite, la circonférence et la surface plane.

La **géométrie solide** va s'occuper (**n° 9**) des figures dont toutes les parties ne sauraient être comprises dans un même plan et dont la construction exige les trois dimensions de l'espace.

Elle comprend donc la combinaison de droites qui ne sont ni convergentes, ni parallèles; la combinaison de trois ou un plus grand nombre de droites parallèles qui ne sont pas toutes dans un même plan; la combinaison de la droite et de la circonférence lorsque ces lignes ne sont pas dans un même plan; la combinaison de la droite et du plan, lorsque la ligne n'est pas dans la surface; la surface brisée, comme limite du polyèdre; la surface courbe, et les volumes. On voit donc que tous les éléments de la géométrie (**409**), lignes, surfaces, volumes, font partie de la géométrie solide.

Pour bien comprendre la géométrie solide, on doit continuellement faire appel à son imagination, pour se représenter dans l'espace les figures que les constructions faites sur un tableau ne sauraient mettre suffisamment en évidence; et, pour arriver plus sûrement à ce but on construira d'abord ces figures avec du carton et du fil de fer, ou avec d'autres substances.

LIVRE V.

—

DÉFINITIONS.

411. Deux droites **se croisent** dans l'espace, lorsqu'elles ne sont ni convergentes ni parallèles. Ces deux droites, qui ne sauraient être dans un même plan (car alors, n° 13, elles seraient convergentes ou parallèles), sont dites perpendiculaires ou obliques, suivant qu'en faisant mouvoir l'une d'elles parallèlement à elle-même jusqu'à sa rencontre avec l'autre, elle est alors perpendiculaire ou oblique à celle-ci.

412. Une droite et un plan sont **convergents** ou **parallèles,** suivant que prolongés indéfiniment, ils se rencontrent ou ne se rencontrent pas.

Le point où une droite rencontre ou perce le plan est le **pied** de cette droite. Et cette droite est **perpendiculaire** ou **oblique** au plan, suivant qu'elle est ou n'est pas perpendiculaire à toutes les droites qui passent par son pied dans ce plan.

Le plan se représente ordinairement par un parallélogramme, tel que MONP, placé horizontalement vis-à-vis du tableau supposé vertical.

Le point A est le pied de la droite BC par rapport au plan MN auquel cette droite est perpendiculaire; si elle fait des angles droits avec toutes les droites, telles que DE, GF qui

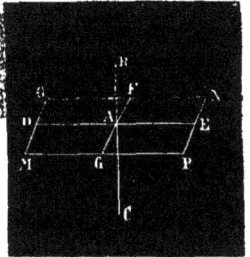

sont tracées dans ce plan par le point A ; elle est oblique à ce plan, si elle est oblique à une ou plusieurs de ces droites.

Il faut bien remarquer que dans cette figure, comme dans toutes celles du même genre, le plan, qui est représenté par le parallélogramme MN est en deçà du tableau, qu'il doit être relevé dans une position horizontale, que la droite BC perce ce plan en A, qu'elle a donc une partie AB au dessus et l'autre AC en dessous de ce plan, qu'elle ne rencontre ni la droite ON, ni MP, mais qu'elle les croise, et qu'elle leur est perpendiculaire si elle est perpendiculaire au plan.

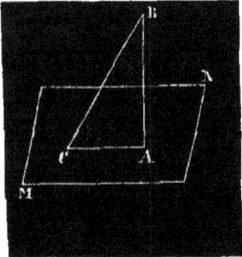

413. La **projection** d'un point sur un plan est le pied de la perpendiculaire abaissée de ce point sur le plan, et **celle** d'une droite est la distance entre les projections de ses deux extrémités (**281**). L'angle d'une droite avec un plan est l'angle qu'elle fait avec sa projection sur ce plan.

Ainsi A est la projection du point B sur le plan MN; CA la projection de la droite CB sur le même plan ; BCA l'angle que la droite BC fait avec le plan MN. Si la droite est perpendiculaire au plan, leur angle est droit.

414. Deux plans sont **convergents** ou **parallèles,** suivant qu'étant indéfiniment prolongés, ils se coupent ou ne se coupent pas (**13**).

On nomme **coin** ou **angle dièdre** l'écart de deux plans convergents (**14**).

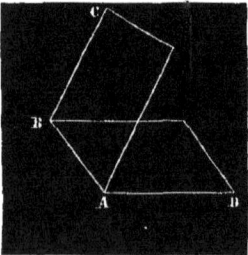

Ces deux plans, tels sont AC et BD, constituent les deux **faces** du coin, et la droite AB suivant laquelle ils se coupent en est l'**arête**.

Le coin se représente par quatre lettres dont deux sur l'arête et les deux autres sur chacune des faces, en plaçant, quand on veut le désigner, les deux lettres de l'arête entre les deux autres. Quand il est seul, on le représente par les deux lettres de l'arête seulement. Ainsi on dira le coin DABC ou simplement le coin AB.

Deux coins sont **adjacents** lorsqu'ils ont la même arête et qu'ils sont séparés par une face commune; ils sont **opposés à l'arête** lorsque les faces de l'un sont les prolongements des faces de l'autre (**15, 16**).

415. Un plan est **perpendiculaire** ou **oblique** sur un autre plan, suivant qu'il forme avec lui deux coins adjacents égaux ou inégaux (**17**). Dans le premier cas, les coins sont **droits** et dans le second ils sont **obliques,** le plus petit étant **aigu** et le plus grand **obtus.**

416. Deux ou plusieurs coins sont **complémentaires** ou **supplémentaires,** suivant que leur somme fait un ou deux coins droits (**19**).

417. L'angle d'un coin est l'angle formé par deux perpendiculaires menées dans chacune des faces à un même point de l'arête. C'est ainsi que l'angle du coin DABC est l'angle plan EFG, si FG est menée perpendiculaire à BA dans le plan BC, et FE dans le plan BD, aussi perpendiculaire à BA.

418. L'unité de mesure pour les coins est le coin droit. Il est subdivisé, comme l'unité d'angles, en degrés, minutes, secondes..., et la mesure du coin est sa graduation (**139, 140**).

419. Lorsque deux plans sont coupés par un même troisième, ils font avec celui-ci des coins **correspondants, alternes-internes, alternes-externes, intérieurs** et **extérieurs,** placés comme les angles formés par deux droites et une sécante (**23**).

420. Lorsque trois ou un plus grand nombre de plans aboutissant à un même point, sont limités aux droites suivant lesquelles ils se coupent deux à deux, l'écartement de ces plans pris dans leur ensemble, ou la figure formée par ces plans s'appelle **angle solide.**

Le **sommet,** les **arêtes,** les **faces** et les **coins** de l'angle solide sont le point ou aboutissent les plans, les intersections de ces plans deux à deux, les angles formés dans ces plans par les arêtes et les coins déterminés par les faces.

Lorsqu'il est seul, l'angle solide se désigne par la lettre du sommet, et par cette lettre suivie de toutes celles qui servent à représenter les arêtes, s'il y en a plusieurs au même sommet.

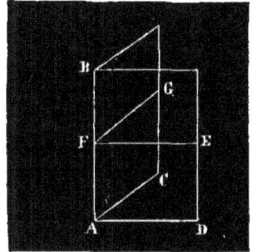

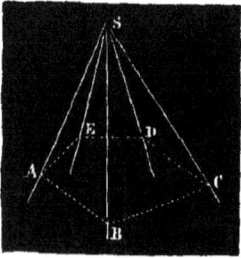

Ainsi on dira le sommet S, les arêtes SA, SB, SC...., les faces ASB, BSC, CSD...:, les coins SA ou EASB, SB ou ABSC...., de l'angle solide S ou SABCDE (**24**).

Les faces et par suite les arêtes sont prolongées indéfiniment à partir du sommet; les droites pointillées AB, BC..., ne devant servir qu'à mettre les faces en évidence et à faire mieux ressortir l'angle solide du tableau.

L'angle solide de trois faces s'appelle **trièdre.**

Dans le trièdre, chacune des faces est opposée à l'un des coins et réciproquement; chaque face est adjacente à deux coins, et chaque coin est compris entre deux faces (**30**).

Un trièdre est **isoèdre** ou **équièdre** quand il a deux faces ou les trois faces égales; **équiangle,** si les trois coins sont égaux; **rectangle, birectangle, trirectangle,** s'il a un, deux ou les trois coins droits. On peut appeler **base** d'un trièdre isoèdre, la face différente des deux autres. Un angle solide est **régulier,** lorsqu'il est à la fois équièdre et équiangle, c'est-à-dire lorsqu'il a toutes ses faces égales et tous ses coins égaux. Il est **convexe,** lorsqu'une droite ne peut rencontrer ses faces que deux fois.

421. Deux trièdres sont **supplémentaires,** lorsque les faces de chacun d'eux sont les suppléments des coins de l'autre.

422. Deux angles solides sont **opposés au sommet,** lorsque les arêtes de l'un sont les prolongements de celles de l'autre (**16**).

Ils sont **égaux** s'ils peuvent coïncider (**21**), c'est-à-dire lorsqu'ils ont leurs éléments (faces et coins) égaux respectivement et assemblés dans le même ordre.

Ils sont dits **symétriques,** lorsque leurs éléments sont respectivement égaux, mais disposés dans un ordre inverse par rapport aux deux figures.

De sorte que deux angles solides symétriques d'un même troisième sont égaux et que, dans deux trièdres égaux ou symétriques, les coins égaux sont opposés aux faces égales et réciproquement.

423. On nomme **axe** d'un cercle, la droite perpendiculaire au plan de ce cercle et passant par son centre.

L'**axe** d'un angle solide régulier ou d'un trièdre, est une droite menée par son sommet, et dont chaque point est à égale distance de chacune des faces de cet angle.

THÉORÈME I.

424. Deux plans qui ont trois points communs non en ligne droite coïncident entièrement et ne font qu'un seul et même plan.

Désignons par P et P′ les deux plans en question, et soient A, B, C trois points communs à ces deux plans.

En joignant AB et AC par des droites indéfinies, ces droites seront complètement dans chacun des deux plans (**12**), c'est-à-dire que tous les points de chacune d'elles seront à la fois dans les deux plans.

Soit M un point de P. Si par ce point, on mène dans P une droite qui rencontre les lignes AB et AC aux points D et E, ces deux points seront dans P′, puisqu'ils appartiennnent à des droites de ce plan; donc la droite DE se trouve aussi toute entière dans P′; donc M, qui est sur cette droite, se trouve aussi dans P′. Ainsi tout point de l'un de ces deux plans est aussi dans l'autre, donc ils coïncident, dans toute leur étendue.

425. COROLLAIRES. 1° *Un plan est déterminé et sa position est fixée dans l'espace par trois points non en ligne droite; par deux droites parallèles ou convergentes; par un point et une droite; par un triangle, un parallélogramme ou un polygone quelconque.*

2° *L'intersection de deux plans qui se coupent est une ligne droite;* car, s'ils avaient seulement trois points communs qui ne fussent pas en ligne droite, ces deux plans coïncideraient (**424**).

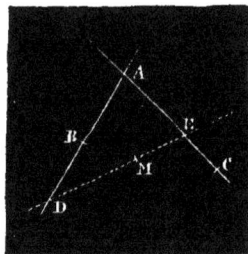

THÉORÈME II.

(N·· 46, 49, 50, 51, 54, 56, 70, 73, 80, 103, 412.)

426. Une droite est perpendiculaire à un plan, lorsqu'elle est perpendiculaire à deux droites qui passent par son pied dans ce plan.

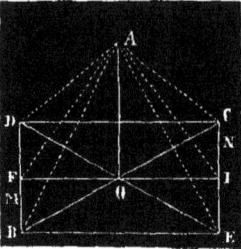

Soit la droite AO perpendiculaire à la fois aux droites BC et DE qui passent par son pied O dans le plan MN. Il s'agit de voir si cette droite AO est perpendiculaire à toutes les droites situées dans le plan MN et passant par le point O (**412**). Or, si l'on peut démontrer qu'elle est perpendiculaire à l'une quelconque de ces droites, telle que FI, la question sera résolue, car on prouverait de la même manière qu'elle est perpendiculaire à une 2e, une 3e et ainsi à l'infini.

A cet effet, prenez OC = OB, OD = OE, les droites CE et DB seront égales et parallèles (**103**); donc l'angle OCI = OBF (**56**), et comme l'angle COI = BOF (**46**), il s'ensuit que les deux triangles CIO et BFO sont égaux (**51**); donc CI = BF et OI = OF. Mais par supposition, AO est perpendiculaire sur BC, donc les triangles ABO et ACO sont rectangles, et ils sont égaux comme ayant un angle égal compris entre côtés égaux, donc AB = AC; et pour la même raison AD = AE. Donc les deux triangles DAB et CAE ont les trois côtés respectivement égaux, donc (**80**) ils sont égaux et l'angle ABD = ACE. Donc les deux triangles FAB, IAC ont un angle égal compris entre deux côtés respectivement égaux, donc AF = AI, donc le triangle AIF est isocèle, donc la médiane AO de la base FI est perpendiculaire sur celle-ci (**73**). Donc AO est perpendiculaire sur FI.

THÉORÈME III.

(N·· 45, 62, 424, 425.)

427. D'un point on ne peut mener qu'une perpendiculaire à un plan.

D'après la définition de la perpendiculaire au plan (**412**), on voit que cette droite ne penche dans aucun sens relativement au plan, on peut donc admettre, ainsi que pour la perpendiculaire à la droite (**17**), qu'il y en a toujours une, et c'est là la supposition du théorème.

Soit donc A un point pris dans le plan MN, ou hors de ce plan, et soit AB une perpendiculaire à ce plan. Il faut constater que toute autre droite AC est oblique à ce plan.

Les deux lignes AB et AC déterminent un plan qui coupe le plan MN suivant une droite PQ (**424, 425**). Or, dans un plan ABC, on ne peut mener qu'une perpendiculaire à une droite PQ, par un point A donné sur cette droite ou en dehors (**45, 62**), donc... etc.

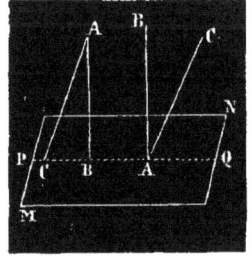

THÉORÈME IV.

(N°° 82, 83, 84, 86, 87, 88, 412, 413, 423.)

428. Si d'un point pris hors d'un plan, on lui mène une perpendiculaire et différentes obliques.

1° *La perpendiculaire est plus courte que toute oblique.*

2° *Les obliques qui ont des projections égales sont égales.*

3° *La plus longue des obliques est celle dont la projection est la plus grande* (**82, 83, 84**).

1° Soient la perpendiculaire AB et l'oblique BD, menées du point B sur le plan MN. Si l'on joint AD, l'angle BAD sera droit puisque toute perpendiculaire à un plan est perpendiculaire à toutes les droites tracées par son pied dans ce plan (**412**). Donc le triangle ABD est rectangle en A, donc l'hypoténuse est le plus grand des trois côtés, donc BD est plus grand que BA. *Donc la véritable distance d'un point à un plan est la perpendiculaire abaissée de ce point sur le plan.*

2° Si les projections (**413**) AD, AE des obliques BD, BE sont égales, je dis que ces obliques sont aussi égales, car les triangles rectangles BAD, BAE, ayant un angle égal compris entre côtés respectivement égaux, sont égaux, et par suite BD = BE.

3° Soit AC > AD. Si l'on prend AF = AD, on vient de voir

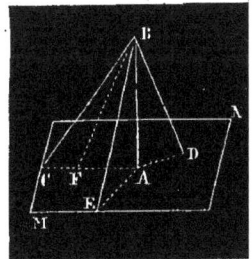

que BF = BD. Mais dans le plan ACB, l'oblique BC > BF (**84**), donc on a aussi BC > BD.

429. COROLLAIRES. 1° *Les réciproques de ces trois propositions sont vraies et se démontrent facilement par l'absurde* (**86, 87, 88**).

2° *Tout point de l'axe d'un cercle est équidistant de tous les points de sa circonférence et réciproquement* (**423**).

THÉORÈME V.

(Nᵒˢ 73, 428, 429.)

430. Lorsqu'une oblique à un plan est perpendiculaire à une droite qui passe par son pied dans ce plan, il en est de même de sa projection et réciproquement.

Supposition. — AB est perpendiculaire à DC.

Conclusion. — BF est aussi perpendiculaire à DC.

Si le triangle FDC était isocèle, et si B était le milieu de sa base, la question serait résolue. Pour arriver à ce résultat il suffit de prendre BD = BC et de joindre AD, AC, FD, FC.

Dans le plan DAC, la droite BA est perpendiculaire à DC et les obliques AD et AC sont égales comme s'écartant également du pied de cette perpendiculaire (**83**). Ces deux droites sont donc des obliques égales relativement au plan MN, donc (**429**) leurs projections DF et CF sont égales. Donc le triangle DFC est isocèle, et la médiane BF de la base DC lui est perpendiculaire (**73**). Or, BF est la projection de BA, donc etc.

Réciproquement, si BF est perpendiculaire sur DC, il en sera de même de BA. Car, ayant fait les mêmes constructions que tantôt, on verra que DF = FC, comme obliques qui s'écartent également de la perpendiculaire BF dans le plan MN ; donc les droites AD, AC, obliques au plan MN, ont des projections égales et sont elles-mêmes égales (**428**) ; donc le triangle ADC est isocèle et la médiane AB est perpendiculaire sur la base.

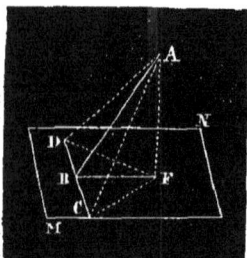

THÉORÈME VI.

(N°⁵ 53, 425, 426, 427, 430.)

431. Lorsque deux droites sont parallèles, tout plan perpendiculaire à l'une est aussi perpendiculaire à l'autre.

Soient CD perpendiculaire au plan MN et AB parallèle à CD.

Il faut démontrer que AB est aussi perpendiculaire à MN et pour cela qu'elle est perpendiculaire à deux droites qui passent par son pied dans ce plan (**426**).

Dabord les droites parallèles AB, CD déterminent un plan BD (**425**) dont l'intersection avec MN est AD. Mais par supposition CD est perpendiculaire à MN et par suite à AD (**412**), donc AB est aussi perpendiculaire à AD (**53**).

De plus, si par le point A, dans le plan MN, on mène une droite EF perpendiculaire à DA, on sait (**430**) que CA sera aussi perpendiculaire à EF; donc EF est à la fois perpendiculaire aux deux droites AD, AC qui passent par son pied A dans le plan BD, donc elle est perpendiculaire à toute autre droite AB menée par son pied dans le même plan (**426**); donc réciproquement AB est perpendiculaire à EF; donc AB est perpendiculaire aux deux droites AD, EF; donc elle est perpendiculaire au plan **MN**.

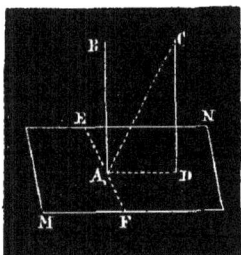

432. COROLLAIRES. 1° *Deux droites perpendiculaires à un même plan sont parallèles.* Car, si l'on suppose AB et CD perpendiculaires à MN, et si par le point A, on mène une parallèle à CD, elle sera perpendiculaire au plan (**431**). Or, comme par un point A, on ne peut mener qu'une perpendiculaire à un plan (**427**), cette droite se confondra avec AB.

2° *Deux droites parallèles à une même troisième, dans l'espace, sont parallèles entre elles.* Car tout plan perpendiculaire à la troisième droite est perpendiculaire à chacune des autres (**431**); donc ces deux droites sont perpendiculaires à un même plan, donc, comme on vient de le voir, elles sont parallèles.

THÉORÈME VII.

(N°⁰ 112, 428.)

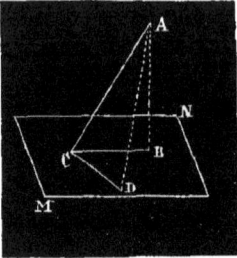

433. Le plus petit angle d'une droite avec un plan, est celui qu'elle fait avec sa projection sur ce plan.

Soient AC une oblique au plan MN et BC sa projection sur ce plan (**413**). Menez la droite CD dans le plan MN, prenez CD = CB et joignez AD. Les deux triangles ACB, ACD auront le côté CA commun, le côté CB = CD et le côté AD > AB, parce que AD est une oblique et AB une perpendiculaire au plan (**428**). Donc (**112**) l'angle ACB est plus petit que ACD. Donc l'angle que cette droite fait avec sa projection est plus petit que celui qu'elle forme avec une autre droite quelconque qui passe par son pied dans le même plan.

THÉORÈME VIII.

434. Les intersections de deux plans parallèles coupés par un même troisième plan, sont parallèles.

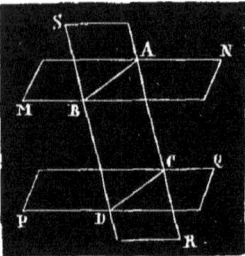

Soient les deux plans parallèles MN, PQ coupés par le plan RS suivant les droites AB, CD. Si ces deux droites n'étaient pas parallèles, comme elles sont dans le même plan RS, elles seraient convergentes et auraient un point de commun. Mais ces droites étant l'une dans le plan MN et l'autre dans PQ, ce point serait aussi commun à ces deux plans. Donc ils se rencontreraient et ne seraient pas parallèles, contrairement à la supposition.

435. COROLLAIRES. 1° *Deux droites parallèles comprises entre deux plans parallèles sont égales.* Si AC et BD sont parallèles, leur plan CB coupera les plans parallèles MN et PQ suivant deux droites AB et CD parallèles. Donc la figure ABDC est un parallélogramme.

2° *Deux plans parallèles sont partout à égale distance* (**432, 92**).

THÉORÈME IX.
(N⁰ˢ 62, 411, 434.)

436. Deux plans perpendiculaires à une même droite sont parallèles ; et réciproquement, si deux plans sont parallèles, toute droite perpendiculaire à l'un d'eux le sera aussi à l'autre.

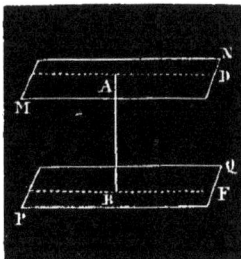

1° Soient MN, PQ perpendiculaires à la droite AB. Si ces deux plans se rencontraient, en joignant un des points C de la droite d'intersection aux points A et B, on formerait un triangle ABC dans lequel les angles A et B seraient droits par supposition, car AB, comme perpendiculaire au plan MN, serait perpendiculaire à la droite AD passant par son pied dans le plan (**412**), et pour la même raison, elle serait aussi perpendiculaire à BF. Or, il ne peut y avoir deux angles droits dans un triangle (**62**). Ces deux plans ne peuvent donc pas se rencontrer, donc (**414**) ils sont parallèles.

2° Si ces deux plans sont parallèles et si en même temps AB est perpendiculaire à PQ, elle le sera aussi à MN. En effet, soit AD une droite quelconque tracée par le point A dans le plan MN, le plan BAD coupera les plans PQ et MN suivant deux droites parallèles AD, BF (**434**). Mais AB est perpendiculaire à BF, comme étant perpendiculaire au plan PQ ; donc elle l'est aussi à sa parallèle AD (**35**). Donc AB est perpendiculaire à une droite arbitrairement tracée par son pied dans le plan MN, donc elle l'est à toutes les droites. Donc elle est perpendiculaire à ce plan.

437 COROLLAIRE. *Deux plans parallèles à un même troisième sont parallèles entre eux, et si deux plans sont parallèles, tout plan parallèle à l'un d'eux le sera aussi à l'autre.* On mène une perpendiculaire commune.

THÉORÈME X.
(N⁰ˢ 266, 411, 434.)

438. Deux droites quelconques, qu'elles se croisent, qu'elles soient parallèles ou convergentes, sont coupées en parties proportionnelles par trois plans parallèles.

Soient AB et CD deux droites qui se croisent (**411**) et qui

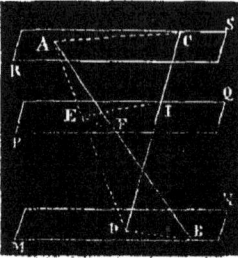

rencontrent les trois plans parallèles MN, PQ, RS, la première aux points A, F, B et la seconde aux points C, I, D. Si l'on joint AD, le plan ABD coupera PQ et MN suivant les parallèles EF et DB (**434**). Donc (**266**) AF : FB = AE : DE.

De même le plan DAC coupe les plans PQ, RS suivant les parallèles EI, AC et l'on a CI : ID = AE : DE. De ces deux proportions, on déduit immédiatement AF : FB = CI : ID.

Donc, etc.

THÉORÈME XI.

(N°ˢ 80, 95, 100, 432, 435.)

439. Deux angles, dans l'espace, sont égaux ou supplémentaires lorsqu'ils ont les côtés respectivement parallèles.

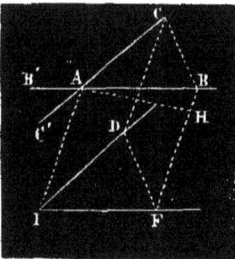

Soient les angles CAB et DIF situés dans des plans différents et l'un au dessus de l'autre dans l'espace, mais de manière cependant que AC et AB soient respectivement parallèles à DI et IF.

Si l'on prend AC = ID, AB = IF et si l'on joint AI, CD, BF par des droites qui vont d'un plan à l'autre, le quadrilatère ACDI sera un parallélogramme, comme ayant deux côtés opposés AC, DI égaux et parallèles (**100**); donc les deux autres côtés AI et CD sont aussi égaux et parallèles (**93**). De même les droites AI et BF sont égales et parallèles; donc les droites CD et BF sont parallèles à la même droite AI, donc (**432** 2°) elles sont parallèles entre elles. Mais elles sont aussi égales entre elles, puisqu'elles sont égales l'une et l'autre à la même droite AI; donc elles sont égales et parallèles; donc la figure CBFD est un parallélogramme et par suite CB = DF. Donc les deux triangles ABC et DIF ont les trois côtés respectivement égaux, donc (**80, 80**) l'angle CAB = DIF.

De plus, si l'on prolonge en B′ et C′ les côtés de l'angle CAB, on sait (**46**) que B′AC′ = BAC; donc aussi DIF = B′AC′. On sait encore (**42**) que les angles CAB′ et BAC′ sont l'un et l'autre supplémentaires de CAB, donc ils le sont aussi de DIF.

D'où l'on voit que, des quatre angles formés au point A et dont les côtés sont respectivement parallèles à ceux de DIF, deux sont égaux à cet angle, ce sont ceux qui ont leurs côtés dirigés à la fois dans le même sens ou en sens contraire, et les deux autres lui sont supplémentaires.

440. COROLLAIRES. 1° *Les plans déterminés par les côtés de ces angles sont parallèles.* Car, si par le point A, on mène un plan parallèle au plan DIF (**436**) et si l'on désigne par H le point où il rencontre la droite FB, on sait (**435**) que FH = AI, et comme on vient de voir que FB = AI, on aura FH = FB; donc le point H coïncide avec B. Donc etc.

2° *Par un point donné on ne peut mener qu'un plan parallèle à un autre plan.*

3° *Deux plans sont parallèles, lorsque deux droites qui se coupent dans l'un sont respectivement parallèles à deux droites qui se coupent dans l'autre.*

4° *Lorsque trois droites sont égales et parallèles sans être dans un même plan, leurs extrémités sont les sommets de deux triangles égaux et parallèles.*

THÉORÈME XII.

441. Toute droite parallèle à une droite située dans un plan est parallèle à ce plan.

La droite CD est dans le plan MN et AB est parallèle à CD, je dis que AB est aussi parallèle à MN.

En effet, si par un point O de AB, on mène une droite OH parallèle à une autre droite EF tracée dans le plan MN par un point de CD, le plan HOB sera parallèle à MN (**440**, 3°) et toute droite AB située dans l'un de ces deux plans sera évidemment parallèle à l'autre (**412, 414**).

442. COROLLAIRES. 1° *Une droite AB et un plan MN parallèles sont partout à égale distance.* Car tous les points du plan HAB sont équidistants du plan MN (**435**, 2°).

2° *Lorsqu'une droite AB est parallèle à un plan MN, l'intersection CD de ce dernier avec un plan ABCD mené suivant AB,*

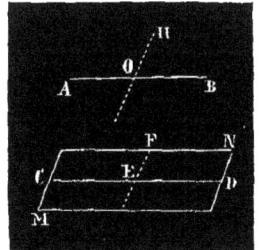

est paralle à AB. Car (**434**) AB et CD sont les intersections de deux plans parallèles coupés par un même troisième. *Donc les intersections avec MN de tous les plans menés suivant* AB, *sont parallèles entre elles* (**432**, 2°).

THÉORÈME XIII.
(N°° **414, 417, 424, 426, 427, 439.**)

443. Les angles de deux coins égaux sont égaux et réciproquement.

D'abord l'angle d'un coin est constant, quel que soit le point de l'arête ou l'on mène les deux perpendiculaires qui le forment, car deux des angles tels que FAC et DBE d'un même coin AB ont les côtés AC et BE parallèles ainsi que AF et BD, comme droites perpendiculaires à une même droite dans un même plan (**88**); donc (**439**) ils sont égaux.

Supposons maintenant que le coin AB = A'B'. On peut donc faire coïncider ces deux coins et alors il est évident que l'angle de l'un ne saurait différer de celui de l'autre.

Réciproquement si les angles FAC et F'A'C' sont égaux, en supposant qu'ils sont ceux des coins AB et A'B', ces coins seront aussi égaux. Car les droites AB et A'B' sont respectivement perpendiculaires aux plans FAC et F'A'C' (**426**), de sorte que si l'on fait coïncider l'angle F'A'C' avec son égal FAC, les deux droites A'B' et AB coïncideront aussi, puisque par un point A d'un plan on ne peut lui mener qu'une perpendiculaire (**427**). Donc, puisque les deux droites A'C' et AC coïncident ainsi que A'B' et AB les deux faces A'E' et AE coïncideront aussi (**424**). Pour la même raison les deux faces A'D' et AD coïncideront. Donc les deux coins sont égaux.

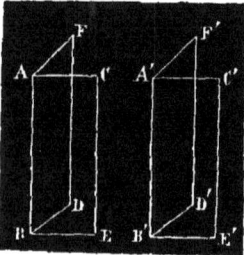

THÉORÈME XIV.
(N°° **131 à 143.**)

444. Deux coins sont entre eux comme leurs angles ou comme les arcs qui mesurent ces angles.

La démonstration est absolument la même que celle du n° **180.**

Soient les coins CABG et CABF placés l'un dans l'autre de manière à avoir la même arête AB et une face commune CABE, et soient CAH et CAD leurs angles. Si du point A comme centre, on décrit l'arc CDH, ces angles auront pour mesures respectives les arcs CH et CD. Si ces arcs ont une commune mesure qui soit contenue a et b fois dans ces arcs, leur rapport sera $\frac{a}{b}$. Si par les points de division de ces arcs et l'arête AB, on conduit des plans, les deux coins proposés seront divisés en a et b parties égales (**443**) et leur rapport sera aussi $\frac{a}{b}$. Donc il y a proportion entre ces coins et leurs angles.

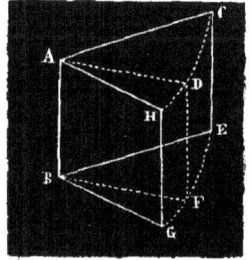

En second lieu, si les arcs CH et CD sont incommensurables, en divisant CH en parties égales plus petites que DH, il y aura au moins un point de division I entre D et H, et en menant par ce point et l'arête AB, le plan IABL, les arcs CH et CI auront une commune mesure, d'où la proportion CABG : CABL = CH : CI.

Divisant encore CH en parties égales plus petites que DI, il se trouvera encore au moins un point O entre I et D, et le plan conduit par ce point et l'arête AB formera un coin dont le rapport avec CABG sera le même que celui de l'arc CO avec l'arc CH.

En procédant ainsi d'une manière indéfinie, on obtiendra des arcs et des coins qui ont pour limites respectives l'arc CD et le coin CABF. Donc la proportion qui aura constamment lieu entre ces arcs et ces coins comparés à l'arc CH et au coin CABG, se retrouvera encore à leurs limites.

Donc CABG : CABF = CH : CD.

443. COROLLAIRES. 1° *Le coin a la même mesure que son angle ou plutôt que l'arc compris par cet angle.* Car si CABF est l'unité de coin ou le coin droit et CD l'unité d'arc, on aura CABG = CH. (**418**).

2° *Tous les coins droits sont égaux.*

3° *L'angle d'un coin droit est aussi droit et réciproquement.*

THÉORÈME XV.

446. Tout plan mené suivant une droite perpendiculaire à un plan est aussi perpendiculaire à ce plan.

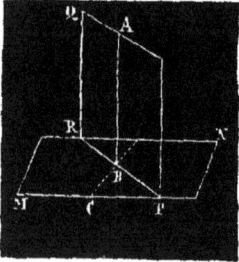

La droite AB est perpendiculaire au plan MN et le plan PQ est conduit suivant cette droite; et il faut démontrer que l'angle du coin de ces deux plans est droit.

Soit PR l'intersection des deux plans. Si l'on mène BC perpendiculaire à cette droite dans le plan MN, comme AB est déjà perpendiculaire à cette droite dans le plan PQ, l'angle ABC sera celui du coin des deux plans. Or, cet angle est droit, car AB, comme perpendiculaire à MN, est perpendiculaire à toute droite BC qui passe par son pied dans ce plan. Donc l'angle de ce coin est droit, donc le coin est droit aussi et le plan PQ est perpendiculaire sur MN.

447. COROLLAIRE. *Tout plan perpendiculaire à une droite située dans un plan, est perpendiculaire à ce plan, et tout plan perpendiculaire à l'intersection de deux plans qui se coupent est perpendiculaire à chacun d'eux.*

THÉORÈME XVI.

448. Si deux plans sont perpendiculaires 1° toute droite menée par un point de l'arête perpendiculairement à l'un d'eux se trouve entièrement dans l'autre; 2° toute droite tracée dans l'un perpendiculairement à l'arête est perpendiculaire à l'autre.

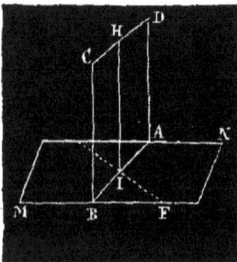

Soient les plans MN, AC. Les droites IH et IF menées dans chacun de ces plans perpendiculairement à l'arête AB forment l'angle du coin de ces plans. Or ce coin est droit, donc l'angle FIH est droit aussi, donc IH est perpendiculaire à IF, et comme elle l'est déjà à AB par construction, elle est perpendiculaire au plan MN.

Donc 1° si au point I, on mène une perpendiculaire à MN, elle coïncidera avec IH (**427**), donc elle sera dans le plan

AC. 2° Si par le point H, on mène une perpendiculaire à AB, elle se confondra avec IH (**62**), donc elle est perpendiculaire à MN.

449. COROLLAIRES. 1° *Tout plan P perpendiculaire à deux plans M et N qui se coupent l'est aussi à leur intersection A.* Car si par un point de A, on abaisse une perpendiculaire sur P, elle sera en même temps dans M et dans N (**448**), donc elle coïncidera avec A.

2° *Les intersections de P avec M et N déterminent l'angle du coin de ces plans.*

THÉORÈME XVII.

450. Lorsque deux plans parallèles sont rencontrés par un même plan sécant 1° les coins correspondants sont égaux, ainsi que les coins alternes-internes et les coins alternes-externes; 2° les coins intérieurs de même que les coins extérieurs sont supplémentaires (**419**).

Si MN et PQ sont parallèles, leurs intersections AB et CD avec le plan sécant RS seront parallèles (**434**). Donc tout plan MFEP perpendiculaire à l'une de ces droites l'est aussi à l'autre (**431**), et les intersections de ce plan avec les trois plans du théorème formeront les angles des coins dont il y est question (**449**, 2°). La proposition est donc ramenée à celle des angles formés par les deux parallèles MF, PE et la sécante TR (**34**). Mais on sait (**443**) que les égalités relatives aux angles des coins peuvent s'appliquer à ces coins. Donc........

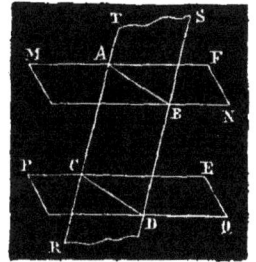

THÉORÈME XVIII.

451. Réciproquement, si deux plans coupés par un même troisième, suivant deux droites parallèles, font avec ce plan des coins qui jouissent de l'une ou l'autre des propriétés énoncées au théorème précédent, ces plans sont parallèles.

Supposons que AB et CD sont parallèles et que les coins

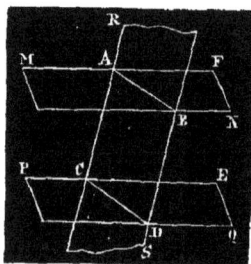

correspondants RABF, ACDE sont égaux. Si l'on mène le plan MFEP perpendiculaire sur AB, il le sera aussi à sa parallèle CD, et les angles RAF, ACE seront ceux de ces coins. Or, par supposition, ces deux coins sont égaux, donc leurs angles sont aussi égaux (**443**); donc (**86**) les droites MF et PE sont parallèles. Et comme AB et CD sont aussi parallèles, le plan MN est parallèle au plan PQ (**440, 3°**).

La même conclusion se déduirait, d'une manière analogue, de chacune des autres suppositions.

THÉORÈME XIX.

(Nᵒˢ 68, 421, 446, 449.)

482. Si d'un point pris dans un coin, on abaisse des perpendiculaires sur ses deux faces, l'angle de ces perpendiculaires et celui du coin sont supplémentaires.

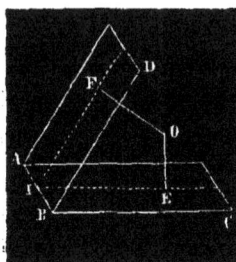

Si les droites OE, OF sont perpendiculaires aux faces AC, AD du coin AB, le plan de ces deux droites sera perpendiculaire à la fois aux deux faces de ce coin (**446**); il le sera donc à leur intersection AB et déterminera l'angle EIF de leur coin (**449, 1° et 2°**). Mais dans le quadrilatère EOFI, les angles en F et en E sont droits (**412**), donc les deux autres sont supplémentaires (**68**).

483. COROLLAIRE. *Si les arêtes d'un trièdre A sont perpendiculaires aux faces d'un autre trièdre B, réciproquement les arêtes de B sont perpendiculaires aux faces de A et les deux trièdres sont supplémentaires* (**421**).

THÉORÈME XX.

484. Deux trièdres, ou plus généralement deux angles solides opposés au sommet sont symétriques (**420, 422**).

Soient les trièdres SABC et SA'B'C'.

D'abord les faces ASB et A'SB' sont égales comme angles

opposés au sommet (**46**), et il en est de même des autres faces. En second lieu, si des points A et A', pris à volonté sur l'arête ASA' commune aux deux trièdres, on mène les plans BAC et B'A'C' perpendiculaires à cette arête, ils seront parallèles (**436**). Donc leurs intersections AC, A'C' avec le plan ACA'C' seront aussi parallèles, de même que AB et A'B' (**434**). Donc les angles BAC et B'A'C' ont leurs côtés respectivement parallèles et dirigés à la fois en sens contraire, donc ils sont égaux (**439**), et comme ce sont les angles des coins SA et SA' ceux-ci sont aussi égaux. On en dirait autant des autres coins; donc les deux trièdres ont leurs éléments égaux chacun à chacun et visiblement disposés dans un ordre inverse, donc ils sont symétriques.

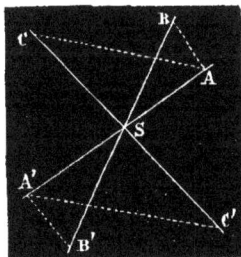

On ferait la même démonstration pour deux angles solides quelconques.

THÉORÈME XXI.

455. Dans tout trièdre, une face est plus petite que la somme des deux autres et plus grande que leur différence.

Il est évident, comme au n° **69**, qu'il n'y a lieu à une démonstration que si l'on compare la plus grande face à la somme des deux autres.

Soit le trièdre S dont la plus grande face ASB est supposée dans le plan du tableau et dont l'arête SC rencontre obliquement le même plan.

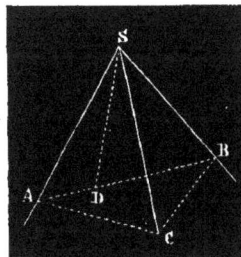

Dans l'angle ASB, tracez l'angle BSD = BSC, et la proposition sera résolue si vous démontrez que ASD est plus petit que ASC. Pour cela prenez SD = SC, par le point D menez une droite arbitraire AB, joignez AC et CB. Les deux triangles DSB, CSB sont égaux comme ayant un angle égal compris entre côtés égaux, donc CB = BD. Mais dans le triangle ABC, on a (**69**) AD + DB < AC + CB; donc, à cause de CB = DB, AD est plus petit que AC. Ainsi les deux triangles SAD, SAC ont deux côtés respectivement égaux, puisque SD = SC et que SA est commun, tandis que le troisième AC est plus grand que AD; donc (**112**) l'angle ASC est plus grand que ASD. On a donc BSC $=$ BSD et ASC $>$ ASD, donc en ajoutant BSC $+$ ASC $>$ BSD $+$ ASD, ou BSC $+$ ASC $>$ ASB, attendu que BSD $+$ ASD $=$ ASB.

2° Puisque BSC $=$ BSD, la différence entre ASB et BSC est ASD, qui est plus petite que ASC. Donc ASC $>$ ASB $-$ BSC; c'est-à-dire qu'une face est plus grande que la différence des deux autres.

THÉORÈME XXII.

486. La somme des faces d'un angle solide convexe est plus petite que quatre angles droits.

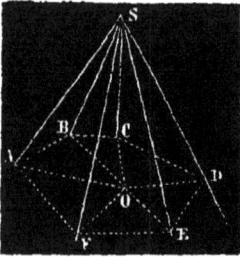

Si l'on coupe l'angle solide S par un plan ABCDEF, ce plan formera avec les faces de cet angle, les trièdres A, B, C…. dans lesquels une face quelconque est plus petite que la somme des deux autres (**485**). Ainsi dans le trièdre A, on a la face BAF $<$ SAB $+$ SAF, dans le trièdre B, ABC $>$ SBA $+$ SBC et ainsi des autres *(a)*. En joignant un point O du polygone ABCDEF à tous ses sommets, on aura deux séries de triangles qui auront pour bases communes les côtés de ce polygone et pour sommets les points S et O. La somme des angles dans ces deux séries de triangles est la même, mais la somme des angles adjacents aux bases dans ceux qui ont leurs sommets en O, est plus petite que la somme des angles adjacents aux mêmes bases dans ceux qui ont leurs sommets en S, à cause des inégalités *(a)*, indiquées plus haut. Donc, par compensation, la somme des angles formés autour du point O est plus grande que celle de ceux qui sont réunis autour du point S. Or, la première de ces sommes égale quatre droits, donc l'autre est plus petite.

487. COROLLAIRES. *Donc, dans un trièdre, la somme des trois faces est moindre que quatre angles droits.* Donc, en désignant les trois faces par a, b, c, on aura $a + b + c < 4d$ et comme (**485**) $a < b + c$, il vient, en ajoutant membre à membre, $2a + b + c < 4d + b + c$, d'où $a < 2d$. *Donc dans un trièdre une face est plus petite que deux droits.*

THÉORÈME XXIII.

458. Dans tout trièdre la somme des coins est comprise entre deux et six coins droits.

Soient A, B, C les trois coins du trièdre et A′, B′, C′ les trois faces du trièdre supplémentaire (**421**), on aura

$$A + A' = 2d, \text{ d'où } A' = 2d - A$$
$$B + B' = 2d, \quad » \quad B' = 2d - B \quad \Big\} \quad (a)$$
$$C + C' = 2d, \quad » \quad C' = 2d - C$$

Mais (**457**), on a $A' + B' + C' < 4d$ et $A' + B' + C' > 0$.

Mettant dans ces inégalités, à la place de A′, B′, C′, leurs valeurs tirées des égalites *(a)*, il vient

$$2d - A + 2d - B + 2d - C < 4d, \text{ d'où } 2d < A + B + C \quad \Big\} \text{ Donc}$$
$$2d - A + 2d - B + 2d - C > 0, \quad » \quad 6d > A + B + C \quad \Big\} \text{ etc...}$$

459. COROLLAIRES. 1° On sait (**455**) que $A' < B' + C'$; donc $2d - A < 2d - B + 2d - C$, d'où $B + C - A < 2d$. *Donc la différence entre un coin et la somme des deux autres est plus petite que deux droits.* 2° Des inégalités $A + B + C < 6d$ et $B + C - A < 2d$ on déduit $B + C < 4d$ et $A < 2d$. *Donc la somme de deux coins est plus petite que quatre droits, et l'un d'eux est moindre que deux droits.*

THÉORÈME XXIV.

460. Deux trièdres sont égaux lorsqu'ils ont 1° un coin égal compris entre deux faces respectivement égales; 2° une face égale adjacente à deux coins respectivement égaux; 3° les trois faces égales; 4° les trois coins égaux, et si, chaque fois les éléments égaux sont disposés dans le même ordre.

1° On suppose le coin $SA = S'A'$, l'angle $ASC = A'S'C'$ et $ASB = A'S'B'$.

En faisant coïncider la face A′S′C′ avec son égale ASC,

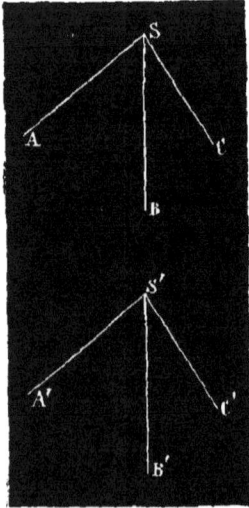

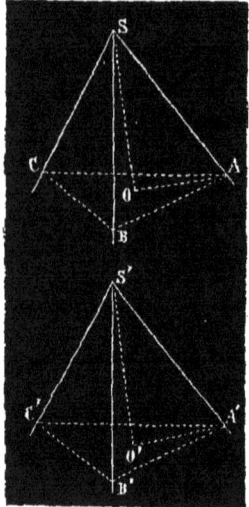

puisque le coin S'A' = SA, la face A'S'B' tombera sur ASB, et comme ces angles sont égaux, le côté S'B' coïncidera avec SB. Ainsi S'C' coïncide avec SC et S'B' avec SB, donc les plans B'S'C' et BSC coïncident aussi (**428**) et par suite les deux trièdres.

2° Si, dans la même figure, on suppose l'angle A'S'C' = ASC, le coin S'A' = SA et le coin SC = S'C', après avoir fait coïncider les faces A'S'C' et ASC, à cause de l'égalité des coins adjacents, les faces A'S'B' et C'S'B' tomberont respectivement sur les faces ASB et CSB; donc l'arête S'B' se trouvera en même temps sur ces deux faces, donc elle coïncidera avec leur intersection SB. Donc les deux trièdres coïncident.

3° Par supposition A'S'B' = ASB, A'S'C' = ASC, B'S'C' = BSC (2ᵉ figure).

Si l'on prend les six arêtes égales, les triangles SAB et S'A'B' seront égaux comme ayant un angle égal compris entre côtés égaux; donc AB = A'B' et de même AC = A'C' et BC = B'C'. Donc les deux triangles ABC et A'B'C' sont égaux.

Les rayons OA et O'A' des cercles circonscrits sont aussi égaux; donc les triangles rectangles SOA et S'O'A' sont égaux; donc OS = O'S'.

Donc en superposant les triangles A'B'C' et ABC, le point O' tombera en O, la droite O'S' coïncidera avec OS (**427**) et le point S' avec S. Donc etc.....

4° Désignons par A et B les deux trièdres, par A' et B' les trièdres supplémentaires. Puisque les coins de A et B sont égaux, les faces de A' et B' seront égales comme supplémentaires de coins égaux. Donc, comme on vient de le voir, A' et B' peuvent coïncider et leurs coins sont respectivement égaux, donc les faces de A et de B, qui sont les suppléments de ces coins, sont égales. Donc les deux trièdres sont égaux.

THÉORÈME XXV.

461. Deux trièdres sont symétriques dans tous les cas où ils sont égaux, si les éléments égaux sont disposés dans un ordre inverse.

Soient S et S' ces deux trièdres.

D'après le théorème précédent, le trièdre S' sera toujours égal à celui qui est l'opposé au sommet de S; donc il sera le symétrique de S (**422, 454**).

462. COROLLAIRE. *Deux angles solides égaux ou symétriques peuvent être décomposés en un même nombre de trièdres égaux ou symétriques, et réciproquement.*

La première partie se démontre par la superposition des deux angles solides ou de l'un d'eux avec l'opposé au sommet de l'autre, et la réciproque par l'absurde.

THÉORÈME XXVI.

463. Dans un trièdre, aux faces égales sont opposés des coins égaux et réciproquement.

Si les angles des coins sont égaux (**443**), ceux-ci le sont aussi; il faut donc faire une construction qui détermine les angles de ces coins et qui établisse en même temps une relation directe entre ces angles et les faces opposées. On peut arriver à ce but d'une manière fort simple par les propriétés du n° **430**. Pour cela, d'un point C de l'arête SC, abaissez sur le plan ASB, la perpendiculaire CO, et du point O, menez les perpendiculaires OA, OB sur SA et SB, puis joignez CA et CB; ces deux droites (**430**) seront aussi perpendiculaires sur SA et SB, et les angles OAC et OBC seront ceux des coins SA, SB.

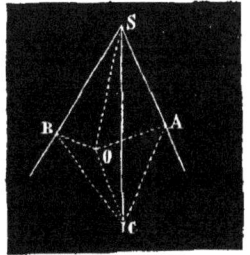

Maintenant, en supposant ASC = BSC, les deux triangles rectangles SAC, SBC sont égaux et AC = BC; donc les triangles rectangles AOC et BOC sont égaux; donc l'angle CAO = CBO. Mais ces angles sont les angles des coins SA et SB, donc ces coins sont égaux.

En second lieu, si le coin SA = SB, l'angle OAC = OBC; donc les triangles rectangles COA et COB sont égaux, donc AC = BC, donc le triangle rectangle SAC = SBC, donc la face ASC = CSB. Donc etc.....

464. COROLLAIRES. 1° *Dans un trièdre isoèdre, les coins adjacents à la base sont égaux*; 2° *Le plan déterminé par la bisectrice de la base et l'arête opposée est perpendiculaire à la base et divise le coin opposé en deux parties égales*; 3° *Tout trièdre équiangle est équièdre et réciproquement*.

PROBLÈME I.

465. Par un point donné, mener une parallèle ou une perpendiculaire à une droite donnée. *(Dans l'espace.)*

On fait passer un plan par le point et la droite, puis on opère dans ce plan (**199, 200, 212**).

Si le point est sur la droite, le premier de ces deux problèmes n'a pas lieu et le second a une infinité de solutions (**412**).

PROBLÈME II.

466. Par un point donné, mener une perpendiculaire à un plan donné.

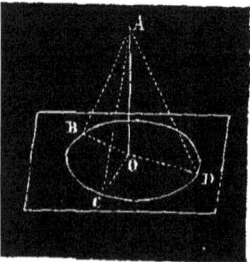

1° Le point se trouve hors du plan. Soient A le point et MN le plan donnés.

Supposons le problème résolu et soit AO la perpendiculaire cherchée. Si l'on mène les trois obliques AB, AC, AD égales entre elles, leurs projections OB, OC, OD seront aussi égales (**429**), et le point O, pied de la perpendiculaire, sera le centre du cercle circonscrit au triangle BCD.

Donc pour résoudre le problème, on prend sur le plan trois points B, C, D équidistants du point A, et le centre du cercle circonscrit au triangle BCD sera le pied de la perpendiculaire demandée. Il ne reste plus alors qu'à joindre AO.

2° Le point est sur le plan.

Mener d'abord par un point quelconque pris hors du plan, une perpendiculaire au plan, puis par le point donné une parallèle à cette perpendiculaire (**431**).

PROBLÈME III.

467. Par un point ou une droite, mener un plan perpendiculaire à un plan donné.

1° Par le point mener une perpendiculaire au plan (**466**) et tout plan conduit suivant cette droite répondra à la question. Il y a donc une infinité de solutions (**446**).

2° Par un point de la droite, mener une perpendiculaire au plan. Cette perpendiculaire et la droite donnée déterminent le plan cherché.

Si la droite est oblique ou parallèle au plan, le problème n'a qu'une solution (**424**), mais si elle lui est perpendiculaire, il en a une infinité (**446**).

On peut remarquer que l'intersection du premier plan avec le second est la projection de la droite sur ce plan (**413**).

PROBLÈME IV.

468. Par un point, mener une droite ou un plan parallèle à un plan donné.

1° Par le point mener une parallèle à une droite tracée dans le plan (**441**). Il y a donc une infinité de solutions.

2° Par le point, mener deux droites respectivement parallèles à deux droites qui se coupent dans le plan.

Le plan de ces deux parallèles sera le plan cherché et il n'y en a qu'un (**440**).

PROBLÈME V.

469. Par un point donné, mener un plan parallèle ou perpendiculaire à une droite donnée.

1° Par le point, tracer une parallèle à la droite donnée, et tous les plans conduits suivant cette parallèle répondent à la question (**441**).

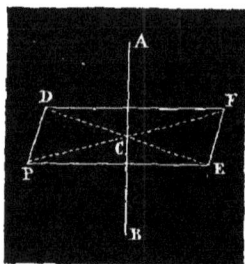

2° Soient P le point et AB la droite.

Du point P, mener une perpendiculaire PC à AB, et au point C, une seconde perpendiculaire DE à AB. Le plan EFDP de ces deux perpendiculaires est le plan cherché (**426**). Si le point est sur la droite, deux perpendiculaires menées à la droite par ce point, déterminent le plan cherché. Mais dans les deux cas, que le point soit sur la droite ou non, le problème ne peut avoir qu'une solution. Car, s'il y en avait deux, le plan conduit par la droite et le point couperait ces deux plans suivant deux droites l'une et l'autre perpendiculaires à la droite donnée. Il y aurait, dans un même plan, deux perpendiculaires d'un point sur une droite.

PROBLÈME VI.

(N°° 426, 427, 428, 431, 432, 441, 466.)

470. Mener une perpendiculaire commune à deux droites données.

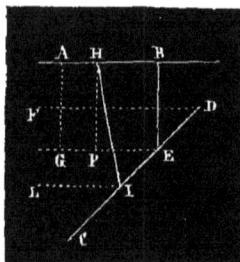

1° Si les deux droites sont parallèles, elles sont dans un même plan, et toute droite menée dans ce plan perpendiculairement à l'une sera aussi perpendiculaire à l'autre.

2° Si elles sont convergentes, la perpendiculaire au plan de ces deux droites élevée à leur point de rencontre sera la seule droite qui réponde à la question.

3° Supposons qu'elles se croisent dans l'espace (**411**) et soient AB, CD ces deux droites.

Par un point D de la seconde CD, mener une parallèle DF à la première AB; celle-ci sera parallèle au plan FDC (**441**). D'un point A de la première, abaisser la perpendiculaire AG sur le plan FDC, et de son pied G, mener une parallèle GE à FD, elle le sera aussi à AB (**432**, 2°), et du point E, une parallèle EB à GA. Cette droite EB sera la perpendiculaire demandée. Car cette droite, étant parallèle à GA est perpendiculaire au plan FDC (**431**) et par conséquent aux droites DC et GE (**412**). Mais AB et GE sont deux droites parallèles dans le plan ABEG, donc toute droite EB perpendiculaire à l'une d'elles EG, l'est aussi à l'autre AB. Donc EB est en même temps perpendiculaire à CD et AB.

Ce problème n'a qu'une solution. Car, soit IH une autre droite menée de l'une des deux lignes à l'autre. En traçant IL parallèle à GE, elle le sera aussi à AB et parconséquent, si IH était perpendiculaire aux droites AB et CD, elle le serait aussi à IL et par suite au plan FDC (**426**). Mais si du point H, on mène HP parallèle à BE, elle sera aussi perpendiculaire au plan FDC. Donc, du point H, on pourrait abaisser deux perpendiculaires HI, HP sur un même plan ; conclusion qui est en contradiction avec celle du N° **427**.

471. COROLLAIRE. *Trouver la plus courte distance entre deux droites données.* C'est la perpendiculaire commune. Car, dans la figure précédente, BE = HP et HP < HI (**428**), donc BE < HI.

EXERCICES.

1° Par un point donné peut-on mener plusieurs perpendiculaires à une même droite ?

2° Quel est le plus grand des angles qu'une droite fait avec un plan ?

3° Démontrer les corollaires du n° **429**.

4° Enoncer la réciproque du n° **434** et vérifier si elle est vraie ou fausse.

5° Démontrer les corollaires du n° **437**.

6° Deux droites parallèles sont coupées en parties proportionnelles par trois plans qui se rencontrent suivant une même droite. En menant un plan par les droites, ses intersections avec ces trois plans et leur arête commune reproduisent le N° 309.

7° Enoncer la réciproque du n° **438** et montrer qu'elle est fausse.

8° Comparer le n° **439** du 5ᵉ livre avec le n° **106** du premier.

9° Deux plans sont parallèles, lorsque trois points de l'un sont équidistants de l'autre (**440**).

10° Toute droite qui rencontre deux plans parallèles fait avec eux des angles égaux. Par un point de la droite, mener une perpendiculaire sur un des plans, puis appliquer les nᵒˢ **428, 433, 434, 436.**

11° Deux droites parallèles font des angles égaux avec un même plan sécant. Par un point de chacune des droites, mener une perpendiculaire sur le plan. Ces deux perpendiculaires seront parallèles ainsi que les plans qu'elles forment avec les droites données.

12° Lorsqu'une droite et un plan sont parallèles, tout plan perpendiculaire à la droite, est aussi perpendiculaire au plan. Soient D la droite et P le plan. Mener suivant D un plan dont l'intersection avec P sera une parallèle B à D (**442**, 2°). Tout plan perpendiculaire à D, le sera aussi à B (**431**) et à P (**447**).

Et tout plan perpendiculaire au plan l'est-il aussi à la droite?

13° Toute droite parallèle à deux plans qui se coupent est parallèle à leur intersection. En menant un plan perpendiculaire à la droite, il le sera aussi aux deux plans et par suite à leur intersection (**449**).

14° Lorsque deux plans sont parallèles, toute droite parallèle à l'un d'eux, l'est aussi à l'autre. Le plan mené par la droite coupe les deux plans donnés suivant deux droites parallèles et dont l'une est parallèle à la droite donnée.

15° Si deux plans sont perpendiculaires, toute droite perpendiculaire à l'un d'eux est parallèle à l'autre. Et toute droite parallèle à l'un est-elle perpendiculaire à l'autre?

Pour la première partie, soient P et Q les deux plans donnés et A la droite perpendiculaire à P. Si par A on mène un plan R, il sera perpendiculaire à P (**446**). Donc l'intersection B de Q et R sera perpendiculaire à P (**449**). Donc A est parallèle à B et par suite au plan Q (**441**).

16° Lorsqu'une droite est perpendiculaire à un plan, toute droite perpendiculaire à la droite est parallèle au plan. Le plan des deux droites servira à résoudre la question.

17° Chaque point du plan bisecteur d'un coin est à égale distance des deux faces, et réciproquement. D'un point de ce plan, on abaisse des perpendiculaires sur les deux faces, et le plan de ces perpendiculaires fournira les éléments de la solution.

18° Lorsque deux plans se coupent, 1° les coins adjacents sont supplémentaires ; 2° les coins opposés à l'arête sont égaux ; 3° si l'un des coins est droit l'autre l'est aussi ; 4° si le premier plan est perpendiculaire sur le second, celui-ci est aussi perpendiculaire sur le premier.

19° Lorsque deux plans sont parallèles, tout plan perpendiculaire à l'un d'eux, l'est aussi à l'autre.

20° Si deux plans sont perpendiculaires ou parallèles à un même troisième, sont-ils parallèles ?

21° Les plans bisecteurs des trois coins d'un trièdre se coupent suivant une même droite dont chaque point est équidistant des trois faces, c'est-à-dire suivant l'axe du trièdre. Au moyen du n° **17** de ces exercices.

22° Comparer la théorie des plans parallèles à celle des droites parallèles. Pourquoi, au n° **431**, doit-on dire que les deux plans sont coupés suivant deux parallèles ?

23° Dans un trièdre si deux coins sont droits, les faces opposées à ces coins sont des angles droits, et réciproquement (**449, 446**).

24° Deux angles solides de quatre faces sont égaux ou symétriques, lorsqu'ils ont un coin égal et les quatre faces respectivement égales. On ramène ce théorème aux cas de l'égalité des trièdres (**460,** 1° et 3°) par un plan mené suivant deux arêtes opposées.

25° Comparer les propriétés du trièdre à celles du triangle, et l'égalité des uns avec celle des autres.

26° Diviser un coin donné en deux parties égales, ou tracer le plan bisecteur d'un coin. Mener la bisectrice de l'angle du coin.

27° Par une droite donnée, mener un plan parallèle ou perpendiculaire à une autre droite donnée. Discuter.

28° Par un point donné, mener un plan parallèle à deux droites données. Les deux droites, menées par le point respectivement parallèles aux deux droites données, déterminent le plan demandé.

29° Par un point donné, mener une droite qui rencontre deux droites données. Tracer un plan par le point et chacune des droites.

30° Par un point donné, mener une droite qui fasse un angle donné avec un plan donné.

31° Les intersections de deux plans convergents par un troisième plan parallèle à l'arête de leur coin, sont parallèles.

32° Comparer le 1ᵉʳ et le 5ᵉ livres, en énonçant les propositions de l'un qui ont leurs analogues dans l'autre.

33° Suivant une droite AB donnée dans un plan AC, mener un plan qui fasse avec le premier un coin égal à un coin donné.

En un point B de la droite AB, mener un plan perpendiculaire à cette droite (**469**) ; puis, dans ce plan, faire un angle CBF égal à l'angle du coin donné. Le plan AF déterminé par les droites AB et BF, forme avec AC le coin cherché CABF.

34° Trouver l'angle supplémentaire d'un coin donné et construire un trièdre supplémentaire d'un trièdre donné. 1° D'un point pris dans le coin, abaisser des perpendiculaires sur ses deux faces, et ces deux perpendiculaires formeront l'angle cherché ; 2° au sommet du trièdre donné, ou par un point pris dans ce trièdre, mener une perpendiculaire sur chacune de ses faces, et ces droites seront les arêtes du trièdre demandé (**483**).

35° Construire un trièdre connaissant 1° deux faces et le coin compris, 2° une face et les deux coins adjacents.

Sur une des faces données ASB et suivant la droite SA, mener un plan ASC qui fasse avec ASB un coin égal au coin donné ; puis faire dans ce plan l'angle ASC égal à la seconde face donnée. Les droites SC, SB formeront la troisième face du trièdre.

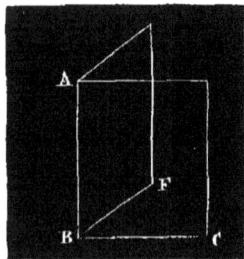

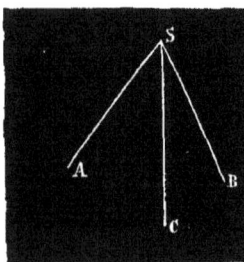

2° Sur la face donnée et suivant les côtés SA, SB construire deux plans qui fassent avec elle les coins donnés. Ces deux plans se couperont suivant la troisième arête SC du trièdre cherché.

Dans ces deux problèmes, il faut que chaque élément donné soit plus petit que deux droits (**487, 489**).

36° Construire un trièdre, connaissant les trois faces.

Supposons le problème résolu et soit RMNP ce trièdre. En prenant sur les arêtes les distances RM, RN, RP égales entre elles (**460,** 3°), le centre O du cercle circonscrit au triangle MNP sera le pied de la perpendiculaire menée du sommet du trièdre sur le plan de ce triangle (**466**), et cette perpendiculaire est le troisième côté du triangle rectangle qui aurait pour hypoténuse RM et dont le second côté serait le rayon OM du cercle circonscrit au triangle MNP.

Solution. — Construisez les trois angles consécutifs ASB, BSC, CSD égaux aux trois faces données; prenez, au moyen d'une ouverture de compas arbitraire, les distances égales SA, SB, SC, SD et menez les cordes AB, BC, CD; tracez un triangle MNP ayant pour côtés les droites AB, BC, CD; faites un triangle rectangle dont l'hypoténuse soit SA et dont un des autres côtés soit le rayon du cercle circonscrit au triangle MNP; élevez au centre O de ce cercle une perpendiculaire OR (**466**) et prenez sur cette perpendiculaire une longueur égale au troisième côté de ce triangle rectangle. Le point R sera le sommet du trièdre cherché, qui sera construit en joignant RM, RN, RP.

Discussion. — Si la somme des trois faces est plus petite que quatre droits et si la plus grande ASB est moindre que la somme des deux autres, le point D ne saurait être ni en A, ni entre A et B, et comme l'arc AB est plus petit que l'arc BD et plus grand que chacun des deux autres, on aura simultané-ment : corde AB < BD, BD < BC + CD, AB > BC et AB > DC. Donc le triangle MNP pourra être construit, car le plus grand côté est plus petit que la somme des deux autres (**217**). Soit BFC le même triangle formé sur BC. Puisque BF est plus petit que BD, l'angle FCB est plus petit que DCB (**112**),

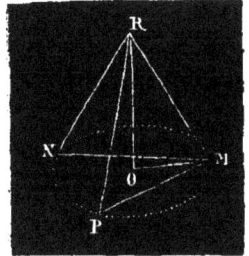

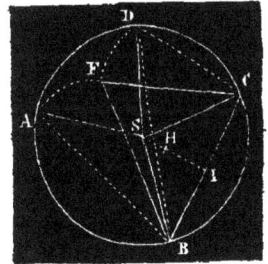

donc le point F est dans le cercle et l'angle BDC est plus petit que BFC (**179**). Il résulte de là que le rayon du cercle circonscrit au triangle FBC est plus petit que celui du cercle circonscrit au triangle DBC, car le centre de chacun de ces cercles doit se trouver sur la perpendiculaire IS élevée au milieu de la corde commune BC, l'un en S et l'autre en H, entre I et S, puisque l'angle au centre BSC, double de BDC inscrit dans le premier cercle (**171**), est plus petit que l'angle au centre BHC, double de l'angle BFC inscrit dans le second. Donc le triangle rectangle RMO est possible aussi, car, des deux côtés connus, celui qui doit être l'hypoténuse est plus grand que l'autre (**218**).

Telles sont les deux conditions suffisantes et indispensables pour qu'un trièdre puisse être construit avec trois faces données.

37° Construire un trièdre dont les trois coins sont donnés.

Soient A, B, C les trois coins donnés ou plutôt les angles de ces coins. Les suppléments de ces trois angles seront les faces du trièdre supplémentaire. On pourra donc construire celui-ci, comme on vient de le voir, dans le problème précédent. Et en prenant les suppléments de ses coins, on aura les faces du trièdre cherché. Ce problème se ramène donc au précédent.

Mais peut on voir, avec ces données, s'il est possible ou non?

Si $A + B + C > 2d$ (1) et $B + C — A < 2d$ (2) (**458** et **459**), le trièdre pourra être construit. Car, soient A', B', C' les faces du trièdre supplémentaire, on sait que $A = 2d — A'$, $B = 2d — B'$ et $C = 2d — C'$. Substituant dans (1) et (2), il vient $A' + B' + C' < 4d$ et $A' < B' + C'$, qui sont les deux conditions requises pour constater la possibilité de la construction du trièdre supplémentaire.

38° Mesurer un coin donné et trouver le rapport de deux coins.

1° En un point de l'arête menez lui une perpendiculaire dans chacune des faces du coin, et dans le plan de ces deux droites, mesurez leur angle (**242**).

2° Construisez les angles des deux coins et cherchez le rapport entre ces angles (**241**).

39° Dans un trièdre une face est plus petite que la somme des trois faces.

40° Dans un angle solide régulier (**420, 423**) 1° les plans bisecteurs des coins se coupent suivant l'axe, 2° si l'on prend des distances égales sur toutes les arêtes, on obtient les sommets d'un polygone régulier dont le plan est perpendiculaire à l'axe.

LIVRE VI.

—

DÉFINITIONS.

473. Un **polyèdre** est un solide terminé de toutes parts, par des polygones (**409**).

On entend par **faces, sommets, arêtes, coins et angles solides** d'un polyèdre, ces polygones, leurs sommets, leurs côtés, les coins et les angles solides qu'ils forment.

On appelle **diagonale,** une droite qui joint deux sommets non situés sur une même face.

Le plus simple des polyèdres est celui de quatre faces, on l'appelle **tétraèdre.** Ceux de cinq, six, huit, dix, vingt faces se nomment **pentaèdre, hexaèdre, octaèdre, décaèdre, icosaèdre.**

Le polyèdre est **régulier,** lorsque toutes ses faces sont des polygones réguliers égaux formant entre eux des angles solides égaux.

Un polyèdre est **convexe,** lorsqu'il est terminé par une surface convexe (**409**).

Outre les polyèdres réguliers, qui font l'objet d'une étude spéciale, on considère particulièrement les prismes et les pyramides.

474. Le **prisme** est un polyèdre compris sous plusieurs parallélogrammes terminés à deux polygones égaux

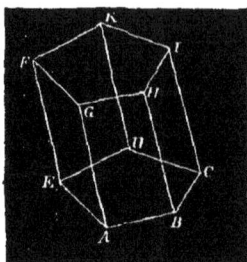

et parallèles. Tel est le polyèdre ci-contre formé par les parallélogrammes AH, BI, CK, DF, EG terminés aux deux polygones ABCDE et GHIKF supposés égaux et situés dans des plans parallèles.

Ces deux polygones sont les **bases**, les parallélogrammes sont les **faces**, les intersections BH, CI... de ces faces sont les **arêtes latérales**, la somme des faces latérales est la **surface convexe** et la perpendiculaire entre les deux bases est la **hauteur** du prisme.

Le prisme est **droit** ou **oblique**, suivant que les arêtes latérales sont perpendiculaires ou obliques aux bases.

Il est **régulier**, lorsqu'étant droit, ses bases sont des polygones réguliers. Alors, la droite qui joint les centres des deux bases est l'**axe** du prisme; elle en est aussi la hauteur.

Le prisme tire son nom du nombre de ses faces latérales. Ainsi le prisme est **triangulaire, quadrangulaire, pentagonale**, etc... suivant que sa base inférieure est un triangle, un quadrilatère, un pentagone, etc....

Le polygone qui résulte de l'intersection d'un prisme par un plan s'appelle *section*. Et cette section est *normale* si le plan est perpendiculaire à l'arête latérale.

475. Parmi les prismes quadrangulaires, on distingue spécialement le **parallélipipède** dont les bases sont, comme les autres faces, des parallélogrammes. Il se représente ordinairement par les lettres de deux sommets opposés.

Le parallélipipède est **rectangle**, lorsqu'il est droit et que ses bases sont des rectangles. C'est donc un prisme dont toutes les faces sont des rectangles. Si ses faces sont des carrés égaux, il prend le nom de **cube;** c'est l'hexaèdre régulier.

476. La **pyramide** est un polyèdre compris sous plusieurs triangles qui ont un sommet commun et qui sont terminés à un même polygone. Ainsi, en menant un plan qui rencontre toutes les arêtes d'un angle solide, on forme une pyramide.

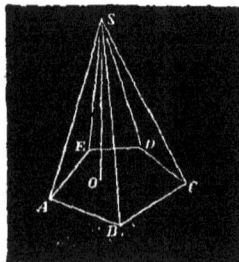

Ce polygone ABCDE est la **base** de la pyramide, les triangles qui ont pour sommet commun le point S et qui sont terminés à la base sont les **faces latérales** de la pyramide et leur ensemble en est la surface **convexe** ou **latérale,** le point S est le **sommet** et la perpendiculaire SO menée de ce point sur la base est la **hauteur** de la pyramide.

La pyramide est **triangulaire, quadrangulaire,** suivant que sa base est un triangle, un quadrilatère, etc......

La pyramide triangulaire est donc un tétraèdre. De sorte que l'on peut prendre pour base l'une quelconque des quatre faces.

La pyramide est **régulière,** lorsque sa base est un polygone régulier et que sa hauteur, qui est alors son **axe,** passe au centre de sa base. La perpendiculaire menée du sommet sur un des côtés de la base est l'**apothème** de la pyramide régulière.

477. Si l'on coupe un prisme par un plan non parallèle à la base, le polyèdre qui en résulte est un **prisme tronqué** ou un tronc de prisme.

La **pyramide tronquée** est la partie adjacente à la base, qui résulte de l'intersection d'une pyramide par un plan parallèle à la base. La base de la pyramide primitive et la section faite par ce plan sont **les deux bases** du tronc de pyramide, et il a pour **hauteur** la perpendiculaire menée entre les deux bases.

478. La **solidité** d'un polyèdre ou en général d'un corps quelconque est la mesure de ce corps, c'est-à-dire son rapport à l'unité de volume, qui est le cube dont le côté est l'unité linéaire.

Trouver la **cubature** d'un volume ou **cuber** ce volume c'est trouver un cube qui lui soit équivalent ou l'évaluer au moyen du cube, c'est-à-dire le mesurer ou trouver sa solidité.

479. Deux volumes sont **équivalents** lorsqu'ils ont la même solidité. Deux polyèdres sont **semblables** lorsque leurs angles solides sont égaux et leurs faces homologues semblables; ils sont **égaux** lorsqu'ils peuvent coïncider, c'est-à-dire, lorsqu'ils ont tous leurs éléments, faces, coins, angles solides, etc..., égaux et disposés dans le même ordre et **symétriques** lorsque leurs éléments sont égaux mais disposés dans un ordre inverse.

Dans deux polyèdres égaux, symétriques ou semblables, on entend par arêtes **homologues** les côtés homologues des faces égales ou semblables, par faces homologues celles qui forment les coins égaux, par coins et angles solides homologues les coins et les angles solides égaux.

THÉORÈME I.

(N°ˢ 420, 422, 460, 474, 475, 479.)

480. Deux prismes triangulaires sont égaux on symétriques, lorsque trois faces, qui aboutissent à un même sommet, sont respectivement égales.

Soient P et P′ deux prismes triangulaires dans lesquels on a la base ABC = A′B′C′, la face latérale ABDF = A′B′D′F′ et ACEF = A′C′E′F′.

D'abord, les trièdres A et A′ sont égaux ou symétriques comme ayant les trois faces égales, donc le coin AB = A′B′, donc les trièdres B et B′ ont un coin égal compris entre deux faces respectivement égales, savoir l'angle ABC = A′B′C′ et ABD = A′B′D′ comme appartenant à des polygones égaux par supposition. Donc ces deux trièdres sont égaux ou symétriques (**460**). Il en est de même des autres trièdres.

Donc les deux prismes ont tous leurs éléments égaux, donc (**479**) ils sont égaux ou symétriques.

481. COROLLAIRES. 1° *La même proposition existe relativement à deux parallélipipèdes.*

2° *Deux prismes triangulaires droits ou deux parallélipipèdes rectangles sont égaux, lorsqu'ils ont les bases égales et les hauteurs égales.*

THÉORÈME II.

(N°ˢ 92, 97, 116, 439, 440, 480.)

482. Dans un parallélipipède 1° les faces opposées sont égales et parallèles; 2° les trièdres opposés sont symétriques; 3° les diagonales se coupent mutuellement en parties égales.

1° Dans le parallélogramme ABGH, les côtés opposés AH

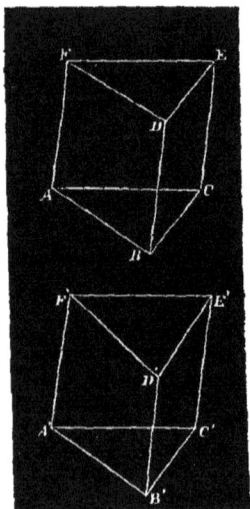

et BG sont égaux et parallèles; de même les côtés AD, BC sont égaux et parallèles dans le parallélogramme ABCD. Donc les angles DAH, CBG ont leurs côtés parallèles et dirigés à la fois dans le même sens, donc ils sont égaux et leurs plans sont parallèles (**439, 440**). Il résulte aussi de là que les parallélogrammes ADEH et BCFG sont égaux, comme ayant un angle égal compris entre deux côtés respectivement égaux (**116**).

2° Les angles plans qui forment le trièdre A sont égaux à ceux qui forment le trièdre F, comme ayant leurs côtés parallèles et dirigés à la fois en sens contraire, et comme ces éléments sont disposés dans un ordre inverse relativement aux deux trièdres, ceux-ci sont symétriques (**460**, 3°).

3° Les arêtes AD, FG étant égales et parallèles, la figure ADFG est un parallélogramme, donc ses deux diagonales AF, DG se coupent en leur milieu O. Dans le parallélogramme DCGH, les diagonales HC, DG se coupent aussi en leur milieu. Donc le milieu O de DG est aussi celui de HC. On verrait de la même manière que la quatrième diagonale EB passe par le point O, où elle est divisée en deux parties égales.

483. COROLLAIRES. 1° *Dans un parallélipipède, on peut prendre pour bases deux quelconques des faces opposées.*

2° *Tout plan diagonal divise le parallélipipède en deux prismes triangulaires symétriques* (**480**).

THÉORÈME III.

484. Deux parallélipipèdes sont équivalents, lorsqu'ils ont la même base et des hauteurs égales.

1° On suppose que les faces homologues opposées sont deux à deux dans un même plan.

Soient donc les deux parallélipipèdes BF et BL qui sont construits sur la même base ABCD et dont les bases supérieures HF, OL sont dans un même plan et entre les deux plans parallèles BI, AL.

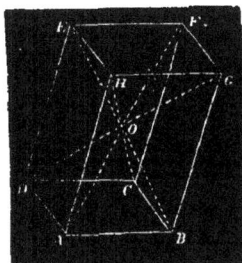

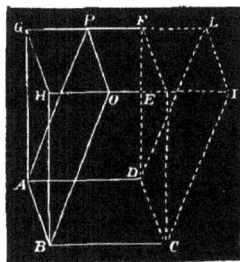

Les deux prismes triangulaires BOHGAP et CIEFDL sont égaux (**480**) car, les deux triangles BOH et CIE, qui sont leurs bases respectives, sont égaux, comme ayant un angle égal compris entre côtés égaux, savoir l'angle HBO = ECI (**106**), le côté BH = CE et BO = CI (**92**); de plus la face AH = DE et AO = DI, comme faces opposées dans ces deux parallélipipèdes (**482**). Or, chacun des deux parallélipipèdes est égal à la figure entière AI moins l'un de ces prismes.

Donc ces deux parallélipipèdes sont équivalents.

2° Ils sont inclinés d'une manière quelconque relativement à la base commune.

Soient AE et AI qui ont la même base inférieure ABCD et dont les bases supérieures EG, IM sont dans un même plan parallèle à la base inférieure.

Si l'on prolonge les côtés non parallèles des bases supérieures jusqu'à leurs points de rencontre O, P, Q, R, on forme la base d'un troisième parallélipipède BP équivalent à chacun des deux premiers, comme on vient de le démontrer dans la première partie de ce théorème. Donc....

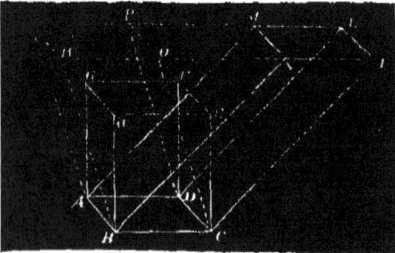

THÉORÈME IV.

485. Le parallélipipède droit est équivalent au parallélipipède rectangle de même hauteur et d'une base équivalente.

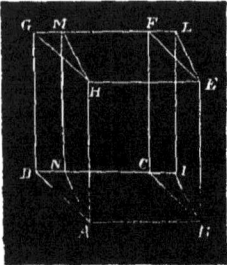

Soient le parallélipipède droit AF qui a pour base le parallélogramme AC et le parallélipipède rectangle AL dont la base est le rectangle AI, la hauteur AH étant commune aux deux figures.

Prenant pour base commune ABEH (**483**), les deux parallélipipèdes seront équivalents comme ayant même base et même hauteur, celle-ci étant la distance entre les deux plans parallèles AE et DF.

486. COROLLAIRE. Il résulte des théorèmes III et IV que *tout parallélipipède est équivalent au parallélipipède rectangle de même hauteur et de base équivalente.*

THÉORÈME V.

(Nᵒˢ 427, 454, 456.)

487. Si par les extrémités d'une arête latérale d'un prisme triangulaire oblique, on mène des plans perpendiculaires à cette arête,
il en résulte un prisme droit équivalent au prisme oblique.

Si par les extrémités A et F de l'arête AF du prisme oblique
ABCDEF, on mène les plans AIH et FOP perpendiculaires à
cette arête, on forme le prisme droit AIHOPF; et il faut
démontrer que ces deux prismes sont équivalents.

Par cette construction, on retranche du prisme oblique,
le volume FOPDE et on lui en ajoute un autre ABCIH.
La proposition sera donc démontrée, si l'on parvient à
prouver que ces deux volumes sont égaux. Or, les deux plans
FOP, AIH sont parallèles, comme étant perpendiculaires à la
même droite AF, donc leurs intersections AH et FP avec le
plan AP sont parallèles, et la figure AHPF est un parallélogramme; donc AH = FP; de même AI = FO, et comme
l'angle IAH = OFP, puisqu'ils ont les côtés parallèles, il
s'ensuit que les triangles FOP et AIH sont égaux. De plus
PH = AF, et DB = AF; donc PH = DB et par suite DP = BH.
Pour la même raison, EO = CI. Maintenant, si l'on fait
coïncider les triangles AIH et FOP, les droites HB et IC
suivront respectivement les droites PD et OE, car en un
point d'un plan, on ne peut lui mener qu'une perpendiculaire,
et comme ces perpendiculaires sont égales deux à deux, les
points B et C coïncideront avec D et E. Donc les deux volumes
en question coïncident aussi et sont égaux. Donc....

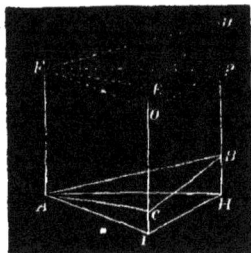

488. COROLLAIRES. *Les sections faites dans un prisme par
des plans parallèles sont des polygones égaux.*

THÉORÈME VI.

489. Deux prismes triangulaires symétriques sont équivalents.

Soient les deux prismes symétriques P et P'. Aux extrémités

des arêtes égales CD et C'D', menez des plans perpendiculaires, il en résultera, dans chacune des figures, un prisme droit équivalent au prisme oblique (**487**). Mais ces deux prismes droits ont la même hauteur, puisque CD = C'D', et leurs bases sont égales, car ce sont les sections faites dans les deux prismes par les plans perpendiculaires aux arêtes CD et C'D'. Or, les côtés de ces sections sont évidemment les hauteurs des parallélogrammes qui forment les faces latérales de ces deux prismes, donc elles sont égales, puisque, les prismes étant symétriques, leurs faces sont égales. Donc ces deux triangles ont leurs trois côtés respectivement égaux, donc ils sont égaux. Donc ces prismes droits sont égaux (**486, 2°**). Donc les deux prismes obliques qui leur sont équivalents, sont équivalents entre eux.

490. COROLLAIRES. *Les deux prismes formés dans un parallélipipède par un plan diagonal, sont équivalents.* Ainsi en plaçant les prismes P et P' de manière à faire coïncider les faces A'B'C'D' et ABCD, on aurait un parallélipipède double de chacun d'eux.

THÉORÈME VII.

491. Deux parallélipipèdes rectangles de même base sont entre eux comme leurs hauteurs.

Soient les deux parallélipipèdes AF, AI construits sur la même base et dont les hauteurs sont AH et AP.

C'est exactement la même démonstration qu'au n° **261.**

On suppose donc 1° que les deux hauteurs sont commensurables et 2° qu'elles sont incommensurables.

Dans le premier cas, en menant par tous les points de division de la plus grande hauteur, des plans parallèles à la base commune, les deux parallélipipèdes seront divisés en parallélipipèdes égaux comme ayant des bases égales et des hauteurs égales (**481**), et il sera facile de constater que si le rapport des hauteurs est $\dfrac{a}{b}$ celui des deux parallélipipèdes sera aussi $\dfrac{a}{b}$.

Dans le second cas, on divisera la hauteur AH en parties égales plus petites que PH, de sorte qu'il y aura au moins un point M de division entre H et P, et en menant par ce point un plan MN parallèle à la base, on aura deux parallélipipèdes dont les hauteurs AH, AM sont commensurables et qui, par conséquent seront proportionnels à leurs hauteurs. En procédant ainsi indéfiniment, il en résultera une suite de parallélipipèdes qui auront avec AF le même rapport que leurs hauteurs avec AH et dont la limite inférieure est le parallélipipède AI. Donc on aura encore, à cette limite AF : AI = AH : AP.

THÉORÈME VIII.

492. Deux parallélipipèdes rectangles de même hauteur sont entre eux comme leurs bases; et deux parallélipipèdes rectangles quelconques sont entre eux comme les produits de leurs bases par leurs hauteurs, ou comme les produits de leurs trois dimensions.

1° Soient P et P′ deux parallélipipèdes rectangles, a, b, c les trois dimensions du premier et a, b', c' les dimensions du second. La hauteur a est commune aux deux figures et leurs bases sont représentées par les produits bc et $b'c'$ (**278**). Imaginez un troisième parallélipipède rectangle A dont les dimensions soient a, b, c'. En le comparant au premier P, on voit qu'ils ont la même base ab, donc ils sont entre eux comme leurs hauteurs c et c', donc P : A = c : c'. Si on le compare au second P′, comme ils ont même base ac', ils sont entre eux comme leurs hauteurs b et b'; donc A : P′ = b : b'. Multipliant terme à terme ces deux proportions, on a A . P : A . P′ = bc : $b'c'$, ou en divisant les deux premiers termes par A, et en désignant les bases par B et B′, P : P′ = B : B′.

2° Soient P et P′ deux parallélipipèdes rectangles, B et B′ leurs bases, H et H′ leurs hauteurs. Si l'on suppose construit un troisième parallélipipède rectangle A ayant B pour base et H′ pour hauteur, on aura (**491**) $\dfrac{P}{A} = \dfrac{H}{H'}$ et (**492**) $\dfrac{A}{P'} = \dfrac{B}{B'}$.

d'où $\dfrac{P}{P'} = \dfrac{B.H}{B'.H'}$. Où, en représentant par a, b, c les trois dimensions mesurées du premier et par a', b', c' celles du second, $\dfrac{P}{P'} = \dfrac{a.b.c}{a'.b'.c'}$.

THÉORÈME IX.

493. La solidité du parallélipipède rectangle est égal au produit numérique de sa base par sa hauteur, ou à celui de ses trois dimensions.

Soient V ce parallélipipède, a, b, c les nombres qui expriment les mesures de ses trois dimensions, C le cube pris pour unité; les dimensions de celui-ci seront chacune égale à l'unité linéaire (**478**). On aura, d'après le théorème précédent, $\dfrac{V}{C} = \dfrac{a.b.c}{1.1.1}$ ou $\dfrac{V}{C} = a.b.c$.

D'où l'on voit que le rapport de ce parallélipipède à son unité ou sa solidité (**478**), est le produit abc. Et en sous-entendant l'unité de volume, on a simplement $V = abc$, ou $V = B.H$.

494. COROLLAIRES. 1° *La solidité du cube est le cube numérique de son côté.* Car, c'est un parallélipipède rectangle dont les trois dimensions sont égales. Donc $V = a^3$, en désignant le côté par a.

2° Tout parallélipipède est équivalent au parallélipipède rectangle de base équivalente et de même hauteur (**486**). *Donc la solidité d'un parallélipipède quelconque est aussi le produit de sa base par sa hauteur. Donc $V = B.H$.*

3° Le prisme triangulaire est la moitié du parallélipipède de même hauteur et dont la base est double de la sienne (**483**, 2°, **489**). Si B' est la base du parallélipipède et H sa hauteur, sa solidité sera $V = B'.H$, et par conséquent celle du prisme sera $\dfrac{B'.H}{2}$ ou $\dfrac{B'}{2}.H$. Mais $\dfrac{B'}{2}$ est la base du prisme, et en la désignant par B, on aura $V = BH$. *Donc la solidité du* *prisme triangulaire est égale au produit de sa base par sa hauteur.*

4° *La solidité du prisme polygonal est égale au produit de sa base multipliée par sa hauteur.* Car, en menant des plans par une arête latérale et les diagonales de la base, partant du pied de cette arête, ce prisme est décomposé en prismes triangulaires. Soient a, b, c, d...... les bases de ces prismes partiels et H la hauteur du prisme total, H sera aussi la hauteur commune de tous ces prismes triangulaires, et l'on aura pour les solidités respectives de ces derniers aH, bH, cH.... Donc V $= a$H $+ b$H $+ c$H $+ ....= $ H $(a + b + c + ...),$ ou V $=$ BH, en désignant par B la somme des bases des prismes partiels, c'est-à-dire la base du prisme en question.

5° *Deux prismes quelconques sont entre eux comme les produits de leurs bases par leurs hauteurs.* Car, V $=$ BH et V′ $=$ B′H′, d'où V : V′ $=$ BH : B′H′. *Donc s'ils ont même base, ou des bases équivalentes ils sont comme leurs hauteurs; comme leurs bases, s'ils ont même hauteur, et ils sont équivalents s'ils ont la même hauteur et des bases équivalentes.*

THÉORÈME X.

495. L'aire de la surface convexe d'un prisme est égale au produit d'une arête latérale par le périmètre d'une section normale.

Car, chacune des faces latérales est un parallélogramme ayant pour base une arête latérale et pour hauteur un côté de la section.

Soient donc S la surface convexe du prisme, h une de ses arêtes latérales, a, b, c, d.... les côtés de la section et p son périmètre, on aura pour les aires des différentes faces latérales ah, bh, ch, dh.... dont la somme sera S $= ah + bh + ch + dh + ... = h (a + b + c + d + ...) = ph.$

496. COROLLAIRES. 1° *L'aire de la surface latérale d'un prisme droit est égale au produit du périmètre de sa base par sa hauteur.*

2° *Pour avoir la surface totale d'un prisme, on ajoute l'aire de chacune des bases à celle de la surface convexe.*

THÉORÈME XI.

497. 1° Toute section faite dans une pyramide par un plan parallèle à la base est un polygone semblable à la base; 2° elle divise les arêtes latérales et la hauteur en parties proportionnelles; 3° cette section et la base sont entre elles comme les carrés de leurs distances au sommet.

Soit le polygone A'B'C'D'E' dont le plan est parallèle à la base ABCDE dans la pyramide S.

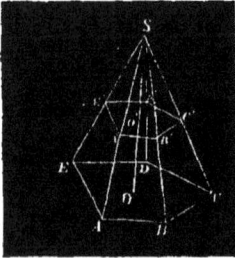

Il résulte de la supposition que A'B' est parallèle à AB et que B'C' est parallèle à BC (**434**); donc l'angle ABC = A'B'C' (**439**). De même BCD = B'C'D' et ainsi des autres angles de ces deux polygones.

En second lieu, il résulte du parallélisme des droites AB, A'B' et de celui des droites BC, B'C' que AB : A'B' = SB : SB' et que BC : B'C' = SB : SB', d'où l'on déduit AB : A'B' = BC : B'C'. On a aussi BC : B'C' = SC : SC' et CD : C'D' = SC : SC', d'où BC : B'C' = CD : C'D'. On trouverait de même que CD : C'D' = DE : D'E', et ainsi des autres côtés. Donc ces deux polygones ont les angles égaux et les côtés homologues proportionnels, donc ils sont semblables.

2° Si par le sommet, on mène un plan parallèle à la base, les arêtes et la hauteur seront coupées par trois plans parallèles, et ce sera en parties proportionnelles, d'après le nᵒ **438**.

3° La hauteur SO, étant perpendiculaire à la base, l'est également à la section parallèle (**436**) et, si O' est le point où elle rencontre cette section, les droites AO, A'O', seront parallèles (**434**); donc les triangles rectangles SAO et SA'O' sont semblables et donnent la proportion SA : SA' = SO : SO', d'où $\overline{SA}^2 : \overline{SA'}^2 = \overline{SO}^2 : \overline{SO'}^2$ *(a)*. Mais on a aussi SA : SA' = AB : A'B', d'où $\overline{SA}^2 : \overline{SA'}^2 = \overline{AB}^2 : \overline{A'B'}^2$ *(b)* et comme (**497,** 1ᵒ) ABCDE et A'B'C'D'E' sont deux polygones semblables, ils sont entre eux comme les carrés de leurs côtés homologues, donc ABCDE : A'B'C'D'E' $= \overline{AB}^2 : \overline{A'B'}^2$ *(c)*. Des proportions *(a)*, *(b)*, *(c)*, on déduit ABCDE : A'B'C'D'E' $= \overline{SO}^2 : \overline{SO'}^2$.

498. COROLLAIRE. *Si deux pyramides ont des hauteurs égales et des bases équivalentes, les sections faites à la même distance de leurs sommets par des plans parallèles aux bases, sont équivalentes.* Car, soient H la hauteur de chacune d'elles, B et B' leurs bases équivalentes, x et x' les sections faites à la même distance D de leurs sommets, on aura B : $x = $ H^2 : D^2 et B' : $x' = $ H^2 : D^2, d'où B : $x = $ B' : x'; proportion qui prouve que si B $=$ B' on aura aussi $x = x'$.

THÉORÈME XII.

499. Deux tétraèdres qui ont des bases équivalentes et des hauteurs égales, sont équivalents.

Soient les deux tétraèdres S et S' qui ont même hauteur H et dont les bases ABC, A'B'C' sont équivalentes.

Si, dans chacun d'eux, on divise la hauteur en un même nombre de parties égales et si, par les points de division, on mène des plans parallèles aux bases, les sections correspondantes dans les deux figures seront équivalentes (**498**). De sorte qu'en construisant des prismes triangulaires, tels que AGIDEF et A'G'I'D'E'F', ayant pour bases supérieures ces différentes sections et dont une des arêtes latérales soit, dans chacun d'eux, la partie AF et la partie A'F' des arêtes SA et S'A', comprises entre ces plans parallèles, ces prismes seront équivalents deux à deux, comme ayant même hauteur et des bases équivalentes (**494, 5°**). Donc la somme des prismes ainsi formés dans l'un est égale à la somme de ceux qui sont construits dans l'autre. Mais si l'on double indéfiniment le nombre des parties de la hauteur, la somme de ces prismes s'approche aussi indéfiniment du tétraèdre. Donc le tétraèdre est la limite de la somme de ces prismes. Or, les sommes des prismes sont toujours égales, dans les deux

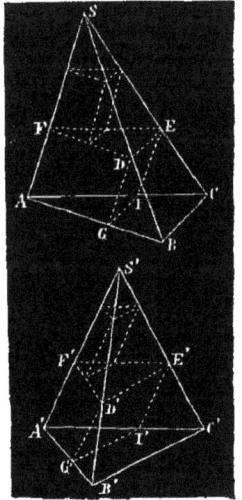

tétraèdres, quel qu'en soit le nombre, donc leurs limites respectives, sont aussi égales en volume ou équivalentes. Donc etc.... (Voir n° **40** des exercices).

THÉORÈME XIII.

300. Le tétraèdre est le tiers du prisme triangulaire de même base et de même hauteur.

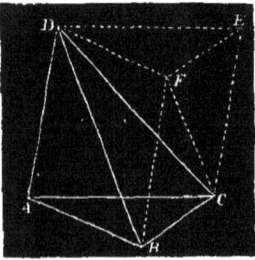

Si l'on construit un prisme triangulaire sur la base ABC du tétraèdre et de manière qu'il ait pour arête latérale, l'arête AD de ce tétraèdre, ces deux figures auront même base et même hauteur, et il s'agit de démontrer que le tétraèdre est le tiers du prisme.

D'abord, on voit que le prisme est composé du tétraèdre et de la pyramide quadrangulaire DBCEF dont le sommet est D et la base BCEF. Mais le plan CDF divise cette pyramide en deux pyramides triangulaires ayant D pour sommet commun, et pour bases respectives les triangles BCF et CEF. Ces deux pyramides ont donc pour hauteur commune la perpendiculaire abaissée du point D sur le plan BE, et puisque leurs bases sont égales, comme moitié chacune d'un même parallélogramme, elles sont équivalentes en vertu du théorème précédent.

D'un autre côté, si l'on prend le point C pour sommet dans la pyramide DCEF, sa base sera DEF et elle aura pour hauteur celle de la pyramide DABC. Ces deux pyramides auront donc aussi des bases égales, celles d'un même prisme, et même hauteur, donc elles sont aussi équivalentes. Les trois tétraèdres qui composent le prisme sont donc équivalents, donc chacun d'eux est le tiers du prisme. Donc etc....

301. COROLLAIRES. 1° *La solidité de la pyramide triangulaire est le tiers du produit de sa base par sa hauteur* (**494**, 3°); donc V = $\dfrac{BH}{3}$.

2° *La pyramide polygonale a pour solidité le tiers du produit de sa base multipliée par sa hauteur.* On décompose cette pyramide en tétraèdre de la manière suivie relativement au prisme (**494**, 4°).

3° *Toute pyramide est le tiers du prisme de même base et de même hauteur.*

4° *Deux pyramides sont équivalentes, lorsqu'elles ont des hauteurs égales et des bases équivalentes; ainsi lorsqu'elles ont des bases équivalentes situées dans un même plan et que leurs sommets se trouvent sur une droite parallèle à ce plan* (**442**).

5° *Deux pyramides quelconques sont entre elles comme les produits de leurs bases par leurs hauteurs; comme leurs bases si elles ont même hauteur et comme leurs hauteurs si elles ont des bases équivalentes* (**494**, 5°).

THÉORÈME XIV.

(N°ˢ 425, 428, 429, 476).

502. L'aire de la surface latérale d'une pyramide régulière est égale au demi-produit de son apothème par le périmètre de sa base.

L'axe ou la hauteur de la pyramide régulière est en même temps l'axe du cercle circonscrit à sa base. Donc toutes les arêtes latérales sont égales, et comme la base est un polygone régulier, les faces latérales sont des triangles isocèles égaux (**80**); donc ils ont la même hauteur. Soit SH cette hauteur, qui est aussi l'apothème de la pyramide. L'aire du triangle SBC est $\frac{SH \times CB}{2}$, celle du triangle SDC est $\frac{SH \times DC}{2}$ et ainsi des autres triangles qui forment la surface convexe de la pyramide; donc l'aire de cette surface est $S = \frac{1}{2} SH (AB + BC + CD + DE + EA)$. D'où, en représentant l'apothème par a et le périmètre de la base par p, $S = \frac{a \cdot p}{2}$.

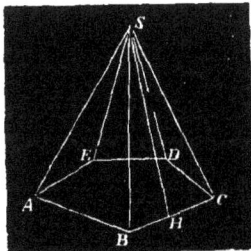

503. COROLLAIRE. *Pour avoir la surface totale, on ajoute l'aire de la base. Et si c'est une pyramide irrégulière, on mesure toutes les faces séparément, et l'on ajoute.*

THÉORÈME XV.

(N°s 460, 461, 479.)

504. Deux tétraèdres sont égaux ou symétriques lorsqu'ils ont 1° les quatre faces respectivement égales ; 2° une face égale adjacente à trois coins respectivement égaux ; 3° un trièdre égal ou symétrique compris sous trois faces respectivement égales.

1° Si les faces sont égales, leurs angles sont respectivement égaux ; donc les trièdres des deux figures sont égaux ou symétriques. Donc tous les éléments des deux tétraèdres sont respectivement égaux, donc ils sont égaux ou symétriques.

2° S'il y a égalité entre les deux bases et les coins qui leur sont adjacents, les trièdres dont les sommets sont ceux de ces bases, seront égaux ou symétriques, comme ayant une face égale adjacente à deux coins égaux, donc les autres coins des tétraèdres sont égaux ; donc tous les trièdres sont égaux ou symétriques, et par suite les deux tétraèdres.

2° Si trois faces sont égales chacune à chacune, les deux quatrièmes faces seront aussi égales comme ayant les trois côtés respectivement égaux. Donc ce troisième cas est ramené au premier.

THÉORÈME XVI.

505. Deux polyèdres égaux ou symétriques peuvent se décomposer en un même nombre de tétraèdres égaux ou symétriques. Et réciproquement.

S'ils sont égaux, on peut les faire coïncider et alors on ne saurait décomposer l'un sans que l'autre le soit exactement de la même manière.

Dans le cas de la symétrie, on procédera comme au n° **288,** relativement aux polygones semblables. Ainsi, en menant les plans homologues HAF et H′A′F′, les tétraèdres HAGF et H′A′G′F′ seront symétriques (on suppose le 2e polyèdre construit) ; car, les trièdres G et G′ sont symétriques

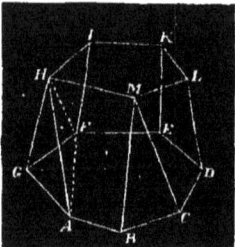

par supposition, les triangles AGF et A'G'F' sont égaux
parceque, par supposition, les polygones dont ils font parties
sont égaux (**113**), les triangles GHF et G'H'F' sont égaux
pour la même raison; donc ces tétraèdres ont un trièdre
symétrique compris sous trois faces respectivement égales,
donc ils sont symétriques (**504**).

Mais si l'on enlève ces tétraèdres, les polyèdres restants
seront encore symétriques. Car, les nouvelles faces AHF et
A'H'F' sont égales, comme faces homologues de deux
tétraèdres symétriques; les faces ABCDEF et A'B'C'D'E'F',
comme restes égaux de deux polygones égaux par supposition, sont aussi égales, de même que les faces IFH et I'F'H';
les coins AH et A'H' des deux polyèdres sont égaux à cause
de la supposition et les parties GAHF et G'A'H'F' sont égales,
comme coins homologues de deux tétraèdres symétriques,
donc les deux autres parties FAHM et F'A'H'M' le seront
aussi; les coins HAFG et H'A'F'G' sont égaux à cause de la
symétrie des deux tétraèdres dont ils font parties, donc leurs
suppléments HAFB et H'A'F'B' sont aussi égaux. Ainsi ces
deux polyèdres ont toujours leurs éléments égaux et disposés
dans un ordre inverse, donc ils sont encore symétriques. On
démontrerait ainsi qu'on peut retrancher successivement des
tétraèdres symétriques de part et d'autre, jusqu'à ce que les
deux derniers polyèdres soient aussi des tétraèdres. Donc....

La réciproque est vraie, car si les polyèdres n'étaient pas
égaux, ou s'ils n'étaient pas symétriques, il serait impossible
de les décomposer en un même nombre de tétraèdres égaux
ou symétriques.

THÉORÈME XVII.

(Nᵒˢ 480, 489, 500, 503.)

506. Deux polyèdres symétriques sont équivalents.

Soient d'abord deux tétraèdres. Chacun d'eux est le tiers
du prisme triangulaire construit sur la même base et ayant

pour arête latérale une des arêtes du tétraèdre (**300**). Ces deux prismes seront donc symétriques (**480**), et par suite équivalents (**489**). Donc les deux tétraèdres sont aussi équivalents.

Maintenant, deux polyèdres symétriques, comme on vient de le voir au théorème précédent, peuvent se décomposer en un même nombre de tétraèdres symétriques. Donc ils sont équivalents.

THÉORÈME XVIII.

307 Deux tétraèdres sont semblables, lorsqu'ils ont 1° les faces semblables; 2° les trièdres égaux; 3° un trièdre égal compris sous trois faces semblables.

1° Si les triangles qui forment ces tétraèdres sont semblables, leurs angles sont égaux et par conséquent les trièdres ont les faces égales et sont égaux. Donc les deux tétraèdres ont leurs faces semblables et leurs angles solides égaux, donc ils sont semblables.

2° Si les trièdres sont égaux, leurs faces sont égales et, en conséquence, celles des tétraèdres sont semblables.

3° Les coins du trièdre égal sont égaux ainsi que les angles des faces semblables; donc les trois autres trièdres sont égaux chacun à chacun, comme ayant un coin égal compris entre deux faces égales.

THÉORÈME XIX.

308. Deux polyèdres semblables sont décomposables en un même nombre de tétraèdres semblables, et réciproquement.

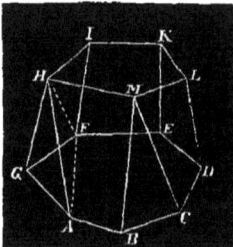

En suivant la même méthode qu'au théorème XVII, on démontre que les deux tétraèdres HAGF et H'A'G'F' sont semblables comme ayant un trièdre égal compris sous trois faces semblables (**307**), et que les deux polyèdres qui restent après avoir retranché ces tétraèdres, sont encore semblables, parceque leurs nouvelles faces sont semblables et les nouveaux coins égaux.

La réciproque se démontre par la réduction à l'absurde.

THÉORÈME XX.

(N°ˢ 440, 597, 501.)

509. Deux tétraèdres semblables sont entre eux comme les cubes de leurs hauteurs ou de leurs arètes homologues, et leurs surfaces comme les carrés des mêmes lignes.

Puisque les tétraèdres sont semblables, le trièdre D = D et l'on pourra placer le plus petit dans l'autre de manière à faire coïncider D avec D, et alors la base A'B'C' sera parallèle à ABC, car, par supposition, l'angle DA'B' = DAB et DA'C' = DAC; donc A'B' et A'C' sont respectivement parallèles à AB et à AC, donc les plans de ces droites sont parallèles (**440**), donc la hauteur DO du plus grand est aussi perpendiculaire sur A'B'C' et DD' est la hauteur du plus petit (**436**).

Soient B et B' les bases, H et H' les hauteurs des deux tétraèdres, on a $B : B' = H^2 : H'^2$ (**597**, 3°). Multipliant terme à terme par la proportion évidente $\frac{1}{3}H : \frac{1}{3}H' = H : H'$ il vient $\frac{1}{3}BH : \frac{1}{3}B'H' = H^3 : H'^3$. Mais les deux premiers termes de cette proportion, étant les solidités des deux tétraèdres (**501**), en les représentant par T et T', on a $T : T' = H^3 : H'^3$. D'un autre côté, on sait (**597**, 2°) que $H : H' = DA : DA'$, et par supposition $DA : DA' = AB : A'B'$; d'où, élevant au cube et rapprochant les deux proportions, $H^3 : H'^3 = \overline{AD}^3 : \overline{A'D}^3 = \overline{AB}^3 : \overline{A'B}^3$; donc aussi $T : T' = \overline{AD}^3 : \overline{A'D}^3 = \overline{AB}^3 : \overline{A'B}^3$

2° Les faces étant semblables, elles sont entre elles comme les carrés des hauteurs ou des arètes homologues; donc leurs sommes ou les surfaces des deux tétraèdres sont entre elles comme les mêmes carrés.

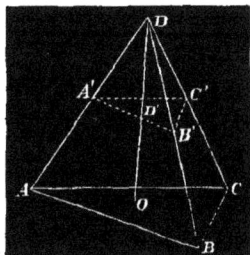

THÉORÈME XXI.

310. Deux polyèdres semblables sont entre eux comme les cubes des arêtes homologues et leurs surfaces comme les carrés des mêmes lignes.

Soient P et P′ les deux polyèdres, A, B, C, D…. les tétraèdres qui composent le premier et A′, B′, C′, D′, les tétraèdres homologues du second. Soit x une arête commune aux deux tétraèdres A et B, et x' son homologue entre A′ et B′, on aura A : A′ $= x^3 : x'^3$ et B : B′ $= x^3 : x'^3$, d'où A : A′ $=$ B : B′. Soient y et y' deux arêtes homologues, la première commune à B et C, et l'autre à B′ et C′, on aura B : B′ $= y^3 : y'^3$ et C : C′ $= y^3 : y'^3$, d'où B : B′ $=$ C : C′. On aura donc A : A′ $=$ B : B′ $=$ C : C′ $=$ …. d'où A $+$ B $+$ C $+$ …. : A′ $+$ B′ $+$ C′ …. $=$ A : A′, ou P : P′ $=$ A : A′. Soit r une arête commune entre A et P, et soit r' son homologue dans P′, on aura, d'après le théorème précédent, A : A′ $= r^3 : r'^3$; donc aussi P : P′ $= r^3 : r'^3$. Mais, à cause de la similitude de P et P′, leurs arêtes sont proportionnelles; donc le rapport entre les cubes de ces arêtes est toujours égal à celui de r^3 et de r'^3. Donc, etc….

En suivant un procédé analogue, on démontre que les surfaces sont entre elles comme les carrés des mêmes arêtes.

THÉORÈME XXII.
(Nos 441, 474, 477, 499, 501.)

311. Le prisme triangulaire tronqué est équivalent à trois tétraèdres ayant pour base commune celle du prisme et pour sommets respectifs ceux de la section qui forme le prisme tronqué.

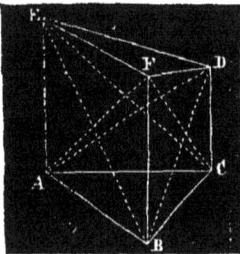

Soient ABC la base et DEF la section oblique à la base. Si l'on retranche le tétraèdre FABC qui a pour base ABC et pour sommet le point F, il reste la pyramide quadrangulaire FACDE, qui sera divisée, par le plan ECF en deux pyramides triangulaires FACE et FCDE. La première de ces deux pyramides est équivalente à BAEC, car ces deux pyramides ont la même base EAC et leurs sommets F et B sont situés sur une même droite parallèle à CD et par conséquent au plan de cette base (**301**, 4°). Mais la pyramide BAEC peut être considérée comme ayant pour base ABC et pour sommet le point E. La troisième pyramide FECD, en la considérant comme ayant son sommet en E, est équivalente à la pyramide AFDC, car elles ont la même base FDC et la même hauteur, puisque leurs sommets sont placés sur une parallèle à la base. La pyramide AFDC ou FADC est à son tour équivalente à BACD, comme ayant la même base et la même hauteur. En prenant, dans cette dernière, le point D pour sommet, sa base sera aussi ABC.

En résumé, ABCDEF = FABC + FACDE; FACDE = FACE + FCDE; FACE = BAEC = EABC; FCDE = EFDC = AFDC = FADC = BADC = DABC. Donc ABCDEF = FABC + EABC + DABC.

312. COROLLAIRES. 1° *La solidité de ce prisme est égale au tiers de la base multiplié par la somme des trois perpendiculaires menées des trois sommets de la section sur la base* (**301**). Ainsi, en désignant par b la base, par h, h', h'' ces trois hauteurs, on aura $V = \frac{1}{3} b (h + h' + h'')$.

2° *Si le prisme est droit, c'est le tiers du produit de la base par la somme des trois arêtes latérales.*

3° Soit S une section normale, et désignons par a et a' les deux parties ainsi formées sur l'arête AE, par b et b' celles de l'arête BF, par c et c' celles de l'arête CD. Cette section détermine deux prismes tronqués droits qui ont respectivement pour solidités $\frac{S}{3} (a + b + c)$ et $\frac{S}{3} (a' + b' + c')$; *donc celle du prisme tronqué total sera* $\frac{S}{3} (a + a' + b + b' + c + c')$, *donc* $V = \frac{S}{3} (AE + BF + CD)$.

THÉORÈME XXIII.

513. La pyramide triangulaire tronquée est équivalente à trois pyramides qui auraient pour hauteur commune celle du tronc, et dont les bases seraient la base inférieure du tronc, sa base supérieure et une moyenne proportionnelle entre ces deux bases.

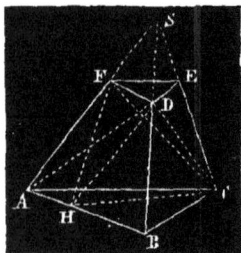

Soit ABCDEF un tronc de pyramide triangulaire à bases parallèles ABC, DEF. En prenant le tétraèdre DABC, qui a pour base, la base inférieure du tronc et même hauteur que lui, puisque le sommet D est dans la base supérieure, il reste la pyramide quadrangulaire DFACE. Le plan DFC partage cette pyramide en deux tétraèdres dont l'un CDFE a pour base EDF et pour hauteur celle du tronc. Reste le tétraèdre DAFC. Menant DH parallèle à FA et joignant FH, on formera la pyramide triangulaire dont la base est AFC et dont le sommet est en H. Cette pyramide est équivalente à DAFC, car ces deux pyramides ont la même base et des hauteurs égales à cause que leurs sommets sont sur une droite DH parallèle à une droite AF située dans le plan de leurs bases et par conséquent parallèle à ce plan. Mais la pyramide HAFC, en prenant pour sommet le point F, aura pour hauteur celle du tronc, et sa base sera le triangle ACH; et il s'agit de démontrer que ce triangle est moyen proportionnel entre les deux bases du tronc. Les triangles AHC et DEF, ayant l'angle A = F, sont entre eux comme les produits des côtés qui forment cet angle, et comme le côté AH = DF, on a AHC : DEF = AC : FE *(a)*. Les triangles ABC et AHC ont pour sommet commun le point C, donc ils sont entre eux comme leurs bases AB et AH, donc ABC : AHC = AB : AH = AB : FD *(b)*. Les triangles semblables ABC et DEF donneront AC : FE = AB : FD *(c)*. Des proportions *(a)*, *(b)*, *(c)* on déduit ABC : AHC = AHC : DEF. Donc....

514. COROLLAIRES. 1ᵒ *La même propriété existe pour une pyramide polygonale tronquée.* Car, si l'on suppose une pyramide complète quelconque et une pyramide triangulaire d'une base équivalente et de même hauteur, les sections faites dans ces deux pyramides à la même distance de chaque sommet, seront équivalentes. Donc les deux pyramides entières sont équivalentes ainsi que les deux petites pyramides enlevées pour former les troncs; donc ceux-ci sont équivalents. Et comme les deux bases de l'un sont équivalentes à celles de l'autre et qu'ils ont la même hauteur, la propriété énoncée est commune aux deux figures.

2° *Soient* B *et* B′ *les deux bases d'un tronc de pyramide et* H *sa hauteur, sa solidité sera* $V = \dfrac{1}{3} H (B + B' + \sqrt{\overline{B. B'}}.)$

EXERCICES.

1° Différence entre *face* d'un angle solide et *face* d'un polyèdre (**420, 473**); entre *prisme régulier* et *polyèdre régulier* (**473, 474**) entre *parallélipipède droit, parallélipipède rectangle, parallélipipède régulier, hexaèdre régulier* et *cube* (**473, 475**); entre *tétraèdre régulier* et *pyramide triangulaire régulière* (**473, 476**); entre *polyèdres égaux, symétriques, semblables* et *équivalents* (**478, 479**).

2° Comparer les nᵒˢ **482** et **483** du 6ᵉ livre avec les nᵒˢ **92** à **98** du 1ᵉʳ.

3° Comparer les nᵒˢ **484, 485, 486** avec les nᵒˢ **257** et **258** du 3ᵉ.

⌄ 4° Dans tout parallélipipède, la somme des carrés des arêtes est égale à celle des carrés des diagonales.

En menant les diagonales du parallélipipède et celles de ses bases, on forme des parallélogrammes qui, par le nᵒ **307**, peuvent servir à résoudre la question.

5° Dans le cube, les diagonales sont égales et le carré de l'une d'elles est égal à trois fois le carré du côté.

6° Trouver le côté du cube dont on connait la diagonale.

Si x est le côté et a la diagonale, on aura $3x^2 = a^2$. Résoudre le problème graphiquement, d'après la propriété du n° **379**. Puis numériquement, en supposant $a = 9^m$, et dans ce cas, calculer la solidité du cube.

7° Diviser un prisme triangulaire en trois parties équivalentes par des plans conduits suivant une arête latérale. On divise d'abord la base en trois parties équivalentes, par le n° **359**, et l'on aura les bases des trois prismes cherchés. (**494**, 5°).

8° Diviser un tétraèdre en deux parties qui soient entre elles comme deux carrés donnés par un plan mené suivant une arête (**353**, **360**).

9° Diviser un parallélipipède en trois parties équivalentes par des plans menés suivant une arête latérale.

On divisera la base en trois parties équivalentes au moyen de deux droites tirées de l'un des sommets (n°s **39** et **40** des exercices du 3e livre).

10° Toute section faite dans un parallélipipède par un plan est un parallélogramme. Et la plus petite de toutes ces sections est la section normale, c'est-à-dire celle qui est perpendiculaire aux arêtes qu'elle rencontre.

11° Trouver le côté du cube équivalent au prisme triangulaire dont la hauteur égale 32^m et dont la base a pour dimensions 12 et 9 mètres.

12° La hauteur du tétraèdre régulier est égale à la somme des perpendiculaires menées d'un point intérieur sur les quatre faces.

On joint ce point à tous les sommets, et l'on obtient quatre pyramides qui ont pour bases chacune des faces égales du tétraèdre proposé et pour hauteurs respectives les perpendiculaires en question. On égale ensuite la somme de ces pyramides à la pyramide donnée.

13° Trouver deux droites qui soient entre elles comme deux parallélipipèdes rectangles donnés.

On cherche d'abord deux droites qui soient entre elles comme les deux bases (**351**).

14° Dans un tétraèdre, le plan bisecteur d'un coin divise l'arête opposée en deux segments proportionnels aux faces adjacentes à ce coin.

Si le plan FAB est bisecteur du coin AB, le point F est également éloigné des faces ABC et ABD (n° **17** des exercices du 5ᵉ livre); donc les deux tétraèdres qui ont ces deux faces pour bases et le point F pour sommet commun sont comme ces faces. Les deux mêmes tétraèdres sont comme les triangles FBC, FBD et ces triangles sont comme FC et FD.

15° La solidité d'un prisme triangulaire est égal au demi-produit d'une face latérale par sa distance à l'arête opposée.

On construit le parallélipipède double.

16° Deux tétraèdres qui ont un trièdre égal sont entre eux comme les produits des arêtes qui forment ce trièdre.

En faisant coïncider le trièdre égal, on aura $DAB : DEF = DA \times DB : DE \times DF$ (**290**).

En prenant pour bases les triangles ABD et DEF, on aura, en désignant par P et P′ ces deux tétraèdres, par CH et GI leurs hauteurs, $P : P' = ABD \times CH : DEF \times GI$. En menant le plan DCH, on aura $DC : DG = CH : GI$.

Ces trois proportions fournissent la solution.

17° Transformer un prisme polygonal en une pyramide triangulaire équivalente (**341**).

18° Trouver un cube qui soit le double d'un cube donné.

Si a est le côté du cube donné et x celui du cube cherché, on aura $x^3 = 2a^3$, d'où $x = a\sqrt[3]{2}$. Le côté x ne peut pas se construire avec la règle et le compas, de sorte que ce problème ne peut se résoudre que numériquement.

19° Diviser un prisme triangulaire en parties équivalentes ou qui aient entre elles un rapport donné par un ou plusieurs plans parallèles à une face latérale.

On divise d'abord la base comme au n° **353** des exercices du 3ᵉ livre.

20° Dans tout tétraèdre, l'axe de chaque trièdre rencontre la face opposée au sommet de trois triangles proportionnels aux faces adjacentes.

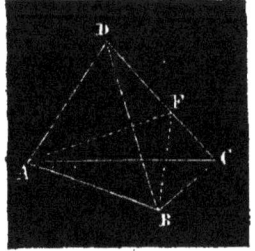

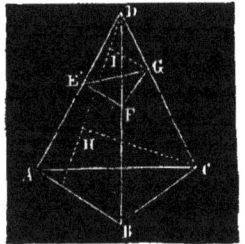

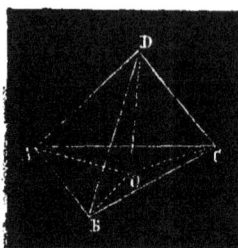

Soit DO l'axe de D (**423**). Le point O est équidistant des trois faces latérales ; donc les tétraèdres qui ont le point O pour sommet et pour bases ces trois faces sont entre eux comme ces faces, et ils sont aussi comme les trois triangles AOB, BOC, AOC.

21° Trouver la solidité du tétraèdre régulier en fonction de son côté.

Ce volume étant une pyramide régulière la hauteur tombe au centre de la base; et le centre d'un triangle équilatéral se trouve aux deux tiers de sa hauteur. En représentant par T le tétraèdre et par a son côté, on a $T = \dfrac{a^3}{12}\sqrt{2}$.

22° L'arête latérale d'une pyramide triangulaire régulière est égale à 5 mètres et la hauteur de sa base en vaut 6, calculer la solidité de cette pyramide.

23° Les droites qui joignent les milieux des arêtes opposées d'un tétraèdre se coupent mutuellement en deux parties égales.

Soient FH, GE deux de ces droites. EF est égale et parallèle à $\dfrac{CA}{2}$, de même que GH ; donc EF et GH sont égales et parallèles.

24° Si par le milieu d'une arête latérale d'une pyramide, on mène un plan parallèle à la base, la section qui en résulte est égale au quart de cette base, et la petite pyramide vaut le huitième de la grande.

Soient B la base, B′ la section et a une arête latérale, on a $B : B' = a^2 : \dfrac{a^2}{4}$.

Soient P la grande pyramide et P′ la petite, on a $P : P' = a^3 : \dfrac{a^3}{8}$. Car les deux pyramides sont semblables.

25° Les milieux des arêtes d'un tétraèdre sont les sommets d'un octaèdre moitié du tétraèdre. On forme aux quatre sommets, des tétraèdres égaux chacun au huitième du proposé.

26° Trouver un point sur la base d'une pyramide triangulaire tel qu'en menant des plans par ce point et les arêtes

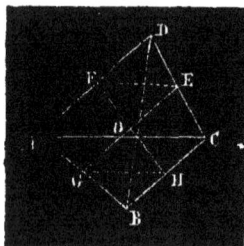

latérales, cette pyramide soit divisée en trois parties proportionnelles à des droites ou à des nombres donnés. (n° **43** des exercices du 3ᵉ livre).

27° Diviser la surface convexe d'une pyramide en parties équivalentes par des plans parallèles à la base (**361**).

28° Diviser le volume d'une pyramide en trois parties équivalentes par des plans parallèles à la base.

Soient P la pyramide, B sa base, H sa hauteur, A une arête latérale, x l'arête homologue de la petite pyramide et P′ cette pyramide, on a P : P′ = A³ : x^3 et puisque P′ = $\frac{P}{3}$, $x^3 = \frac{A^3}{3}$.

Pour la 2ᵉ division, en représentant par y l'arête de la petite pyramide et par P″ cette pyramide, on a P : P″ = A³ : y^3 et puisque P″ = $\frac{2}{3}$ P, $y^3 = \frac{2}{3}$ A³.

29° On connait les deux bases et la hauteur d'un tronc de pyramide, trouver la solidité de la grande pyramide, de la petite et le rapport de ces deux pyramides.

Soient B et B′ les bases du tronc, H sa hauteur m et m' les côtés des carrés équivalents aux bases et x la hauteur de la petite pyramide, on aura $m^2 : n^2$ = (H + $x)^2$: x^2, d'où m : n = H + x : x, d'où $x = \frac{nH}{m-n}$, et la grande hauteur H + $x = \frac{mH}{m-n}$; Donc P = $\frac{m^3 H}{3(m-n)}$, P′ = $\frac{n^3 H}{3(m-n)}$ et $\frac{P}{P'} = \frac{m^3}{n^3}$.

30° Trouver la solidité du parallélipipède tronqué.

Soient B la base, a, b, c, d les perpendiculaires abaissées des quatre sommets de la section sur la base, B′ la base du prisme triangulaire tronqué formé par le plan BDHF et P′ ce prisme, on aura P′ = $\frac{1}{3}$ B′ ($a + b + d$), pour l'autre prisme formé par le même plan, on aura P″ = $\frac{1}{3}$ B′ ($b + c + d$); ajoutant on trouve P = $\frac{1}{3}$ B′ ($a + c + 2b + 2d$). En décom-

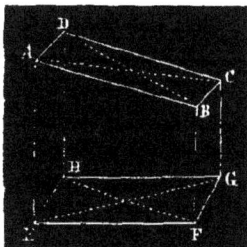

posant le parallélipipède par le plan ACGE, on aura P $= \frac{1}{3}$.
B′ $(2a + 2c + b + d)$; donc $2P = \frac{1}{3}$ B′ $(3a + 3b + 3c + 3d)$,
d'où P $= \frac{B}{4} (a + b + c + d)$.

31° On prend sur les trois arêtes d'un trièdre trirectangle, une longueur a, et par les points ainsi déterminés on conduit un plan, trouver la solidité du tétraèdre qui en résulte.

La base est un triangle rectangle isocèle dont le côté est a; la hauteur est aussi a.

32° Diviser la surface convexe d'un tronc de pyramide régulière en deux parties qui soient entre elles comme deux droites données par un plan parallèle aux bases.

Il suffit de diviser une des faces latérales, comme au n° **37** des exercices du 3ᵉ livre.

33° Trouver la solidité du prisme triangulaire tronqué en fonction de l'axe et de la section normale.

L'axe est la droite OP qui joint les centres de gravité des deux bases. Soit a cet axe et soit S la section normale GIH. On sait (**317**, 3°) que V $= \frac{S}{3}$ (AF + BE + CD). Dans le trapèze ABEF, MN $= \frac{AF + BE}{2}$ (**286**), et dans le trapèze NCDM, PO $= \frac{2}{3}$ MN $+ \frac{2}{3}$ DC (n° **23** des exercices du 3ᵉ livre). Donc V $=$ S. a

34° Trouver la solidité du prisme régulier octogonal, connaissant sa hauteur H et le rayon R de sa base. Calculer ce volume à moins de $\frac{1}{100}$ près en supposant H $= 2$ et R $= 3$.

35° On connaît l'arête latérale a d'une pyramide régulière tronquée décagonale et les rayons R et R′ des bases, trouver sa solidité.

La différence des rayons est le côté d'un triangle rectangle dont a est l'hypoténuse et dont le troisième côté est la hauteur du tronc.

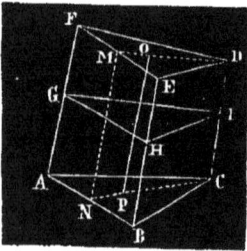

36° Diviser une pyramide tronquée en deux parties qui soient entre elles comme m est à n par un plan parallèle aux bases.

Soient P la grande pyramide, P′ la petite, P″ la pyramide moyenne formée par le plan cherché, $a =$ AB, $b =$ CD, $x =$ IH les côtés homologues des trois bases, on aura P : P″ $= a^3 : x^3$, d'où $\dfrac{P - P''}{P''} = \dfrac{a^3 - x^3}{x^3}$; P″ : P′ $= x^3 : b^3$, d'où $\dfrac{P'' - P'}{P''} = \dfrac{x^3 - b^3}{x^3}$; mais on doit avoir $\dfrac{P - P''}{P'' - P'} = \dfrac{m}{n}$, donc $\dfrac{a^3 - x^3}{x^3 - b^3} = \dfrac{m}{n}$, d'où $x^3 = \dfrac{na^3 + mb^3}{m + n}$. Connaissant x, on prendra sa longueur en AF, et la parallèle FH à AC donnera le point H par où le plan doit être mené.

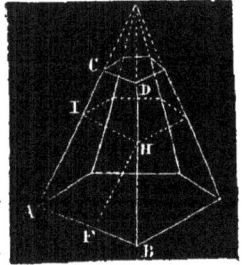

Si les deux parties devaient être équivalentes, on aurait $x^3 = \dfrac{a^3 + b^3}{2}$.

37° Les droites qui joignent les sommets d'un tétraèdre aux centres de gravité des faces opposées se coupent en un même point situé aux trois quarts de chacune d'elles à partir du sommet.

Soient I et H les centres de gravité des faces ABC et DBC, F le milieu de BC, les droites AH et DI se trouveront dans le plan AFD et parconséquent se rencontrent; soit O leur point d'intersection, la droite IH est parallèle à DA et en vaut le tiers. Les triangles OAD et OIH sont semblables et donnent AD : IH $=$ OA : OH; donc OH égale le tiers de OA et par suite le quart de AH.

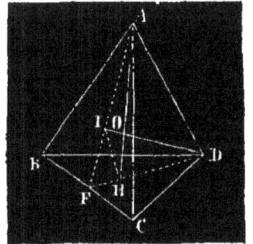

38° Comparer le 6e et le 3e livres en énonçant les propositions de l'un qui ont leurs analogues dans l'autre.

39° La solidité du prisme hexagonal régulier est égale au produit de l'une de ses faces latérales par trois fois l'apothème de sa base.

40° Le tétraèdre est la limite des prismes triangulaires formés comme il est dit au n° **499.** Car, sur la base ABC et chacune des sections si l'on construit des prismes, tel est AB CHKF, de même hauteur que les prismes intérieurs A′GIDEF,

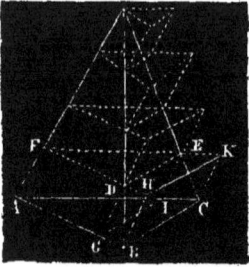

la différence entre les sommes de ces deux séries de prismes sera toujours ABCHKF dont la base est celle du tétraèdre, puisque chacun des prismes intérieurs est équivalent à celui qui le suit dans l'autre série, comme ayant même base et même hauteur que lui. Or, comme on peut diviser la hauteur en parties égales plus petites que toute ligne donnée, il s'ensuit que la différence entre les sommes de ces deux séries de prismes est un prisme de base ABC donnée et dont la hauteur est aussi petite que l'on veut; donc ce prisme peut être plus petit que tout volume imaginable; donc, à plus forte raison, la différence entre le tétraèdre et l'une de ces sommes peut elle être aussi petite que l'on voudra.

LIVRE VII.

—

DÉFINITIONS.

315. La **sphère** est un volume (corps rond **409,** 3°) terminé par une surface courbe (**409,** 2°) dont tous les points sont également éloignés d'un point intérieur appelé **centre.** Cette surface se nomme **surface sphérique.** La distance constante du centre à cette surface est le **rayon** de la sphère et toute droite qui, passant par le centre est terminée de part et d'autre à la surface sphérique en est le **diamètre. L'axe** d'une sphère est l'un quelconque de ses diamètres. Les extrémités de l'axe sont les **pôles** de la sphère.

316. Tout cercle dont la circonférence est sur une sphère s'appelle **cercle sphérique;** et il est dit **grand cercle** ou **petit cercle,** suivant que son rayon est égal à celui de la sphère ou qu'il est plus petit, ou suivant que le plan de ce cercle passe ou ne passe pas au centre de la sphère (**325**). On entend par **pôle** d'un cercle sphérique un point de la surface sphérique qui est à égale distance de tous les points de la circonférence de ce cercle.

317. Un **angle sphérique** est l'écartement de deux arcs de grand cercle aboutissant à un même point. Ce point et ces arcs sont **le sommet** et **les côtés** de l'angle. Un **angle au pôle** est un angle dont le sommet est au pôle d'un grand cercle et dont les côtés aboutissent à la circonférence de ce cercle. Les angles sphériques sont égaux, adjacents, opposés au sommet, complémentaires et supplémentaires dans les mêmes conditions que les angles plans (**15, 16, 19, 20**).

Deux arcs du grand cercle sont perpendiculaires ou obliques, font entre eux un angle droit, aigu ou obtus dans les mêmes cas que deux droites (**17, 18**).

318. On entend par **polygone sphérique** une partie de la surface sphérique comprise entre plusieurs arcs de grand cercle. Le polygone sphérique est **équiangle** ou **équilatéral,** suivant qu'il a les angles ou les côtés égaux, et **régulier** lorsqu'il est en même temps équiangle et équilatéral.

Les définitions des nᵒˢ **24** à **33** s'appliquent aux polygones sphériques en y remplaçant la droite par l'arc de grand cercle.

Un triangle sphérique est dit **birectangle** ou **trirectangle** s'il a deux ou trois angles droits. Un triangle sphérique peut être concave, c'est-à-dire qu'il peut avoir un angle rentrant, mais on ne considère que les polygones convexes. Deux triangles sont **polaires** lorsque les sommets de chacun d'eux sont les pôles des côtés de l'autre. Ils sont **supplémentaires** si les côtés de chacun sont les suppléments des angles de l'autre.

Deux polygones sphériques sont **égaux** lorsqu'ils peuvent coïncider (**21**) c'est-à-dire lorsqu'ils ont leurs éléments (angles et côtés) respectivement égaux et disposés dans le même ordre; **symétriques** si les éléments égaux sont disposés dans un ordre inverse relativement aux deux figures; **équivalents** lorsqu'ils ont la même superficie ou la même aire (**243**), et **semblables,** lorsqu'étant tracés sur des sphères de rayons inégaux, leurs angles sont égaux.

Un polygone sphérique est inscrit dans un petit cercle, lorsque tous ses sommets sont sur la circonférence de ce cercle.

319. Une **pyramide sphérique** est une pyramide qui a pour sommet le centre de la sphère et pour base un polygone sphérique. Deux pyramides sphériques sont **égales**, **symétriques** ou **semblables** en même temps que leurs bases. Elles sont **équivalentes** lorsqu'elles ont la même solidité.

520. On appelle **fuseau sphérique** la partie de la surface sphérique comprise entre deux demi-circonférences de grand cercle. Le fuseau est **droit, aigu** ou **obtus,** suivant que les arcs qui le forme font un angle droit, aigu ou obtus. Le fuseau a donc deux angles égaux et deux côtés égaux. Si l'angle d'un fuseau est A, ce fuseau se représente par *f*A.

Deux fuseaux sont **égaux, semblables** ou **équivalents** dans le même cas que deux polygones sphériques.

521. On entend par **onglet sphérique** la portion du volume de la sphère comprise entre deux demi-grands cercles. Ils sont semblables en même temps que les fuseaux qui leur servent de bases, et ils sont équivalents, lorsqu'ils ont la même solidité.

522. Ainsi que l'arc de cercle (**139**), les parties de la surface sphérique, tels sont le fuseau, le triangle, et le polygone sphérique ont deux espèces de mesures qui sont l'aire et la graduation et par suite deux unités, savoir le carré pris pour unité superficielle et le fuseau droit ou le quart de la surface sphérique (**538**). Mais ainsi qu'on a divisé le quadrant en degrés, minutes, secondes, etc., le fuseau droit est subdivisé en degrés sphériques, minutes, secondes, etc.

On pourrait prendre pour unité relative aux parties de la surface sphérique, le triangle trirectangle, puisque celui-ci est la moitié du fuseau droit.

523. Un plan est **tangent** à la sphère lorsqu'il n'a qu'un point de commun avec la surface sphérique. Et deux sphères sont **tangentes** lorsque leurs surfaces n'ont qu'un point de commun.

524. Un polyèdre est **inscrit** ou **circonscrit** à une sphère, suivant que tous ses sommets sont sur la surface de la sphère ou que toutes ses faces lui sont tangentes. Un polyèdre est **inscriptible** ou **circonscriptible** à la sphère, suivant qu'on peut lui circonscrire une sphère ou lui en inscrire une.

THÉORÈME I.

(Nᵒˢ 515, 516, 427, 428, 429, 466.)

525. Toute section faite dans la sphère par un plan est un cercle.

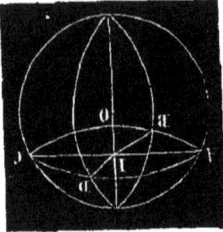

Soit ABCD l'intersection de la surface sphérique par un plan. Il faut constater que les points de cette courbe sont tous également éloignés d'un point du plan.

Soit OI la perpendiculaire menée du centre de la sphère sur ce plan, les obliques OA, OB, OC, OD.... sont égales comme rayons d'une même sphère; donc leurs projections IA, IB, IC.... sont égales (**429**). Donc la section est un cercle ayant pour rayon IA. Et ce sera un grand ou un petit cercle, suivant que le plan passera ou ne passera pas au centre de la sphère (**516**).

526. COROLLAIRES. 1º *Tous les grands cercles d'une même sphère sont égaux, comme ayant tous pour rayon celui de la sphère. Et ils se coupent mutuellement, ainsi que leurs circonférences, en deux parties égales* (**149**).

2º *Par deux points de la surface sphérique, on peut toujours mener un grand cercle, mais il n'y en a qu'un. Car ces deux points et le centre sont trois points non en ligne droite* (**424**). Cependant si les deux points sont les extrémités d'un même diamètre, il seront en ligne droite avec le centre, et alors il y aura une infinité de plans.

THÉORÈME II.

527. Tout cercle de la sphère a deux pôles, qui sont les extrémités du diamètre perpendiculaire à ce cercle.

Soit PP′ un diamètre de la sphère perpendiculaire au petit cercle AFBE. Ce diamètre passera par le centre I du petit cercle (**429, 466**), et PP′ en sera l'axe (**423**). Donc tout point P ou P′ de ce diamètre est également éloigné de tous

les points de la circonférence de ce cercle ; donc les droites
PA, PF, PB, PE.... sont égales, et comme ces droites sont
des cordes dans les grands cercles PAP′, PFP′.... et que ces
cercles sont égaux (**526**), il s'ensuit que les arcs PA, PF....
sont égaux. Donc, etc....

528. COROLLAIRES. 1° S'il s'agit d'un grand cercle CD,
l'angle COP étant droit, l'arc CP est un quadrant de grand
cercle. *Donc chaque point de la circonférence d'un grand cercle
est à une distance de ses pôles égale à un quadrant.*

2° *Tout point à égale distance de trois points d'une circonférence de petit cercle, est le pôle de ce cercle* (**466**).

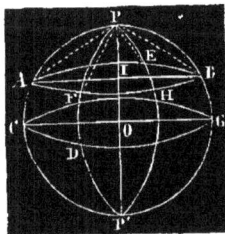

THÉORÈME III.

529. Deux petits cercles égaux sont à égale distance du centre, et
réciproquement. S'ils sont inégaux le plus grand est le plus rap-
proché du centre, et réciproquement.

Soient R le rayon de la sphère, a et $a′$ ceux des cercles en
question, d et $d′$ leurs distances au centre, on aura $R^2 = a^2
+ d^2$ et $R^2 = a'^2 + d'^2$, d'où $a^2 + d^2 = a'^2 + d'^2$. Donc 1° Si
$a = a′$, on aura $d = d′$ et réciproquement si $d = d′$ on aura
$a = a′$. 2° Si $a > a′$, on aura $d < d′$ et réciproquement, si
$d < d′$, on aura $a > a′$.

THÉORÈME IV.
(N°ˢ 427, 428, 429, 469, 523.)

530. Tout plan perpendiculaire à l'extrémité d'un rayon est tangent
à la sphère, et réciproquement.

Si le plan BD est perpendiculaire à l'extrémité A du rayon
OA, le point A est commun à ce plan et à la surface sphérique ; et il faut démontrer, conformément à la définition
(**523**) qu'il n'y en a pas d'autre. Or, soit C un autre point
du plan, en joignant OC, on aura une oblique au plan (**427**).
Mais toute oblique OC est plus grande que la perpendiculaire
(**428**). Donc le point C se trouve à l'extérieur.

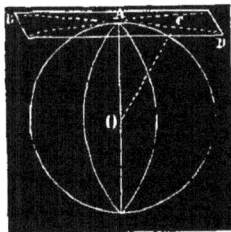

Réciproquement, si le plan BD est tangent au point A, tout autre point C de ce plan se trouve hors de la sphère et OC > OA. Donc OA est la plus courte des droites que l'on puisse mener du centre sur le plan, donc (**429**) elle est perpendiculaire.

531. COROLLAIRE. *On ne peut mener qu'un plan tangent à la sphère par un point donné sur sa surface* (**469**).

THÉORÈME V.
(Nᵒˢ 182 à 190.)

532. L'intersection de deux surfaces phériques est une circonférence de cercle, et la droite qui joint les centres des deux sphères, est perpendiculaire au centre de ce cercle.

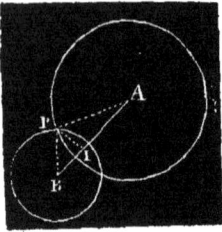

Si l'on joint chaque point P de cette intersection aux deux centres, on formera des triangles, tels que APB, égaux entre eux, comme ayant les trois côtés respectivement égaux, et dont la base commune est la droite AB qui joint les centres. Donc les hauteurs PI de ces triangles sont égales (**50**), et elles passent toutes au même point I de cette droite AB. Donc ces hauteurs déterminent un cercle, ayant le point I pour centre et auquel AB est perpendiculaire (**412**).

533. COROLLAIRE. *La droite qui joint les centres est plus petite que la somme des rayons et plus grande que leur différence* (**189**).

THÉORÈME VI.
(Nᵒˢ 182 à 190.)

534. Lorsque deux sphères sont tangentes, la distance des centres est égale à la somme ou à la différence des rayons et réciproquement.

1° On suppose que les sphères sont tangentes au point P. Si, par ce point et les deux centres, on mène un plan, les intersections de ce plan avec les sphères seront deux grands cercles aussi tangents au point P. Donc le point de contact P est sur la droite des centres (**184**). Donc AB = AP ± BP, suivant que les sphères se touchent extérieurement ou intérieurement.

2° Si AB = AP ± BP, le point P se trouve à la fois sur les deux sphères et sur la droite qui joint les centres (**187**). Donc, etc....

535. COROLLAIRE. *Toutes les sphères tangentes en un même point, ont leurs centres sur une même droite qui passe au point de contact. Et tout plan perpendiculaire en ce point à la droite des centres est à la fois tangent à toutes ces sphères.*

THÉORÈME VII.

(N°ˢ 147, 516, 517, 526.)

536. Deux angles au pôle égaux interceptent sur la circonférence de grand cercle des arcs égaux, et réciproquement.

Soient les angles APB, DPC et les arcs interceptés AB, DC.

1° Si l'on suppose les angles égaux, en transportant le premier sur le second de manière à faire coïncider PA avec PD, le côté PB tombera sur PC à cause de l'égalité des angles, et le point B en C à cause de l'égalité des côtés. Donc l'arc AB coïncidera avec DC, car (**526** 2°) par deux points de la surface sphérique, on ne peut mener qu'un arc de grand cercle.

2° Si l'arc AB = DC, en faisant tourner l'angle APB sur le point P jusqu'à ce que l'arc AB coïncide avec DC, l'arc PA coïncidera avec PD, et PB avec PC (**526, 2°**).

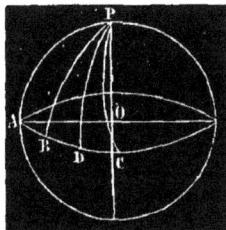

THÉORÈME VIII.

(N°ˢ 131 à 145, 150, 444, 556.)

537. Deux angles au pôle sont entre eux comme les arcs interceptés.

Soient APC et APB ces deux angles.

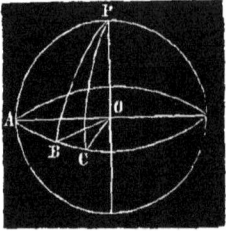

Supposons que les arcs compris AC et AB sont commensurables et que leur commune mesure est contenue 7 fois dans AC et 3 fois dans AB, leur rapport sera $\frac{3}{7}$. Divisant l'arc AC en 7 parties égales, il y en aura 3 dans AB, et si l'on joint les points de division au pôle P par des arcs de grand cercle, les angles APC et APB seront divisés respectivement en 7 et en 3 parties égales (**536**). Donc leur rapport sera aussi $\frac{3}{7}$ et par conséquent la proportion énoncée existe.

Si les arcs AB et AC sont incommensurables, en divisant AC en parties égales plus petites que BC, il y aura au moins un point de division D entre B et C, et en joignant PD, on aura APC : APD = AC : AD. Divisant de nouveau AC en parties égales plus petites que BD, et ainsi indéfiniment, on verra par les limites que APC : APB = AC : AB.

538. COROLLAIRES. 1° *L'angle sphérique au pôle a pour mesure l'arc de grand cercle intercepté par ses côtés.* Car, le rapport entre un angle sphérique quelconque et l'angle sphérique droit est égal au rapport entre l'arc compris par cet angle et le quadrant.

2° Si l'on joint les points A, B, C au centre, les coins formés par les mêmes grands cercles que les angles en question, auront pour angles respectifs, les angles au centre AOB et AOC, et pour mesures les arcs AB et AC. *Donc ils sont entre eux comme les angles sphériques qui y correspondent; donc le coin et l'angle sphérique ont la même mesure.*

3° On démontrerait tout aussi bien que les fuseaux sont proportionnels aux coins et aux angles sphériques qui y correspondent. *Donc le fuseau a aussi la même mesure que l'angle sphérique et deux grands cercles rectangulaires, divisent la sphère et sa surface chacune en quatre parties égales; donc aussi tout grand cercle divise la sphère ainsi que la surface sphérique en deux parties égales.*

4° *Il résulte encore de là et du n°* **527** *que tout arc de grand cercle mené du pôle d'un grand cercle à sa circonférence est perpendiculaire à celle-ci.*

THÉORÈME IX.

539. Dans tout triangle sphérique 1° un côté est plus petit que la somme des deux autres; 2° il est plus grand que leur différence; 3° le périmètre est plus petit qu'une circonférence de grand cercle; 4° la somme des angles est comprise entre deux et six droits; 5° la différence entre la somme de deux angles et le troisième est moindre que deux droits.

En joignant les trois sommets au centre de la sphère, on forme un trièdre OABC, dans lequel on a 1° BOC < BOA + COA. Or, ces angles sont des angles au centre dans des cercles égaux, comme grands cercles d'une même sphère; donc ils ont pour mesures respectives les arcs interceptés (**169**). Donc BC < BA + CA.

2° AOB > BOC — AOC; donc AB > BC — AC.

3° BOC + BOA + AOC < 4d; donc BC + BA + AC < 360°.

4° La somme des coins OA + OB + OC > 2d et < 6d; donc puisque les angles sphériques qui y correspondent ont la même mesure (**538**), on aura aussi BAC + ABC + ACB > 2d et < 6d.

5° AO + BO — CO < 2d; donc BAC + ABC — ACB < 2d.

540. CORROLLAIRES. 1° *Chaque élément est plus petit que deux droits.*

2° *Dans un polygone sphérique, un côté est plus petit que la somme de tous les autres et le périmètre est moindre qu'une circonférence de grand cercle.*

On ne doit pas oublier qu'il ne s'agit que de triangles et de polygones convexes.

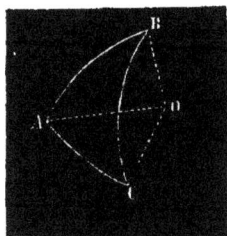

THÉORÈME X.

541. Deux triangles sphériques sont égaux ou symétriques, lorsqu'ils ont 1° un angle égal compris entre deux côtés respectivement égaux; 2° un côté égal adjacent à deux angles respectivement égaux;

3° les trois angles et 4° les trois coins égaux. On les suppose construits sur la même sphère ou sur des sphères égales.

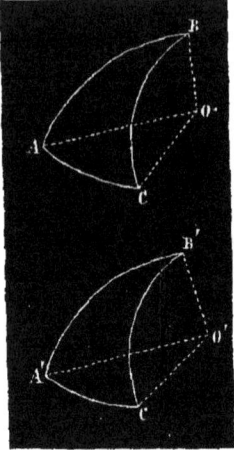

En joignant les sommets au centre de la sphère, on forme
deux trièdres ; et les trois éléments de ces deux trièdres (coins
et faces), qui correspondent à ceux qui sont égaux dans les
triangles (angles et côtés), sont eux mêmes égaux, comme
ayant les mêmes mesures qu'eux ; donc ces deux trièdres
sont égaux ou symétriques. Donc ils ont tous leurs éléments
égaux ; donc il en est de même des deux triangles. Ainsi pour
le 1er cas, si l'angle A = A', le côté AB = A'B' et AC = A'C',
les coins OA et OA' seront égaux comme ayant les mêmes
mesures que les angles A et A' ; les faces AOB et A'O'B' seront
égales puisqu'elles ont pour mesures les côtés AB et A'B', et
de même les faces AOC et A'O'C'. Donc les trièdres ont un
coin égal compris entre faces égales, donc tous leurs éléments
sont égaux. Donc les angles des deux triangles sont égaux,
comme ayant mêmes mesures que les coins des deux trièdres,
et leurs côtés sont égaux, comme ayant mêmes mesures que
les faces de ces trièdres.

842. COROLLAIRES. 1° *Dans chacun de ces cas, les deux
triangles sont égaux, s'ils sont en même temps isocèles.* Car,
alors on peut toujours les faire coïncider.

2° *Deux polygones sphériques sont égaux ou symétriques,
lorsqu'ils sont composés d'un même nombre de triangles égaux
ou symétriques, et réciproquement.*

3° *Si deux triangles sphériques sont égaux ou symétriques,
aux côtés égaux sont opposés les angles égaux et réciproquement.*

THÉORÈME XI.

843. Dans un triangle sphérique, aux côtés égaux sont opposés
des angles égaux, et réciproquement.

En joignant les sommets A, B, C au centre O de la sphère,
on forme le trièdre OABC. Or, si les côtés AB et BC du

triangle sont égaux, les faces AOB et COB du trièdre sont égales; donc les coins OA et OC sont égaux (**463**), et par suite les angles BAC et BCA du triangle. En second lieu, si ces angles sont égaux, les coins OA et OC du trièdre sont égaux; donc les faces opposées sont égales, et par suite les côtés AB et BC du triangle sont égaux.

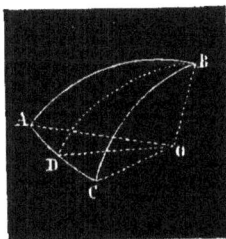

844. COROLLAIRES. 1° Soit BD l'arc de grand cercle bisecteur de l'angle du sommet, les deux triangles BAD et BCD seront symétriques, et leurs éléments égaux. *Donc dans un triangle sphérique isocèle, les angles adjacents à la base sont égaux; l'arc de grand cercle bisecteur de l'angle du sommet est perpendiculaire sur la base et la divise en deux parties égales.*

2° *Tout triangle sphérique équiangle est en même temps équilatéral et réciproquement.*

THÉORÈME XII.

845. Dans un triangle sphérique, au plus grand angle est opposé le plus grand côté, et réciproquement.

Soit l'angle C > A. Si l'on fait dans l'angle C, un angle DCA = BAC, on vient de voir que AD = DC. Mais on sait (**839**) que BC < BD + DC; donc en mettant AD à la place de DC, on aura BC < BA.

La réciproque se démontre par l'absurde, comme au n° **79**.

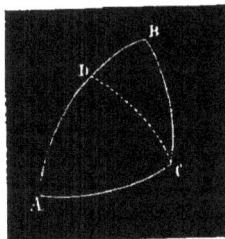

846. COROLLAIRE. *Dans un trièdre, au plus grand coin est opposée la plus grande face et réciproquement.* On conçoit une sphère dont le centre est au sommet du trièdre, et en joignant par des arcs de grand cercle, les points où les arêtes rencontrent la surface de cette sphère, on aura un triangle sphérique qui servira à démontrer la proposition.

C'est ainsi que les propriétés des trièdres et celles des triangles sphériques se trouvent mutuellement les unes par les autres.

THÉORÈME XIII.

847. Si deux triangles sphériques ont un angle inégal compris entre deux côtés respectivement égaux, au plus grand de ces deux augles est opposé le plus grand des deux troisièmes côtés, et réciproquement.

Soient les deux triangles ABC et DEF, dans lesquels, on a l'angle A > D, le côté AB = DE et AC = DF.

Si l'on construit l'angle EDH = BAC, si l'on prend DH = AC et si l'on joint EH par un arc de grand cercle, les deux triangles ABC et DEH seront égaux ou symétriques, donc BC = EH. Puisque l'angle HDE est plus grand que FDE, l'arc bisecteur de l'angle total HDF rencontrera l'arc EH, en un point I entre E et H. Joignant IF par un arc de grand cercle, les deux triangles DIH, DIF auront un angle égal compris entre côtés égaux, et par suite le côté IH = IF. Or, dans le triangle EFI, on a EF < EI + IF; donc EF < EH, et puisque EH = BC, EF < BC.

La réciproque se démontre par l'absurde, comme celle du n° **112.**

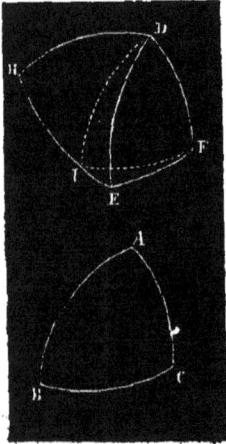

THÉORÈME XIV.

848. Deux triangles polaires sont en même temps supplémentaires.

Dire que deux triangles ABC et DEF sont polaires, c'est supposer que les sommets de chacun sont les pôles des côtés de l'autre (**818**). Donc, en prolongeant les arcs EF et ED jusqu'aux points I et H, où ils rencontrent BC, les arcs EI et EH seront des quadrants (**832**); donc l'angle E aura pour mesure IH (**843**). Mais, puisque B et C sont les pôles des arcs EI, EH, les arcs BI et CH sont aussi des quadrants; donc BI + CH = 2d, et comme d'un autre côté, BI = BH + HI et CH = CI + IH, on a BI + CH = BH + HI + CI + IH = BC + IH; donc BC + IH = BI + CH = 2d. Et puisque l'angle E = IH, il vient BC + E = 2d. On démontrerait exactement de la même manière que A + DF = 2d.

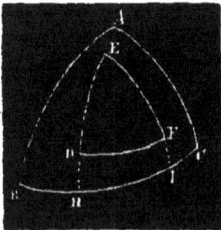

Donc, dans ces deux triangles, les angles de l'un sont les suppléments des côtés de l'autre. Donc ils sont supplémentaires.

THÉORÈME XV.

549. Deux triangles sphériques symétriques sont équivalents.

Soient ABC et A'B'C' ces deux triangles et P le pôle du petit cercle circonscrit au triangle ABC. Tracez les arcs de grand cercle AP, BP, CP, puis aux points A' et C' faites les angles P'A'C' = PAC et P'C'A' = PCA et joignez P'B'. Les trois triangles qui forment le triangle ABC sont respectivement égaux à ceux que comprend A'B'C'.

D'abord APC et A'P'C' ont un côté égal adjacent à deux angles égaux; donc tous leurs éléments sont égaux; et puisque le premier est isocèle à cause du pôle P, le second l'est aussi; donc ils sont égaux (**542, 1°**). Donc aussi le côté AP = A'P', et de plus, comme par supposition l'angle A = A', il s'ensuit que l'angle PAB = P'A'B'. Donc les deux triangles ABP et A'B'P' ont un angle égal compris entre deux côtés égaux, donc ils sont égaux, car ils sont isocèles. De même BPC = B'P'C'. Donc les deux triangles proposés sont équivalents.

Mais il y a trois cas à considérer, car le pôle P pourrait aussi se trouver sur un des côtés du triangle ABC ou hors de ce triangle.

Dans la première de ces deux dernières suppositions, chaque triangle serait décomposé en deux triangles égaux, et dans la seconde, chacun des triangles proposés serait la différence entre la somme de deux des triangles partiels et le troisième. Il faut encore remarquer que la superposition des triangles partiels ne peut pas se faire simultanément. Ainsi, lorsque l'on fait coïncider PAC avec P'A'C' il faut placer C en A' et C' en A ; et alors le triangle APB ne saurait coïncider en même temps avec A'P'B', ces deux derniers ne pourront coïncider qu'en plaçant A en B' et B en A'.

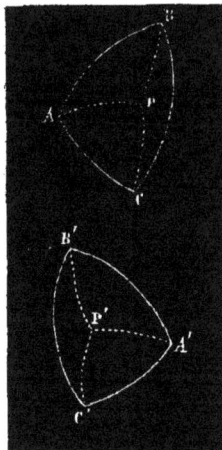

THÉORÈME XVI.

550. La somme de deux des triangles opposés au sommet formés par la rencontre de trois circonférences de grand cercle, est équivalente au fuseau dont l'angle est celui qui est opposé au sommet dans ces deux triangles.

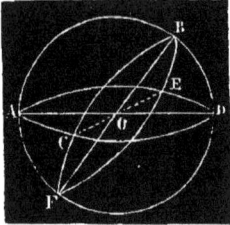

Soient les deux triangles ABC et DBE, je dis que ABC + DBE = fuseau BAFC.

Les deux trièdres OACF et OBDE sont symétriques comme opposés au sommet (**454**); donc les deux triangles ACF et BDE le sont aussi; donc ils sont équivalents (**549**).

Or, la somme des triangles ABC et ACF est égale au fuseau en question, donc la somme ABC + DBE lui est aussi égale.

THÉORÈME XVII.

551. Tout triangle sphérique est équivalent au fuseau dont l'angle est égal à l'excès de la demi-somme de ses trois angles sur un angle droit.

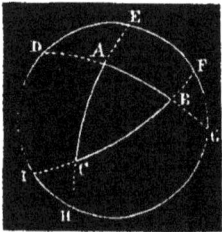

Soit le triangle ABC placé sur l'hémisphère dont la base est la circonférence de grand cercle DEFGHI.

Prolongeant ses côtés jusqu'à leurs points de rencontre avec cette circonférence, on aura, par le théorème précédent ADE + AGH = fA, BFG + BDI = fB, CIH + CEF = fC. Ajoutant membre à membre et observant que la somme des premiers membres vaut la moitié de la surface sphérique, ou deux fuseaux droits, plus deux fois le triangle ABC, on aura 2ABC + 2fD = fA + fB + fC = f(A + B + C), car la somme de plusieurs fuseaux est égale au fuseau dont l'angle est la somme des angles de ces fuseaux. D'où 2ABC = f(A + B + C) — 2fD, ou divisant par 2, ABC = $\frac{1}{2}f$(A + B + C) — fD

= $f\dfrac{A + B + C}{2}$ — fD = $f\left(\dfrac{A + B + C}{2} - D\right)$. Donc, etc.

PROBLÈME I.

582. Trouver graphiquement le rayon d'une sphère donnée.

Si l'on pouvait trouver un triangle inscriptible dans un grand cercle de la sphère, le problème serait résolu, car alors il suffirait de chercher le rayon du cercle circonscrit à ce triangle. Or, le pôle P d'un petit cercle et les deux extrémités A et B de l'un de ses diamètres sont les sommets d'un triangle isocèle inscrit dans un grand cercle (**327**). Il s'agit donc de trouver les trois côtés de ce triangle, ou plutôt sa base AB et l'un de ses côtés AP. Pour cela, d'un point P de la surface sphérique et avec une ouverture de compas arbitraire AP, décrivez sur cette surface une circonférence ACB et marquez trois points A, B, C sur cette circonférence; prenez avec le compas les distances AC, CB, AB et construisez un triangle, sur un plan quelconque, avec ces trois droites pour côtés. Le diamètre du cercle circonscrit à ce triangle, sera celui de la circonférence ACB, et par conséquent ce sera la base du triangle isocèle que l'on cherche. Le côté de ce triangle étant l'ouverture de compas AP, on pourra facilement le construire, et en lui circonscrivant un cercle, celui-ci sera un grand cercle de la sphère.

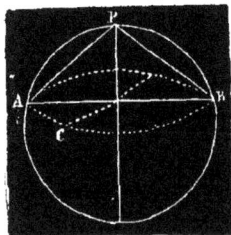

Le côté du carré inscrit dans ce cercle, ou la corde d'un quadrant, *que l'on pourrait appeler rayon sphérique*, sera donc l'ouverture de compas qu'on devra prendre pour décrire des arcs de grand cercle sur la sphère, et par suite pour construire les angles, les fuseaux, les triangles et les polygones sphériques.

PROBLÈME II.

583. Trouver le pôle d'un arc de grand cercle tracé sur une sphère.

Supposez le problème résolu et soit P le pôle de l'arc AB.

6 ·

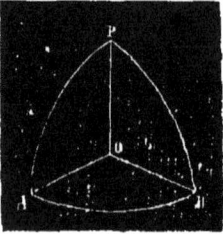

Si l'on joint les points P, A, B au centre O de la sphère, on sait (**327**) que PO est perpendiculaire au plan OAB; donc les angles AOP et BOP sont droits, donc les arcs de grand cercle AP et BP sont des quadrants. Donc, si de deux points A et B de l'arc donné, avec le rayon sphérique (**332**), on décrit deux arcs de grand cercle, leur point de rencontre P sera le pôle cherché.

PROBLÈME III.

334. Par deux points donnés sur la sphère, mener un arc de grand cercle, et prolonger un arc de grand cercle donné.

Soient A et B ces deux points.

Cherchez d'abord, comme on vient de le montrer, le pôle P de cet arc supposé connu; puis, de ce pôle, avec le rayon sphérique, tracez l'arc AB.

On s'y prendra exactement de la même manière pour prolonger un arc donné.

PROBLÈME IV.

335. Par un point donné A, mener un arc de grand cercle perpendiculaire à un arc de grand cercle donné BC.

Cherchez d'abord le pôle P de BC (**333**), puis tracez un arc de grand cercle par les points A et P (**334** et **338**, 4°).

Le point peut être donné sur l'arc ou en dehors.

PROBLÈME V.

336. Diviser un arc de grand cercle ou un angle sphérique en deux parties égales.

Avec le rayon de la sphère, tracez sur un plan, une circonférence et prenez sur celle-ci un arc égal à l'arc donné; divisez cet arc en deux parties égales, puis prenez sur l'arc donné un arc égal à cette moitié.

S'il s'agit d'un angle, divisez d'abord l'arc qui mesure cet angle en deux parties égales et joignez le point de division au sommet (**536**).

PROBLÈME VI.

537. Faire un angle sphérique égal à un angle donné et trouver l'arc supplémentaire d'un angle donné.

Soit BAC l'angle donné. Du sommet A comme pôle, tracez l'arc de grand cercle BC; du point D pris sur un arc DE, tracez avec le rayon sphérique un arc indéfini EH; prenez sur cet arc EF = BC et menez l'arc de grand cercle DF, l'angle FDE sera l'angle demandé (**536**). Pour avoir l'arc supplémentaire de l'angle BAC, il suffit de prendre le supplément de l'arc BC.

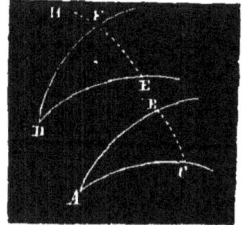

PROBLÈME VII.

538. Construire un triangle qui soit le symétrique ou le pôlaire d'un triangle sphérique donné.

1° Soit ABC le triangle donné. Si des points A et B avec les rayons BC et AC, on décrit des arcs de petit cercle qui se coupent en D, et si l'on trace les arcs de grand cercle AD et BD (**534**), ceux-ci seront égaux aux arcs AC et BC, comme ayant des cordes égales; donc les triangles ABD et ACB auront les trois côtés respectivement égaux et disposés dans un ordre inverse. Donc ils seront symétriques.

2° Des sommets A, B, C du triangle donné, avec le rayon sphérique, si l'on trace les arcs EF, DF, DE, le triangle DEF sera le pôlaire de ABC.

En effet, il résulte de ces constructions que les arcs tracés de A en F et de B en F seraient des quadrants; donc (**533**) le point F est le pôle de l'arc AB. De même les points E et D sont les pôles des arcs AC et BC.

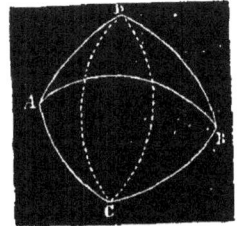

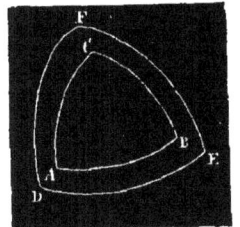

EXERCICES.

1° Le rayon d'une sphère est égal à 5ᵐ et celui d'un petit cercle à 3ᵐ, calculer sa distance au centre et celle de son pôle à sa circonférence.

2° L'angle formé par les tangentes menées aux deux côtés d'un angle sphérique et par son sommet, est égal à l'angle du coin correspondant, et le plan de cet angle est tangent à la sphère.

3° Lorsque deux arcs de grand cercle se coupent, les angles adjacents sont supplémentaires et les angles opposés au sommet sont égaux.

4° Si le pôle du petit cercle circonscrit à un triangle sphérique tombe sur un des côtés, l'angle opposé est égal à la somme des deux autres.

En joignant le pôle au sommet de l'angle opposé, par des arcs de grand cercle, on forme deux triangles isocèles dans chacun desquels les angles adjacents à la base sont égaux (**343, 344**).

La réciproque est vraie et se démontre par le n° **528, 2°**.

5° Lorsqu'un quadrilatère sphérique est inscrit dans un petit cercle, la somme de deux angles opposés est égale à la somme des deux autres.

Si l'on joint le pôle du petit cercle aux quatre sommets du quadrilatère, on forme des triangles isocèles qui serviront à résoudre la question.

6° Un triangle sphérique birectangle est isocèle, et le sommet est le pôle de la base (**333**). Donc un trièdre birectangle est isoèdre et les deux faces latérales se coupent suivant une perpendiculaire à la 3ᵉ face.

7° Démontrer par les triangles pôlaires (**548**) que la somme des angles d'un triangle sphérique est comprise entre deux et six droits.

8° Deux pyramides sphériques symétriques sont équivalentes (**518**, **519**, **549**).

Si, dans la figure du n° **549**, on joint tous les sommets et les pôles au centre de la phère, on démontrera comme cela est fait relativement aux triangles symétriques, que les pyramides partielles ainsi formées sont égales chacune à chacune.

9° Dans la figure du n° **550**, la somme des pyramides OABC et OBDE est équivalente à l'onglet ABOFC; et la somme des deux trièdres OABC et OBDE est égale au coin ABFC.

10° La graduation du triangle sphérique est la même que celle du fuseau dont l'angle serait $\dfrac{A + B + C}{2} - D$, en désignant par A, B, C les angles du triangle et par D l'angle droit (**551**); c'est-à-dire que si l'on formait un fuseau avec lu superficie du triangle, ce fuseau aurait pour graduation cette expression.

Dans tout ce qui est relatif à la graduation des parties de la suface sphérique, si l'on prend pour unité le triangle trirectangle, il faudra doubler le résultat (**522**).

11° En représentant le polygone sphérique par P, par S la somme de ses angles, par n le nombre de ses côtés et par D l'angle droit, on aura pour la graduation de ce polygone $P = \dfrac{S}{2} - (n - 2) D$. Formule que l'on obtient à l'aide de la précédente et en décomposant le polygone en triangles.

12° La pyramide triangulaire sphérique dont les coins sont A, B, C est équivalente à l'onglet dont l'angle est $\dfrac{A + B + C}{2} - D$; et le trièdre au centre qui y correspond, vaut le coin qui correspond à cet onglet.

Même démonstration qu'au n° **551**, en joignant les sommets de tous les triangles au centre de la sphère.

13° Le trièdre et plus généralement l'angle solide dont le sommet est au centre d'une sphère a pour mesure le polygone intercepté.

14° Si d'un point de la surface sphérique, on abaisse sur un arc de grand cercle, un arc de grand cercle perpendiculaire et d'autres obliques 1° le perpendiculaire est plus petit que chacun des autres, 2° les obliques qui s'écartent également du perpendiculaire sont égaux, 3° celui qui s'en écarte le plus est le plus grand.

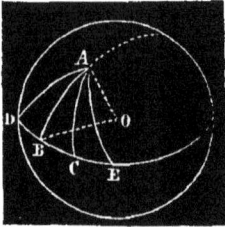

D'abord, d'un point A, on ne peut mener qu'un arc de grand cercle AB perpendiculaire sur un autre, car puisque l'angle sphérique ABC est droit (**338**, 4°), le plan AOB est perpendiculaire sur le grand cercle ODE. Or, par une droite OA oblique à ce plan, on ne peut lui mener qu'un plan perpendiculaire (**467**). Donc, dans le triangle ABC, l'angle B est droit et C est aigu; donc B > C (**343**).

2° Si BC = BD, les deux triangles ABC et ABD auront un angle égal (droit) compris entre côtés égaux, donc AC = AD.

3° Si BE > BD, en prenant BC = BD, on vient de voir que AC = AD. Mais dans le triangle ACE, l'angle C est obtus et l'angle E est aigu, donc AE > AC.

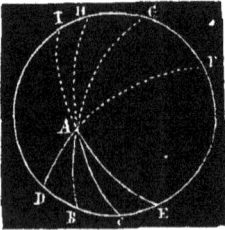

Toutefois, comme l'arc EBD peut être prolongé de manière à faire une circonférence complète EDIF et que les arcs menés du point A peuvent aussi être prolongés jusqu'aux psints I, H, G, F où ils rencontrent cette circonférence de l'autre côté de la sphère, la proposition suppose que l'on considère la plus petite partie de ces arcs. S'il s'agissait de l'autre partie, l'arc perpendiculaire AG serait plus grand que chacun des autres, car les arcs BG et CH étant des demi-circonférences (**326**), si l'on a AB < AC, on aura AG > AH. On voit de même que les arcs deviendraient de plus en plus petits à mesure qu'ils s'éloigneraient du perpendiculaire.

Il faut encore remarquer que si le point A était le pôle de l'arc EBD, tous les arcs menés de A lui seraient perpendiculaires et égaux entre eux.

15° Démontrer les réciproques du théorème précédent.

16° Tout point situé sur un arc perpendiculaire au milieu d'un autre est équidistant de ses deux extrémités, et réciproquement.

17° Si deux trièdres ont un coin inégal compris entre faces égales, au plus grand de ces deux coins est opposée la plus grande des troisièmes faces, et réciproquement.

Au moyen des triangles sphériques formés en décrivant des

sphères des deux sommets de ces trièdres comme centres et avec un même rayon (**347**).

18° Construire un triangle sphérique connaissant 1° deux côtés et l'angle compris, 2° un côté et les deux angles adjacents, 3° les trois côtés, 4° les trois angles.

Mêmes procédés qu'aux n^os **215, 216, 217**, relativement aux triangles rectilignes pour les trois premiers cas. Quant au quatrième, on fera usage du triangle polaire.

Les conditions requises pour le 3e cas sont que le plus grand côté soit plus petit que la somme des deux autres et que la somme des trois côtés soit moindre qu'une circonférence de grand cercle; et pour le 4°, que la somme des angles soient plus grande que deux droits et que la différence entre la somme de deux de ces angles et le troisième soit moindre que deux droits.

19° Si l'un des angles d'un triangle sphérique est égal à la somme des deux autres, en prolongeant les côtés de cet angle, on forme un nouveau triangle équivalent au quart de la surface sphérique.

Soient A, B, C les trois angles du triangle donné et $A = B + C$. Le fuseau qui résulte de la construction et qui contient les deux triangles, est représenté par $f\text{A}$; de sorte que le nouveau triangle $T = f\text{A} - f\left(\dfrac{A + B + C}{2} - D\right)$. D'où en mettant A à la place de $B + C$, $T = f\text{D}$.

La réciproque est vraie, car si $f\text{A} - f\left(\dfrac{A + B + C}{2} - D\right) = f\text{D}$, il vient $f\text{A} = f\left(\dfrac{A + B + C}{2}\right)$, d'où $A = \dfrac{A + B + C}{2}$ et $A = B + C$.

20e On peut égalemenf démontrer que tous triangle sphérique dont la somme des angles égale quatre droits, vaut un fuseau droit, et réciproquement.

21° Énoncer et démontrer relativement à la sphère, les propositions contenues dans les n^os **156** à **162**. Ainsi tout rayon de la sphère perpendiculaire à un petit cercle passe par le pôle et le centre de ce cercle.

22° Comparer les propriétés du triangle rectiligne, du trièdre et du triangle sphérique, ainsi que leur égalité et leur symétrie. On dira donc pourquoi deux triangles rectilignes ne sauraient être symétriques sans être égaux, et pourquoi le 4e cas de l'égalité des triangles sphériques n'a pas lieu dans les triangles plans.

23° Deux triangles sphériques rectangles sont égaux ou symétriques quand ils ont l'hypoténuse égale et un autre côté égal.

Même démonstration qu'au n° **81**, si les éléments égaux sont dans un ordre inverse. S'ils sont dans le même ordre, on fait usage du triangle symétrique de l'un d'eux.

24° Même question relativement à deux trièdres rectangles.

25° Deux triangles birectangles sont égaux, lorsqu'il y a égalité, soit entre les bases, soit entre les angles du sommet. Théorème analogue pour deux trièdres birectangles.

26° Énoncer et démontrer les théorèmes analogues à ceux des n°ˢ **117** et **118**.

LIVRE VIII.

—

DÉFINITIONS.

559. On entend par **corps de révolution** le volume obtenu en faisant tourner une surface plane, autour d'une droite appelée **axe.** La surface engendrée par une ligne dans les mêmes conditions est une **surface de révolution.** Les trois corps ronds, le cylindre, le cône et la sphère dont s'occupe la géométrie élémentaire, ainsi que leurs surfaces sont dans ce cas.

La surface engendrée par une ligne AB, et le volume produit par une surface ABCD se représentent respectivement par surf. AB ou S. AB et par vol. ABCD ou V. ABCD.

560. Le **cylindre** est un volume engendré par un rectangle ABCD qui fait un tour de révolution autour de sa hauteur AB, qui est aussi la **hauteur** du cylindre. Le cercle produit par la base AD du rectangle est la **base** du cylindre, et la surface que décrit le côté CD du rectangle, qui est aussi le **côté** du cylindre, en est la **surface convexe** ou **latérale.**

561. Le **cône** provient de la révolution d'un triangle rectangle ABC autour de sa hauteur AB, qui est aussi la **hauteur** du cône. La base AC et l'hypoténuse BC de ce triangle produisent respectivement la **base** et la **surface convexe** ou **latérale** du cône; le sommet B, le côté AC

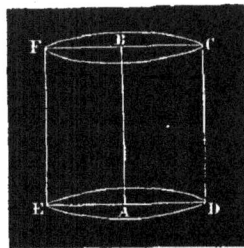

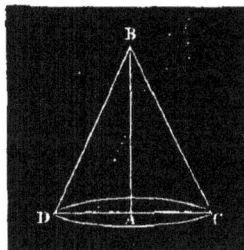

et l'hypoténuse BC du triangle en sont le **sommet,** le **rayon** et le **côté.**

562. Le **cône tronqué** est produit par un trapèze rectangle ABCD qui fait une révolution sur sa hauteur DC. Ses deux **bases,** sa **hauteur,** son **côté** et sa **surface convexe,** sont respectivement les deux cercles décrits par les bases AD et BC, la hauteur CD, le côté AB du trapèze et la surface provenant de ce côté AB.

Si l'on mène un plan parallèle à la base dans un cône complet, la partie du volume adjacente à la base est donc un cône tronqué, car pendant que le triangle FAD engendre le cône, la base CB du trapèze produit le cercle CB parallèle au cercle DA (**436**).

563. Deux cylindres ou deux cônes sont **semblables,** lorsque leurs hauteurs sont proportionnelles aux rayons des bases.

564. Le cylindre est **équilatérale,** lorsque le côté est égal au diamètre de la base. Il en est de même du cône.

565. La **sphère** (**515**) peut être considérée comme provenant de la révolution d'un demi-cercle ABD autour de l'un de ses diamètres AB. Et pendant que ce demi-cercle engendre la sphère et sa demi-circonférence la surface sphérique, les demi-cordes FD, IE décrivent deux cercles qui ont pour pôles communs les extrémités A et B de l'axe.

566. Le volume engendré par la partie IEB ou EIFD du cercle est appelé **segment sphérique,** et la surface que produit l'arc BE ou DE qui y correspond est une **zône.** Les cercles décrits par les perpendiculaires FD, IE et leurs circonférences sont les **bases** respectives du segment et de la zône.

Le segment et la zône adjacents au pôle n'ont qu'une base. La zône à une base s'appelle aussi **calotte sphérique.** Dans le segment ou la zône à une base, la **hauteur** est la perpendiculaire BI abaissée du pôle, ou **sommet,** sur la base. S'il y a deux bases, la **hauteur** est la perpendiculaire IF menée entre les deux bases.

On peut dire aussi que le segment sphérique est la partie

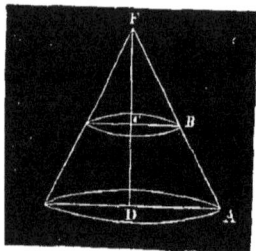

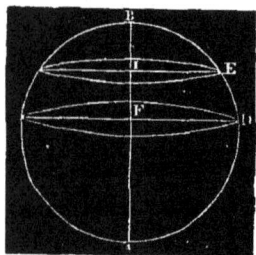

de la sphère comprise entre deux plans parallèles et que la zône est la partie de la surface sphérique qui y correspond. La hauteur serait alors la perpendiculaire entre ces deux plans dont l'un pourrait être tangent à la sphère, et dans ce cas, le segment ainsi que la zône n'auraient qu'une base.

367. Le **secteur sphérique** est le volume produit par la révolution d'un secteur circulaire tel que AOD ou DOC autour d'un diamètre AB. La base est la zône décrite par l'arc AD ou DC du secteur circulaire, et c'est une zône à une ou deux bases, suivant que ce secteur est ou n'est pas adjacent à l'axe. On voit que le secteur sphérique peut avoir des formes bien différentes suivant la position du secteur générateur relativement à l'axe.

368. Un prisme est **inscrit** ou **circonscrit** à un cylindre de même hauteur, suivant que ses bases sont inscrites ou circonscrites à celles du cylindre. Et la pyramide est **inscrite** ou **circonscrite** au cône, suivant que, son sommet étant sur celui du cône, sa base est inscrite ou circonscrite à celle du cône.

369. Un cône est **inscrit** dans une sphère, lorsqu'ayant son sommet sur la surface sphérique, sa base est un cercle sphérique. Il lui est **circonscrit,** lorsque la base est tangente à la sphère et que sa surface convexe contient la circonférence d'un petit cercle, suivant laquelle les deux surfaces convexes sont tangentes.

Le cylindre est **circonscrit** à la sphère, lorsque ses deux bases sont tangentes à la sphère et que sa surface convexe contient une circonférence de grand cercle, ligne de contact des deux surfaces. Il est **inscrit,** si ses deux bases sont des petits cercles égaux et parallèles.

Un polyèdre est **inscrit** ou **circonscrit** à la sphère, suivant que tous ses sommets sont sur la surface de la sphère ou que toutes ses faces lui sont tangentes.

Un volume est **circonscriptible** ou **inscriptible** à un autre, suivant que celui-ci peut être inscrit ou circonscrit au premier.

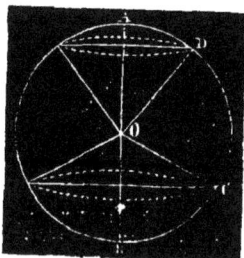

THÉORÈME I.

(N°° 131 à 138, 141, 142, 371, 385, 408, 474, 478, 479, 494, 495, 496, 560, 563, 568.)

570. La solidité du cylindre est égale au produit de sa base par sa hauteur, et l'aire de sa surface convexe est égale au produit de la circonférence de sa base par sa hauteur.

Il résulte d'abord des n°° **371** et **568** que le prisme régulier est inscriptible et circonscriptible au cylindre. En second lieu, il est facile de démontrer, par le procédé employé relativement au cercle (**385, 408**), que le cylindre est la limite des prismes réguliers inscrits et circonscrits; car en doublant indéfiniment le nombre des côtés des bases de ces prismes, on sait que celles-ci ont pour limite le cercle, et comme la hauteur de ces prismes est constante, leur limite aura lieu en même temps que celle de leurs bases.

Donc, la solidité du cylindre et sa surface convexe se trouvent comme celles du prisme régulier (**494, 496**).

571. COROLLAIRES. *En désignant la hauteur du cylindre par* H, *par* R *le rayon de sa base, par* V *son volume ou sa solidité et par* S *sa surface convexe, on aura* $V = \pi R^2 H$ *et* $S = 2\pi RH$.

2° Soit S′ *sa surface totale,* $S' = 2\pi RH + 2\pi R^2 = 2\pi R (H + R)$. *Donc la surface totale d'un cylindre est égale à la surface convexe d'un autre cylindre de même base et dont la hauteur serait augmentée du rayon.*

3° *Le volume du cylindre est égal à sa surface convexe multipliée par la moitié de son rayon. Car* $V = \pi R^2 H = 2\pi RH \times \dfrac{R}{2} = S \times \dfrac{R}{2}$.

4° *Deux cylindres sont entre eux comme les produits de leurs bases par leurs hauteurs; s'ils ont même hauteur, ils sont entre eux comme leurs bases, et s'ils ont même rayon, ils sont entre eux comme leurs hauteurs.*

5° *Deux cylindres semblables sont entre eux comme les cubes de leurs hauteurs, de leurs rayons, de leurs diamètres et de*

leurs circonférences. Car $V = \pi R^2 H$ et $V' = \pi R'^2 H'$, d'où $\dfrac{V}{V'} =$
$\dfrac{R^2}{R'^2}\cdot\dfrac{H}{H'}$, et comme par supposition l'on a $\dfrac{R}{R'} = \dfrac{H}{H'}$, il vient $\dfrac{V}{V'}$
$= \dfrac{R^3}{R'^3}$. De plus $\dfrac{R}{R'} = \dfrac{H}{H'} = \dfrac{D}{D'} = \dfrac{C}{C'}$, donc en élevant au cube,
$\dfrac{V}{V'} = \dfrac{H^3}{H'^3} = \dfrac{D^3}{D'^3} = \dfrac{C^3}{C'^3}$.

6° *Les surfaces convexes de deux cylindres semblables sont
entre elles comme les carrés des mêmes lignes.*

7° *Le cylindre est équivalent au prisme de base équivalente et
de même hauteur.*

THÉORÈME II.

(N°° 476, 501, 502, 561, 563, 568.)

372. La solidité du cône est égal au tiers du produit de sa base
par sa hauteur, et sa surface convexe est égale à la moitié du
produit de sa circonférence par son côté.

1° La pyramide régulière est inscriptible et circonscriptible au cône.

2° Le cône est la limite des pyramides régulières inscrites
et circonscrites dont le nombre de côtés est indéfiniment
doublé, car les bases ont pour limite celle du cône et la
hauteur est constante. Donc la solidité et l'aire de la surface
du cône se trouvent comme celles de ces pyramides (**301,
302**).

373. COROLLAIRES. 1° *En désignant par* H *la hauteur du
cône, par* R *son rayon, par* C *la circonférence de sa base, par*
a *son côté, par* V *son volume et par* S *sa surface latérale, on*
aura $V = \dfrac{1}{3}\pi R^2 H$ et $S = \pi R a$.

2° La surface totale est $S' = \pi R a + \pi R^2 = \pi R (a + R)$,
*c'est-à-dire la surface convexe d'un cône de même base et dont
le côté serait augmenté du rayon.*

3° *Le cône est le tiers du cylindre de même base et de même hauteur.*

4°, 5°, 6° *Comme au théorème précédent.*

7° *Toute section parallèle à la base détermine un cône semblable au proposé, et cette section est à la base comme les carrés de leurs distances au sommet.*

8° *Le cône est équivalent à la pyramide de base équivalente et de même hauteur.*

THÉORÈME III.

(N°⁵ 585, 497, 513. 562, 573.)

574. Le cône tronqué est équivalent à trois cônes qui auraient pour hauteur commune celle du tronc et dont les bases seraient la base inférieure du tronc, sa base supérieure et une moyenne proportionnelle entre les deux bases.

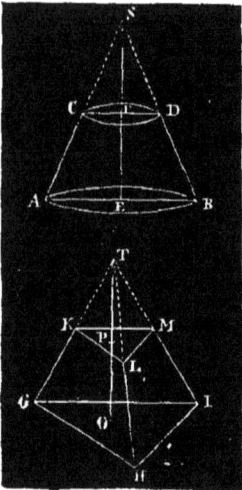

Soient ABDC le cône tronqué et S le sommet du cône complet. Si l'on imagine une pyramide T de même hauteur que le cône S et dont la base GIH soit équivalente à la sienne, et si, à une distance du sommet TP = SF, on mène un plan parallèle à la base, la section KLM faite par ce plan est équivalente à la petite base du cône. Car, on sait (**497**, 3°) que GIH : KLM = $\overline{TO}^2 : \overline{TP}^2$ et (**385**) que cercle EB : cercle FD = $\overline{SE}^2 : \overline{SF}^2$; donc, puisque TO = SE et TP = SF, on a GIH : KLM = *cer* EB : *cer* FD, d'où, à cause que GIH = *cer* EB, il vient KLM = *cer* FD.

Donc la pyramide complète est équivalente au cône complet et la petite pyramide au petit cône (**573**, 8°); donc la pyramide tronquée est équivalente au cône tronqué. Mais puisque ces deux volumes ont la même hauteur et des bases équivalentes, et que la propriété énoncée est vraie pour la pyramide (**513**), elle l'est aussi pour le cône. Donc....

575. COROLLAIRE. *Soient R et R′ les rayons des deux bases et H la hauteur, les bases seront* πR^2 *et* $\pi R'^2$, *et la moyenne proportionnelle entre les deux bases sera* $\pi RR'$, *donc* V = $\frac{1}{3} \pi H (R^2 + R'^2 + RR')$.

THÉORÈME IV.

576. La surface convexe du cône tronqué est égale au demi-produit de son côté par la somme des deux circonférences des bases.

En désignant par a le côté du tronc, par x celui du petit cône, par R et R′ les rayons des bases et par S la surface cherchée, on aura d'abord R : R′ = $a + x$: x, d'où R — R′ : R′ = a : x, d'où $x = \dfrac{a\mathrm{R}'}{\mathrm{R} - \mathrm{R}'}$; puis, comme S est la différence entre les surfaces des deux cônes, S = πR $(a + x)$ — πR′x = πRa + πx (R — R′), ou, à cause que $x = \dfrac{a\mathrm{R}'}{\mathrm{R} - \mathrm{R}'}$, S = πRa + πR′a = πa (R + R′). Donc, etc....

577. COROLLAIRES. 1° *La surface convexe d'un tronc de cône est équivalente à celle d'un cône complet qui aurait le même côté et dont la base aurait pour rayon la somme des rayons des bases du tronc.*

2° *Elle est encore équivalente au trapèze d'une hauteur égale à son côté et dont les bases seraient égales aux circonférences des bases du tronc* (**285**).

3° En désignant par r le rayon d'une section faite parallèlement aux bases par le milieu du côté, on sait (**286**) que $2r$ = R + R′ ; donc S = $2\pi r a$. *Donc la surface convexe d'un cône tronqué est égale à son côté multiplié par la circonférence tracée à égales distances des deux bases.*

THÉORÈME V.
(N⁰ˢ 570, 572, 576.)

578. La surface engendrée par une droite qui fait un tour de révolution autour d'un axe extérieur tracé dans le même plan, est égale au produit de cette droite par la circonférence que décrit son milieu.

Trois cas sont à considérer.

1° La droite AB a l'une de ses extrémités A sur l'axe MN.

La surface décrite par la droite est la surface convexe d'un cône ayant pour côté AB et CB pour rayon. Donc surf. AB = πCB. AB. Mais CB = 2FD (**276**), donc surf. AB = AB. 2πFD.

2° La droite est parallèle à l'axe.

La surface engendrée est donc la surface convexe d'un cylindre dont la hauteur est AB et dont le rayon est CB = FD. Donc S = AB. 2πFD.

3° La droite est oblique à l'axe, mais sans être prolongée jusqu'à sa rencontre.

Ici la surface est celle d'un cône tronqué. Donc S = AB. 2πFD (**377**, 3°).

THÉORÈME VI.

(N°° 275, 368, 518, 520, 522, 558, 551, 566, 578.)

379. La surface engendrée par une partie de périmètre régulier autour d'un diamètre extérieur, est égale à sa projection sur cet axe multipliée par la circonférence inscrite.

Soit ABCD la ligne brisée régulière qui fait un tour de révolution sur le diamètre AH du cercle circonscrit pris pour axe. Soit K le milieu de BC, OK sera le rayon de la circonférence inscrite. Si l'on mène BE, KL, CF perpendiculaires et BG parallèle à l'axe AH, les triangles OKL et CBG, ayant leurs côtés respectivement perpendiculaires, sont semblables et donnent BC : OK = BG : KL, d'où BC × KL = OK × BG. Mais on sait (**378**) que surf. BC = 2πKL × BC, ou remplaçant KL × BC par OK × BG, on a surf. BC = 2πOK × BG = 2πOK × EF, puisque EF = BG. De même surf. AB = 2πOM × AE et surf. CD = 2πON × FI; ajoutant et observant que OK = OM = ON, on trouve surf. ABCD = 2πOK × AI. Donc, etc....

380. COROLLAIRES. 1° En doublant indéfiniment le nombre des divisions de l'arc circonscrit à la portion de périmètre ABCD et en joignant les points de division, la surface engendrée par chacune des lignes brisées ainsi formées sera toujours $S = 2\pi OK \times AI$, OK étant chaque fois le rayon de la circonférence inscrite. Or, OK a pour limite OC, car comme on l'a déjà vu, au n° **408**, OC — OK < CK et CK peut devenir aussi petit que l'on veut. Donc S est à sa limite en même temps que OK puisque AI est constant; donc cette surface S a pour limite la zône décrite par l'arc circonscrit à ABCD. Donc l'aire de la zône $Z = 2\pi OC \times AI$. Ou, en représentant OC par R et AI par H, $Z = 2\pi RH$.

Donc l'aire d'une zône est égale à sa hauteur multipliée par la circonférence d'un grand cercle.

2° *L'aire de la surface sphérique est égale au diamètre multiplié par la circonférence d'un grand cercle;* car c'est une zône qui a pour hauteur le diamètre de la sphère. Donc $S = 2\pi R \times 2R = 4\pi R^2$.

3° *La surface sphérique est donc équivalente à quatre grands cercles, ou au cercle qui aurait pour rayon le diamètre de la sphère;* car, en désignant par D ce diamètre, on a D = 2R, ou $D^2 = 4R^2$; donc $S = \pi D^2$.

4° *Deux zônes d'une même sphère sont entre elles comme leurs hauteurs, et deux surfaces sphériques comme les carrés de leurs rayons ou de leurs diamètres.*

5° *L'aire d'un fuseau est égale au produit d'un grand cercle par le rapport de son angle à un droit;* car, on sait (**338**) que deux fuseaux sont entre eux comme leurs angles, dé sorte qu'en représentant par A l'angle du fuseau, par S la surface sphérique et par D l'angle sphérique droit, on aura $fA : \dfrac{S}{4} =$ A : D, d'où $fA = S . \dfrac{A}{4D} = 4\pi R^2 . \dfrac{A}{4D} = \pi R^2 . \dfrac{A}{90}$.

6° En désignant par A, B, C les angles d'un triangle sphérique, on a vu (**331**) que ce triangle est équivalent au fuseau dont l'angle est $\left(\dfrac{A + B + C}{2} - D\right)$; *donc l'aire du triangle sphérique est* $S = \pi R^2 \left(\dfrac{A + B + C}{180} - 1\right)$.

7° *Les fuseaux et les triangles semblables sont comme les carrés des rayons des sphères sur lesquelles ils sont décrits.* Car $fA : fA' = \pi R^2 . \dfrac{A}{90} : \pi R'^2 . \dfrac{A}{90}$; d'où $fA : fA' = R^2 : R'^2$.

THÉORÈME VII.

(Nᵒˢ 570, 572, 573.)

281. Le volume engendré par un triangle autour d'un axe exté‑ rieur passant par son sommet et situé dans le même plan, est égal à la surface que décrit sa base multipliée par le tiers de sa hauteur.

Il y a trois cas à considérer, comme au théorème V, suivant que la base du triangle aboutit à l'axe, qu'elle lui est parallèle ou oblique, mais sans être prolongée jusqu'à l'axe.

1° Soient ABC le triangle, MN l'axe qui se confond avec le côté AC, AB la base, CD la hauteur et BF une perpendiculaire sur MN.

Le volume produit par ce triangle est composé des deux cônes respectivement engendrés par les triangles ABF et CBF, dont les volumes sont $\frac{1}{3} \pi \, \overline{BF}^2 . AF$ et $\frac{1}{3} \pi \, \overline{BF}^2 . CF$. Donc le volume en question est $V = \frac{1}{3} \pi \, \overline{BF}^2 (AF + CF) = \frac{1}{3} \pi \, \overline{BF}^2$. AC. Mais les deux triangles FAB et DAC ont l'angle A commun et sont rectangles; donc ils sont semblables et donnent $AB : AC = BF : CD$, d'où $BF \times AC = AB \times CD$, donc $V = \frac{1}{3} \pi BF . AB . CD = \pi BF . AB \times \frac{CD}{3}$; mais $\pi BF . AB = $ surf. AB **(372)**, donc $V = \frac{CD}{3} \times$ surf. AB.

2° Si l'on mène les perpendiculaires AE, BF sur l'axe, le cône produit par le triangle CAE est le tiers du cylindre de même base et de même hauteur engendré par le rectangle CDAE **(573,** 3°); donc le volume décrit par le triangle CAD

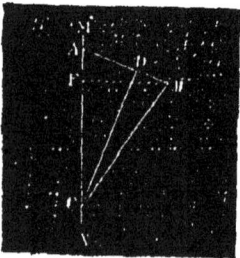

en vaut les deux tiers, donc V. CAD $= \frac{2}{3}$ V. CEAD. De

même V. CDB $= \frac{2}{3}$ V. CDBF. Donc V. CAB $= \frac{2}{3}$ V. FBAE

$= \frac{2}{3} \cdot \pi \; \overline{CD}{}^2 \; AB = 2\pi CD. \; AB \times \frac{CD}{3} = $ surf. $AB \times \frac{CD}{3}$.

3° En prolongeant la base jusqu'à sa rencontre M avec l'axe, les deux triangles CBM et CAM auront la même hauteur CD et la différence des volumes engendrés par ces deux triangles sera le volume cherché. Or, d'après le premier cas, V. CBM $= \frac{CD}{3} \times $ surf. BM et V. CAM $= \frac{CD}{3} \times $ surf. AM; donc V. CAB $= \frac{CD}{3}$ (surf. BM — surf. AM) $= \frac{CD}{3} \times $ surf. AB.

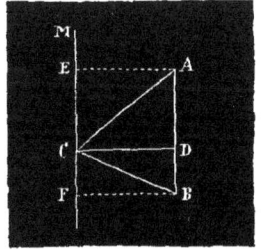

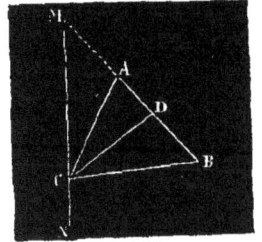

582. COROLLAIRE. *Lorsqu'un triangle et un rectangle de même base et de même hauteur font un tour de révolution sur la base commune, le premier volume est équivalent au cône qui aurait pour hauteur la base du triangle et pour rayon la hauteur du même triangle, et le second est un cylindre triple du premier.*

THÉORÈME VIII.

583. Le volume engendré par un secteur polygonal régulier autour d'un diamètre extérieur est égal à la projection du périmètre sur l'axe multipliée par les deux tiers du cercle inscrit.

Soit le secteur polygonal OBCDE. Si OI est le rayon du cercle inscrit, on aura (**581**) V. OBC $= \frac{OI}{3} \times $ surf. BC, V. OCD $= \frac{OI}{3} \times $ surf. CD, V. DOE $= \frac{OI}{3} \times $ surf. DE; donc V. OBCDE $= \frac{OI}{3} \times $ (S. BC + S. CD + S. DE) = surf. BCDE $\times \frac{OI}{3}$; mais (**579**) surf. BCDE = BP. 2πOI, donc V. OBCDE = BP. 2πOI $\times \frac{OI}{3} = $ BP $\times \frac{2}{3} \pi \; \overline{OI}{}^2$.

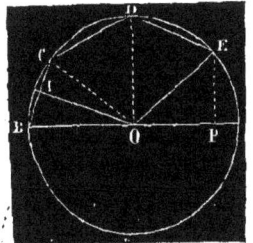

584. COROLLAIRES. 1° Si l'on double indéfiniment le nombre des côtés du secteur polygonal, le volume sera toujours BP $\times \frac{2}{3} \pi \overline{OI}^2$. Et comme OI a pour limite OC, le volume engendré par le secteur polygonal a pour limite le secteur sphérique qui y correspond. *Donc la solidité du secteur sphérique* (**367**) *est égale à la hauteur de la zône qui lui sert de base multipliée par les deux tiers d'un grand cercle; donc* V $= \frac{2}{3} \pi R^2 H$.

2° *La solidité du secteur sphérique est aussi égale au produit de la zône qui lui sert de base multipliée par le tiers du rayon de la sphère.*

3° Si l'arc du secteur est égal à la demi-circonférence, le secteur devient égal à la sphère et sa hauteur au diamètre. *Donc la solidité de la sphère est* V $= \frac{4}{3} \pi R^3$, *ou la surface sphérique multipliée par le tiers du rayon. En désignant le diamètre par* D, *on trouve aussi* V $= \frac{1}{6} \pi D^3$.

4° *Deux secteurs d'une même sphère sont entre eux comme les hauteurs des zônes correspondantes, et deux sphères sont entre elles comme les cubes de leurs rayons ou de leurs diamètres.*

THÉORÈME IX.

585. Le volume engendré par un segment circulaire autour d'un diamètre extérieur est le sixième du cylindre dont le rayon serait la corde de l'arc et qui aurait pour hauteur celle de la zône correspondante.

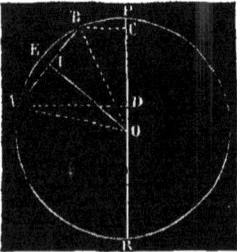

Le volume engendré par le segment circulaire ABE autour du diamètre PR est la différence des volumes produits par le secteur OAEB et le triangle isocèle OAB. Or, V. OAEB $=$ DC $\times \frac{2}{3} \pi \overline{OA}^2$ et V. OAB $=$ CD $\times \frac{2}{3} \pi \overline{OI}^2$, OI étant perpendiculaire sur AB; donc V. ABE $= \frac{2}{3} \pi$DC $(\overline{OA}^2 - \overline{OI}^2)$. Mais le triangle rectangle AOI donne $\overline{AO}^2 - \overline{OI}^2 = \overline{AI}^2 = \dfrac{\overline{AB}^2}{4}$;

donc $V = \dfrac{1}{6} \pi \overline{AB}^2 . DC$.

586. corollaire. Si la corde AB est parallèle à l'axe, DC $= AB$ et l'on a $V = \dfrac{1}{6} \pi \overline{AB}^3$. *C'est donc une sphère ayant* AB *pour diamètre.*

THÉORÈME X.

587. Le segment sphérique à deux bases (**566**) est équivalent à la somme de deux cylindres ayant pour hauteur commune la moitié de celle du segment et pour bases respectives les deux bases du segment, plus une sphère ayant sa hauteur pour diamètre.

Le segment sphérique dont les rayons des bases sont AD et BC, et qui a pour hauteur CD est équivalent au cône tronqué engendré par le trapèze ABCD, plus le volume produit par le segment circulaire ABE.

Soient $AD = a$, $BC = b$, $CD = h$ et $AB = c$, on aura
$V = \dfrac{1}{3} \pi h (a^2 + b^2 + ab) + \dfrac{1}{6} \pi c^2 h$ (**575, 585**), ou réduisant au même dénominateur $V = \dfrac{1}{6} \pi h (2a^2 + 2b^2 + 2ab + c^2)$; mais $c^2 = \overline{BF}^2 + \overline{AF}^2 = h^2 + (a - b)^2 = h^2 + a^2 - 2ab + b^2$, donc $V = \dfrac{1}{6} \pi h (2a^2 + 2b^2 + 2ab + h^2 + a^2 - 2ab + b^2) = \dfrac{1}{6} \pi h (3a^2 + 3b^2 + h^2) = \dfrac{1}{2} \pi h (a^2 + b^2) + \dfrac{1}{6} \pi h^3$. Donc etc....

588. corollaire. Si le segment n'a qu'une base, $b = o$ et $V = \dfrac{1}{2} a^2 h + \dfrac{1}{6} \pi h^3$. *Le segment à une base est donc équivalent au cylindre ayant même base que le segment et une hauteur moitié moindre, plus une sphère ayant cette hauteur pour diamètre.*

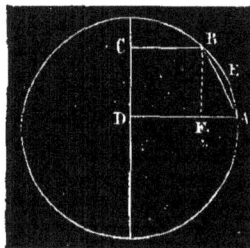

THÉORÈME XI.

589. Le cylindre équilatéral est inscriptible et circonscriptible à
à la sphère.

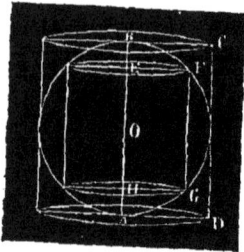

En effet, le carré est inscriptible et circonscriptible au
cercle (**371**). De sorte qu'en faisant tourner sur le diamètre
AB, le demi-cercle AGFB, et les deux rectangles ABCD, HEFG
qui sont les moitiés respectives du carré circonscrit et du
carré inscrit, on produira la sphère, le cylindre équilatéral
circonscrit et le cylindre équilatéral inscrit.

590. COROLLAIRES. 1° Le rayon et la hauteur du cylindre
circonscrit sont respectivement le rayon et le diamètre de la
sphère. Donc en représentant par S la surface de la sphère et
par S' la surface du cylindre on aura $S = 4\pi R^2$ et $S' = 6\pi R^2$,
donc $S : S' = 4 : 6 = 2 : 3$.

Et, en désignant leurs volumes par V et V' on aura $V = \frac{4}{3}\pi R^3$ et $V' = 2\pi R^3$, d'où $V : V' = 2 : 3$. Donc aussi $S : S' = V : V'$.

*Donc la surface totale et le volume du cylindre circonscrit à
la sphère sont respectivement à la surface et au volume de la
sphère comme 2 est à 3; et les surfaces de ces deux corps sont
entre elles comme leurs volumes.*

2° *La surface totale du cylindre équilatéral inscrit vaut les
deux tiers de celle de la sphère et la moitié de celle du cylindre
circonscrit* (**569**).

THÉORÈME XII.

591. La solidité d'un polyèdre circonscrit à la sphère est égale
au produit de sa surface multipliée par le tiers du rayon de la
sphère.

Car, si l'on joint chaque sommet du polyèdre au centre de
la sphère, on forme autant de pyramides, ayant pour hauteur

commune le rayon de la sphère, que la polyèdre compte de faces. Ainsi, en désignant par S la surface totale du polyèdre, par V son volume, ses faces par a, b, c, ... et par R le rayon de la sphère, on aura $V = \frac{1}{3} aR + \frac{1}{3} bR + \frac{1}{3} cR + ... = \frac{1}{3} R$

$(a + b + c + ...) = \frac{1}{3} RS.$

592. COROLLAIRE. *Les volumes des polyèdres circonscrits à une même sphère sont entre eux comme leurs surfaces.*

EXERCICES.

1° La hauteur d'un cylindre est égale à 4^{m}50 et la circonférence de sa base est de 9^{m}35, calculer sa capacité en litres.

2° Trouver la solidité du prisme triangulaire régulier inscrit dans un cylindre, en fonction du rayon R et de la hauteur H de celui-ci.

3° On connaît la hauteur H d'un cylindre équilatéral, trouver sa solidité et l'aire de sa surface totale.

4° La solidité d'un cône est égale à 24 mètres cubes, sa hauteur et le diamètre de sa base sont dans le rapport de 3 à 7, trouver l'aire de la surface convexe de ce cône.

Au moyen de l'expression de la solidité du cône (**573**) et de la proportion indiquée entre le diamètre et la hauteur, on pourra calculer chacune de ces lignes et par suite la circonférence de la base; la propriété (**296**) du triangle rectangle fera connaître le côté du cône et la 2e formule du n° **573** la surface cherchée.

5° Calculer le rapport entre un cube et le cylindre circonscrit.

6° On connaît le rayon R d'un cône équilatéral, trouver sa solidité et l'aire de sa surface convexe.

7° Les volumes engendrés par un rectangle qui tourne successivement autour de sa base et de sa hauteur sont entre eux comme les deux dimensions de ce rectangle, les surfaces totales de ces deux volumes sont dans le même rapport et les surfaces convexes sont équivalentes. On se servira des formules du n° **571**, 1° et 2°.

8° La hauteur d'un cône est égale à $\frac{1}{3}$ de mètre, le rayon de sa base à $\frac{1}{4}$, calculer la surface du cône semblable dont le côté est de 5 mètres. (**573**, 6°).

9° Les rayons des bases d'un cône tronqué sont respectivement de 12 et 3 mètres, et la hauteur du cône complet mesure 24 mètres, trouver la hauteur du tronc et sa solidité.

En désignant par x la hauteur du petit cône, on aura 12 : 3 = 24 : x, et de là la hauteur cherchée, puis la solidité par la formule du n° **575.**

10° Trouver la solidité du volume produit par la révolution d'un triangle équilatéral sur son côté.

En désignant par a ce côté et ayant égard au n° **582,** on trouve $V = \frac{1}{4} \pi a^3$.

11° Le volume engendré par un parallélogramme autour de sa base est équivalent à celui que produit le rectangle de même base et de même hauteur.

12° On donne le rayon d'une sphère et la hauteur d'une zône à une base décrite sur cette sphère, construire le cercle équivalent.

Soient R le rayon de le sphère, h la hauteur de la zône et x le rayon du cercle, on aura $\pi x^2 = 2\pi R h$ (**580**), d'où $x^2 = 2Rh$. Donc x est une moyenne proportionnelle entre le diamètre de la sphère et la hauteur, donc c'est l'ouverture de compas employée pour décrire la zône (**315**). Donc deux zônes décrites sur des sphères différentes avec la même ouverture de compas sont équivalentes.

13° Les rayons des bases d'un segment sphérique mesurent respectivement 0,50 et 0,75 et sa hauteur 0,08, calculer sa solidité.

On se sert de la formule du n° **387.**

14° Le prisme triangulaire est inscriptible et circonscriptible au cylindre (**190**).

15° Le tétraètre est inscriptible et circonscriptible à la sphère.

1° Soient I et G les centres des cercles circonscrits aux deux faces ABC, ABD et H le milieu de AB. Le plan IHG sera perpendiculaire sur AB et par suite aux faces ABC et ABD (**158, 426, 447**). Donc (**448**) les perpendiculaires IO et GO aux plans ABC et ABD seront dans le plan GIH et se rencontreront en un point O. Ainsi OI et OG sont les axes des cercles circonscrits aux deux faces en question ; donc le point O est équidistant des quatre sommets du tétraèdre.

2° Les plans bisecteurs de trois coins adjacents à une même face se rencontrent en un point équidistant de toutes les faces (n° **17** des exercices du 5° livre). Donc (**530**) ce point est le centre d'une sphère à laquelle ces faces sont tangentes.

16° Calculer le rapport d'une sphère et du tétraèdre régulier inscrit.

Au moyen du n° **37** des exercices du 6° livre, on verra que le rayon de la sphère vaut les $\frac{3}{4}$ de la hauteur du tétraèdre.

17° Deux onglets sphériques sont entre eux comme les angles des fuseaux qui leur servent de bases.

Même démonstration qu'au n° **537.**

Donc, en désignant un onglet quelconque par O, l'angle qui lui correspond par A, l'onglet droit par D, on aura O : $\frac{D}{4} = A : 90$. Mais $D = \frac{1}{3} \pi R^5$ (**584,** 3°), donc $O = \frac{1}{3} \pi R^5 \frac{90}{A}$; donc (**580,** 5°) la solidité de l'onglet est égale au produit du fuseau intercepté, multiplié par le tiers du rayon de la sphère.

18° La solidité de la pyramide triangulaire sphérique est égale au tiers du produit de sa base par le rayon de la sphère. On a vu, au n° **12** des exercices du 7° livre, que cette pyramide est équivalente à l'onglet dont l'angle est

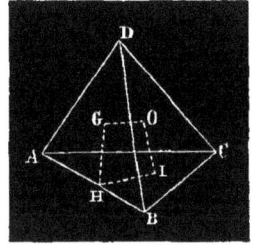

$\dfrac{A + B + C}{2}$ — D, en désignant par A, B, C les angles de sa base et par D l'angle droit.

Donc $P = \dfrac{1}{3} \pi R^3 \left(\dfrac{A + B + C}{180} - 1 \right)$, mais l'aire de la base est $\pi R^2 \left(\dfrac{A + B + C}{180} - 1 \right)$ (**580**, 6°).

19° L'aire d'un polygone sphérique est $P = \pi R^2 \left(\dfrac{S}{180} - n + 2 \right)$, S étant la somme des angles. Car, d'après le n° **11** des exercices du 7ᵉ livre, le polygone est équivalent au fuseau dont l'angle est $\dfrac{S}{2} - (n - 2)$ D.

En décomposant la pyramide polygonale en pyramides triangulaires, on trouve $P = \dfrac{1}{3} \pi R^3 \left(\dfrac{S}{180} - n + 2 \right)$.

Donc deux polygones semblables sont entre eux comme les carrés des rayons des sphères sur lesquelles ils sont décrits, et les pyramides semblables comme les cubes des mêmes rayons.

20° Trouver l'aire d'un triangle sphérique tracé sur une sphère dont le rayon égale 6ᵐ, sachant que les angles du triangle sont de 52°, 95° et 115°. Trouver également la solidité de la pyramide qui y correspond et son rapport avec la sphère.

21° Les volumes de la sphère, du cylindre équilatéral circonscrit et du cône équilatéral circonscrit sont comme les nombres 4, 6, 9. Et, en supposant que le cylindre et le cône soient inscrits, le volume du cylindre est moyen proportionnel entre les deux autres.

22° Le diamètre d'une sphère égale 12ᵐ, calculer les volumes du cube inscrit et du cube circonscrit.

23° Trouver la solidité d'un segment à une base, connaissant sa hauteur et le rayon de la sphère.

24° Trouver la solidité du volume produit par la révolution d'un parallélogramme autour d'un axe tracé dans son plan parallèlement à sa base, et l'aire de la surface engendrée par son périmètre (**286, 326, 371, 376**).

D'abord V. ABCD = V. LICD, car les triangles rectangles ADL est BCI étant égaux et placés de la même manière relativement à l'axe, engendrent des volumes égaux. Mais V. LICD = V. FHCD — V. FHIL = $\pi\overline{DF}^2$. DC — $\pi\overline{AE}^2$ DC = πDC $(\overline{DF}^2 — \overline{AE}^2)$ = πDC (DF + AE) (DF — AE). Comme DC est la base du parallélogramme, que DF — AE est sa hauteur et que DF + AE = CH + AE = 2OP, il vient V ABCD = ABCD × 2πOP. C'est-à-dire le produit du parallélogramme par la circonférence que décrit son centre.

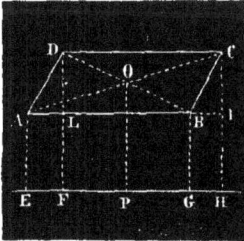

Ce volume est donc équivalent à un parallélipipède ayant ce parallélogramme et cette circonférence pour base et pour hauteur.

Pour la surface, on a S. AB = 2πAB. AE, S. DC = 2πCD. DF, S. AD = πAD (AE + DF), S. BC = πBC (BC + CH).

Ajoutant, on trouve S. ABCD = (AB + BC + DC + AD) × 2πOP. On peut tirer de cette formule, des conclusions analogues à celles relatives au volume.

25° Un demi-décagone régulier fait un tour de révolution sur un diamètre passant par deux sommets opposés, trouver la solidité du volume engendré. Ce volume serait-il le même si la révolution se faisait sur un axe passant par les milieux de deux côtés opposés?

26° Chercher le volume produit par la révolution d'un hexagone régulier sur son côté.

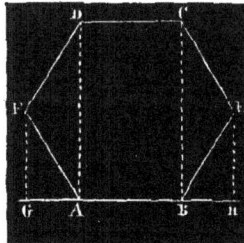

Soient R le rayon de l'hexagone et V le volume cherché. En représentant l'apothème par a, on sait que AD = 2a, EH = a, BH = $\dfrac{R}{2}$, AB = R, $a^2 = \dfrac{3R^2}{4}$ et que V = V. ABCD + 2 V. BHEC — 2 V. BHE = $\dfrac{9\pi R^3}{2}$.

27° Du sommet A du carré ABCD on décrit l'arc BMD et l'on trace la diagonale BD, démontrer qu'il y a égalité entre les solidités des trois volumes engendrés par ABD, BDM et BMDC, lorsque la figure fait un tour de révolution sur AB.

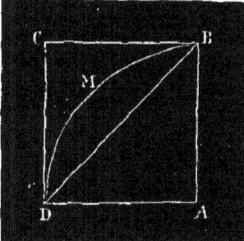

28° Etant donné un cône et un point A sur son côté, trouver le volume du tronc formé en menant par le point A un plan parallèle à la base.

Puisque le cône est donné ainsi que le point A, on connâit le volume P, la hauteur H, le côté a, le rayon R du cône et la distance b du sommet au point A.

Soient x le rayon de la petite base et y la hauteur du tronc, on aura R : $x = a : b$, d'où $x = \dfrac{Rb}{a}$; et H : $y = a : a - b$, d'où $y = H\,\dfrac{a - b}{a}$. Donc en représentant par V le volume cherché, on aura $V = \dfrac{\pi H R^2 (a - b)}{3a^3} (a^2 + b^2 + ab)$ (1).

Mais on peut procéder d'une manière beaucoup plus simple, car en désignant le petit cône par P', on a P : P' $= a^3 : b^3$, d'où P — P' : P $= a^3 - b^3 : a^3$, d'où $V = P\left(\dfrac{a^3 - b^3}{a^3}\right)$ (2).

De plus, il est facile de déduire (1) de (2). Car $P = \dfrac{1}{3}\pi R^2 H$ et $a^3 - b^3 = (a^2 + ab + b^2)(a - b)$.

29° Trouver le point du rayon de la sphère par lequel on doit lui mener un plan perpendiculaire pour que le segment qui en résulte soit équivalent au cône de même base et dont le sommet est au centre de la sphère (**575, 588**).

Résoudre le problème graphiquement et numériquement.

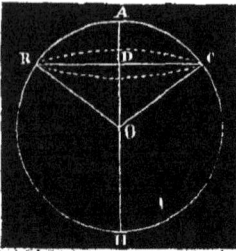

Soient DC $= a$, OC $= R$, OD $= x$, M le volume du cône OBC et N celui du segment ABC.

$M = \dfrac{1}{3}\pi a^2 x$, $N = \dfrac{1}{2}\pi a^2 (R - x) + \dfrac{1}{6}\pi (R - x)^3$ et $a^2 = (R - x)(R + x)$, car DC est moyenne proportionnelle entre AD et DH. Substituant cette valeur de a^2 dans M et N, puis égalant et réduisant, il vient $x^2 + Rx = R^2$ (1).

Cette équation, mise sous la forme $x^2 = R(R - x)$, montre que OD est la plus grande partie du rayon divisé en moyenne et extrême raison et que par suite c'est le côté du décagone régulier inscrit dans un grand cercle.

Résolvant l'équation (1), on a $x = \dfrac{R}{2}(-1 \pm \sqrt{5})$; double valeur qu'il s'agit de discuter (voir le n° **60**, 14° des exercices du 3e livre).

30° Si la hauteur d'un cône circonscrit à une sphère est double du diamètre de celle-ci, le volume du cône sera aussi le double de celui de la sphère.

Soient P le volume du cône et P′ celui de la sphère, on aura $P' = \frac{4}{3} \pi R^3$ et $P = \frac{1}{3} \pi \overline{AB}^2 . SB$. Mais $SB = 4R$; les triangles semblables SAB et SOC donnent $SO : R = SA : AB$; du triangle rectangle SAB on tire $\overline{SA}^2 = \overline{SB}^2 + \overline{BA}^2$, et $SO = 3R$. D'où $P = \frac{8}{3} \pi R^3$.

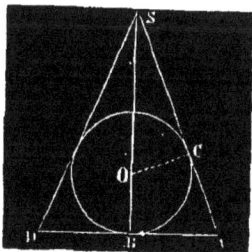

31° Diviser la surface latérale du cône 1° en deux parties équivalentes, 2° en deux parties qui soient entre elles comme deux carrés donnés, 3° en moyenne et extrême raison, par un plan parallèle à la base (voir n° **361** et 36ᵉ exercice du 4ᵉ livre).

32° Quelle doit être la distance des centres de deux sphères égales qui se coupent pour que le volume de la partie commune aux deux sphères soit la moitié d'une sphère ayant cette distance pour diamètre?

Soient $AB = x$, $CD = a$, $DF = h$, $AC = R$.

On doit avoir $\frac{1}{12} \pi x^3 = 2 \left(\frac{1}{2} \pi a^2 h + \frac{1}{6} \pi h^3 \right)$ (1).

Mais $h = R - \frac{x}{2}$ et $a^2 = R^2 - \frac{x^2}{4}$. Substituant dans (1) on trouve $x = \frac{4}{3} R$.

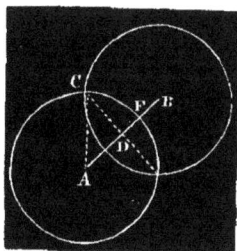

33° Établir, par l'analogie des propositions, les rapports qui existent entre les différents livres des deux parties de la géométrie.

34° Énoncer dans l'ordre où elles doivent se succéder les propositions qui conduisent à l'aire du cercle en partant de celle du rectangle, et de même celles qui, partant de la solidité du parallélipipède rectangle, mènent à la solidité de la la sphère, puis comparer les deux marches suivies.

35° Retrouver les théorèmes des quatre derniers livres qui doivent servir à établir la solidité du segment sphérique.

36° Comment est-on amené à déterminer le volume du

segment sphérique à une base en fonction du rayon de sa base plutôt qu'en y introduisant le rayon de la sphère, ainsi que cela se fait pour la calotte sphérique?

Trouver directement son volume en fonction de son rayon, c'est-à-dire sans le déduire de celui du segment à deux bases; puis chercher le même volume en fonction du rayon de la sphère. Ce dernier est $V = \frac{1}{3} \pi H^2 (3 R - H)$.

37° L'algèbre, qui est la langue des mathématiques, est-elle utile dans l'étude de la géométrie élémentaire? Montrer son utilité par des exemples tirés de la géométrie plane et de la géométrie solide.

38° Faire un tableau des formules qui expriment les mesures de toutes les quantités géométriques.

39° Nommer les unités de mesures employées dans les différentes espèces de quantités géométriques ainsi que leurs subdivisions, en indiquant, parmi ces quantités, celles qui ont deux unités et par suite deux mesures.

40° Résumer les théories particulières du mesurage, ainsi 1° de la droite; 2° de l'arc et de la circonférence de cercle; 3° des angles plans, des angles sphériques et des angles solides; 4° des surfaces planes et des surfaces courbes, 5° des volumes.

41° Quels sont les volumes qui sont entre eux comme les cubes de leurs lignes homologues? Montrer que tous les corps semblables sont dans ce cas et que toutes les surfaces semblables sont proportionnelles aux carrés des mêmes lignes.

42° Indiquer la différence qu'il y a entre la géométrie plane et la géométrie solide; énumérer les espèces de figures qui constituent ces deux parties de la géométrie, et expliquer pourquoi ont leur a donné les noms de géométrie plane et de géométrie solide.

SUPPLÉMENTS.

—

I.

Maximums et Minimums.

1° Une quantité est maximum ou minimum, suivant qu'elle est la plus grande ou la plus petite de toutes les quantités de même espèce. Ainsi le minimum des droites menées entre deux autres droites est la perpendiculaire commune à ces deux droites (**471**), et le maximum des cordes d'un même cercle est son diamètre (**188**).

2° Lorsque la base d'un triangle isocèle est constante, il est facile de constater que sa hauteur augmente et diminue en même temps que son périmètre. On peut aussi démontrer, par le n° 48 des exercices du 2ᵉ livre, en menant par le sommet une parallèle à la base, que le triangle isocèle a un périmètre plus petit qu'un autre triangle de même base et de même hauteur. D'où il résulte que *le maximum des triangles isopérimètres et de même base est le triangle isocèle.*

3° Cette conclusion conduit immédiatement à la solution d'une question beaucoup plus générale, à savoir que *le polygone régulier est le maximum des polygones isopérimètres et d'un même nombre de côté.*

En effet si le polygone ABCDE n'est pas équilatéral, il aura toujours deux côtés contigus AB et BC inégaux, et, en construisant sur la diagonale AC, le triangle isocèle AIC de même

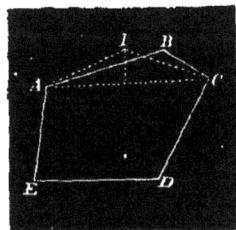

périmètre que ABC, on obtiendra un polygone AICDE plus grand que le proposé, quoiqu'ayant le même périmètre et le même nombre de côtés. Donc, en premier lieu, le polygone, pour être maximum, doit être équilatéral. En second lieu, il doit être équiangle. Car soit ABCDE un polygone équilatéral dans lequel l'angle A > B. Si l'on trace AI de manière à faire l'angle EAI = AIC, en prenant, à partir du point de concours O des droites EA et BC, OA = OI, ou en menant AI perpendiculaire sur BC, si, comme dans le losange, EA et BC sont parallèles; si l'on fait ensuite AF = BI, et si l'on joint FI, les triangles ABI, AFI seront égaux et par suite isopérimètres. Donc le polygone proposé peut être converti en un autre polygone FICDE équivalent, isopérimètre et d'un même nombre de côtés, mais qui n'est pas équilatéral, puisque EA est augmenté de la quantité dont BC est diminué. Donc, d'après la première partie de la proposition, il n'est pas maximum.

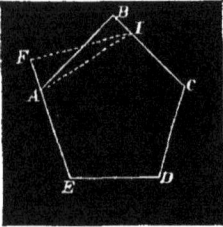

Ainsi, pour être maximum, il doit être en même temps équilatéral et équiangle, c'est-à-dire régulier.

4° Mais le polygone régulier de n côtés peut être transformé en un polygone irrégulier de $n + 1$ côtés équivalent et isopérimètre. En effet, joignant un point I du côté BC au sommet A, faisant l'angle IAH = AIB, prenant AH = BI et tirant IH, les deux triangles ABI, AHI seront égaux. Donc le polygone irrégulier AHICDEF est équivalent et isopérimètre au polygone régulier proposé et il a un côté de plus, c'est-à-dire $n + 1$ côtés. Mais on a vu plus haut que le polygone régulier de $n + 1$ côtés est plus grand que le polygone irrégulier de $n + 1$ côtés et isopérimètre avec lui. Il résulte donc, de ce qui précède, *que le plus grand des polygones réguliers isopérimètres est celui qui a le plus de côtés.*

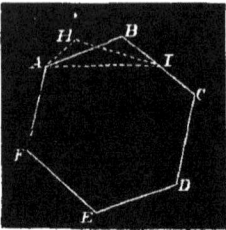

5° *Toutefois, il est plus petit que le cercle isopérimètre.* Car, si l'on divise la circonférence en autant de parties égales que le polygone compte de côtés, chacune des divisions est égale au côté du polygone, et si les deux figures sont concentriques, les côtés du polygone couperont la circonférence, sans quoi les deux figures ne seraient pas isopérimètres. Et comme ces côtés sont parallèles aux cordes des subdivisions de la circonférence, leurs milieux seront dans le cercle; donc l'apothème du polygone est plus petit que le rayon du cercle. Donc etc....

6° Donc, en résumé, l'aire d'un polygone dont le périmètre est constant, augmente, si de scalène il devient régulier; étant régulier, son aire croit encore lorsque le nombre de ses côtés augmente, et elle est à son maximum si le polygone devient un cercle.

7° Réciproquement, si l'aire d'un polygone est constante, son périmètre diminue lorsqu'il devient régulier; ce périmètre régulier diminue à mesure que le nombre de ses côtés augmente et il devient minimum si la figure est un cercle. Ce que l'on démontre facilement par l'absurde.

8° L'algèbre peut être employée avec succès dans la recherche des maximums et des minimums géométriques.

Ainsi, en représentant par x et y les deux dimensions d'un rectangle, par S^2 son aire et par $4p$ son périmètre, on a les deux équations $x + y = 2p$ et $x\,y = S^2$, dans lesquelles les valeurs des inconnues sont les racines de l'équation du 2e degré $z^2 - 2pz + S^2 = o$. D'où, pour le maximum de S et le minimum de p, $4p^2 - 4S^2 = o$). Mais c'est aussi la condition qui rend réelles et identiques les racines de l'équation.

D'où pour que l'aire du rectangle soit maximum lorsque le périmètre est constant, ou pour que le périmètre soit minimum lorsque la surface est constante, il faut que x = y; *c'est-à-dire que, dans les deux cas, la figure doit être un carré.*

9° *Trouver le maximum des surfaces cylindriques inscrites dans un cône de rayon R et de hauteur H.*

Soient S la surface convexe du cylindre, x et y son rayon et sa hauteur, on aura $S = 2\pi xy$ et $R : H = R - x : y$. De ces deux équations on tire $x^2 - R\,x = -\dfrac{RS}{2\pi H}$; d'où

$$x = \frac{R}{2} \pm \sqrt{\frac{R^2}{4} - \frac{RS}{2\pi H}}.$$ D'où, pour le maximum cherché,

$$S = \frac{\pi RH}{2}, \quad x = \frac{R}{2} \text{ et } y = \frac{H}{2}.$$

10° *Circonscrire à une sphère donnée une pyramide trian-gulaire régulière dont le volume soit minimum.*

Soient $x = OS$ la hauteur de la pyramide, $a = BC$ le côté de la base, SD la hauteur d'une face latérale, AD la hauteur de la base. Si l'on coupe la figure par le plan SAD, les droites SD et DA seront tangentes au grand cercle I qui résulte de cette opération, et la perpendiculaire IH sur SD sera le rayon de la sphère. Soient R ce rayon, B la base de la pyra-mide et P son volume, on aura $P = \frac{1}{3} B x$, $B = \frac{a^2}{4} \sqrt{3}$; d'où

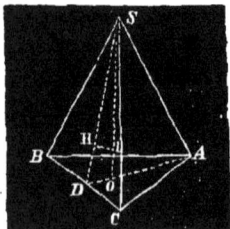

$P = \frac{x a^2 \sqrt{3}}{12}$ (1). Mais les triangles rectangles SOD, SIH donnent $OD : R = x : SH$ (2); du triangle rectangle SIH on dé-duit $\overline{SH}^2 = \overline{SI}^2 - R^2 = (x - R)^2 - R^2 = x^2 - 2Rx$ (3); de plus $OD = \frac{1}{3} AD = \frac{a}{6} \sqrt{3}$ (4). Des égalités (2), (3), (4) on tire a^2 $= \frac{12 R^2 x}{x - 2R}$. Substituant dans (1), il vient $P = \frac{R^2 x^2 \sqrt{3}}{x - 2R}$; d'où $x = \frac{P \pm \sqrt{P^2 - 8 PR^3 \sqrt{3}}}{2 R^2 \sqrt{3}}$. Ainsi pour le minimum de P, on a $P^2 - 8 PR^3 \sqrt{3} = 0$; d'où $P = 8 R^3 \sqrt{3}$ et de là $x = 4R$. Donc la hauteur de la pyramide doit être double du diamètre de la sphère.

II.

594.   Lieux géométriques

1° On entend par lieu géométrique un ensemble de points qui jouissent d'une même propriété générale.

Ainsi, la bisectrice de l'angle de deux droites est le lieu géométrique des points équidistants de ces deux droites (**107**); le lieu des points à égale distance de deux points donnés est la perpendiculaire élevée au milieu de la droite qui joint ces deux points (**89**); le lieu des centres des cir-conférences qui passent par deux points donnés est aussi la perpendiculaire au milieu de la droite qui joint ces deux points (**157**) ; le lieu des points équidistants d'une droite donnée, ou celui des centres des cercles égaux tangents à cette droite, est composé des deux parallèles à cette droite menées de part et d'autre à la même distance de cette droite (**96, 165**).

2° *Trouver le lieu des sommets d'un angle constant circonscrit à un cercle donné.*

Si l'angle ABC est constant, il en est de même de sa moitié OBC. Donc, dans le triangle rectangle BOC, l'angle en B est invariable ainsi que le côté OC, puisque c'est le rayon du cercle ; donc l'hypoténuse est constante aussi et par suite le point B décrit une circonférence dont le centre est O. Donc le lieu cherché est une circonférence concentrique au cercle donné.

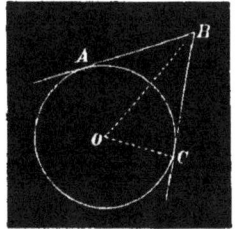

3° *Trouver le lieu géométrique des points tels qu'en abaissant de chacun d'eux des perpendiculaires sur les trois côtés d'un triangle donné, les pieds de ces perpendiculaires soient en ligne droite.*

Soit P un point du lieu cherché ; PF est perpendiculaire sur AB, PD sur AC et PE sur BC. Donc le quadrilatère PECD est inscriptible (**194**), et si l'on joint PC, l'angle CPD = CED (**170**). De même en joignant PB, le quadrilatère PEFB est inscriptible et l'angle FPB = FEB. Mais par supposition les points D, E, F sont en ligne droite ; donc l'angle CED = FEB, donc aussi l'angle CPD = FPB. Et comme le quadrilatère AFPD est inscriptible, il en est de même du quadrilatère ABPC, car pour passer de l'un à l'autre, il suffit de remplacer l'angle CPD par son égal FPB. Donc le point P se trouve sur la circonférence circonscrite au triangle ABC. Cette circonférence est donc la ligne cherchée.

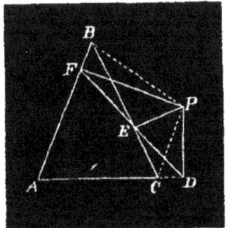

4° Soit un triangle équilatéral ABC, si l'on joint un point D de la circonférence circonscrite à tous les sommets, le quadrilatère inscrit ABDC donne (**329**) AD × BC = AB × DC + AC × BD. Divisant les deux membres par le côté du triangle, il vient AD = DC + BD. *Donc le lieu des points tels que la distance de chacun d'eux à l'un des sommets d'un triangle équilatéral soit égale à la somme de ses distances aux deux autres sommets, est la circonférence circonscrite.*

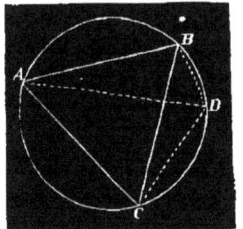

5° *Le lieu géométrique des points dont les distances à deux points fixes sont constamment dans un rapport donné, est une circonférence de cercle.*

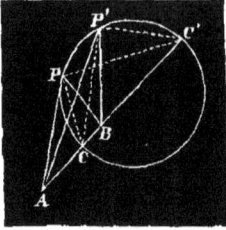

Soient P un point du lieu, A et B les deux points fixes et R le rapport constant. On aura donc $\frac{AP}{BP} = R$, et si l'on mène la bisectrice PC de l'angle APB et sa perpendiculaire PC′, on sait (**316, 317**) que $\frac{AP}{BP} = \frac{AC}{BC} = \frac{AC'}{BC'}$ $= R$. Prenant un autre point P′ du lieu cherché, on doit encore avoir, d'après la supposition, $\frac{AP'}{BP'} = R$.

Mais si l'on joint P′C et P′C′, on aura toujours $\frac{AC}{BC} = \frac{AC'}{BC'}$ $= R$, donc $\frac{AP'}{BP'} = \frac{AC}{BC} = \frac{AC'}{BC'}$. Ce qui prouve (317, réciproque) que P′C est la bisectrice de l'angle AP′B et que P′C′ lui est perpendiculaire. Donc les angles tels que CPC′, CP′C′.... sont toujours droits. Donc le lieu cherché est une circonférence décrite sur CC′ comme diamètre.

6° *Un triangle rectangle en* A *tourne sur son sommet* C *de manière à rester semblable à lui même et à faire décrire une droite au sommet* B, *trouver le lieu qu'engendre le sommet* A *de l'angle droit.*

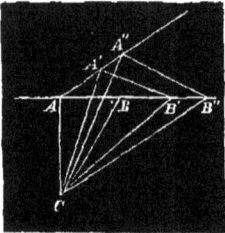

Soit AB″ la droite décrite par le sommet B, soient CAB et CA″B″ deux des positions du triangle en question. Si l'on joint AA″, le quadrilatère CAA″B″ est inscriptible dans le cercle dont le diamètre est CB″, puisque les angles CAB″ et CA″B″ sont droits; donc l'angle A″AB″ = A″CB″. Soit CA′B′ une troisième position du triangle, en joignant AA′ le quadrilatère CAA′B′ est inscrit dans le cercle dont le diamètre est CB′, et l'angle A′AB′ = A′CB′. Mais puisque le triangle reste semblable à lui-même, l'angle A″CB″ = A′CB′ et par suite A″AB″ = A′AB′. Donc les points A′ et A″ sont sur une même droite AA″. Donc le lieu cherché est une ligne droite.

7° Mais une surface peut aussi être un lieu géométrique. Ainsi , *le lieu géométrique de tous les points de l'espace équidistants de deux points donnés est le plan perpendiculaire au*

*milieu de la droite qui joint ces deux points; le plan bisecteur
d'un coin est le lieu des points situés à égale distance des deux
faces du coin* (17ᵉ exercice du 5ᵉ livre); *le lieu des points de
l'espace équidistants de deux droites convergentes est le plan mené
suivant la bisectrice de l'angle de ces droites perpendiculairement
à leur plan* (**463, 464**); *le lieu des points de l'espace tels
que la somme des carrés des distances de chacun deux à deux
points fixes est constante, est la surface sphérique ayant pour
diamètre la droite qui joint ces deux points,* car en joignant un
point P de la surface aux deux extrémités d'un diamètre AB,
on a un triangle inscrit dans un demi-grand cercle et par
suite on a toujours $\overline{AB}^2 = \overline{AP}^2 + \overline{BP}^2$.

III.

593.   Polyèdres réguliers.

1° On a déjà vu (**473**) qu'un polyèdre est régulier lorsque
ses faces sont des polygones réguliers égaux comprenant des
angles solides égaux.

Le **centre** d'un polyèdre régulier est un point intérieur
équidistant de tous les sommets et de toutes les faces. La
distance constante du centre au sommet s'appelle **rayon** et
celle du même point à chacune des faces se nomme **apothème** (**365, 366**).

2° On a vu, au 4ᵉ livre, qu'il y a une infinité de polygones
réguliers, mais nous allons constater qu'il est loin d'en être
ainsi des polyèdres réguliers.

D'abord, avec des triangles réguliers, on peut construire
trois polyèdres réguliers. En effet, puisque la somme des
faces d'un angle solide est moindre que quatre angles droits
(**486**), on pourra réunir trois angles égaux à ceux du
triangle équilatéral pour en former un angle solide. De sorte
qu'en assemblant trois triangles réguliers égaux de manière
à former un trièdre avec trois de leurs angles, lès côtés
opposés à ces angles détermineront un quatrième triangle

égal à chacun des trois autres. De plus, les angles solides du polyèdre ainsi construit seront égaux, comme ayant les trois faces égales (**460**).

C'est le tétraèdre régulier.

Avec le triangle équilatéral on peut aussi construire l'*octaèdre régulier*. Car, d'abord on peut former un angle solide de quatre faces égales à l'angle d'un triangle équilatéral, puisque la somme de ces angles sera plus petite que quatre droits.

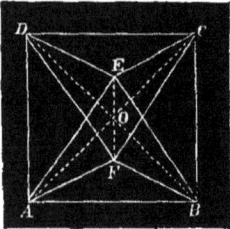

En second lieu, si trois droites EF, AC, BD égales entre elles se coupent à angle droit et dans leur milieu commun, les extrémités de ces droites seront les sommets du polyèdre en question. Car les quadrilatères ABCD, AFCE, BFDE sont des carrés, puisque les diagonales de chacun d'eux se coupent en leur milieu, qu'elles sont égales et rectangulaires (**103** et le 37e exercice du 1er livre); et ces carrés sont égaux comme ayant des diagonales égales (**114** ou **288**). Donc les côtés de ces carrés sont égaux, et par suite les huit triangles qui forment la surface du polyèdre sont des triangles réguliers égaux. De plus, les coins sont égaux, car tous les trièdres, tel est AEBD, ayant pour sommet A et pour faces, un angle droit et deux angles de triangles équilatéraux, sont égaux (**460**, 3°).

Le troisième polièdre régulier qu'on peut former avec le triangle équilatéral est l'*icosaèdre*.

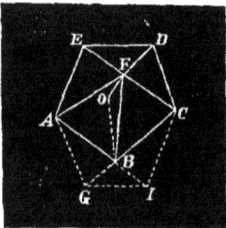

1° La somme de cinq angles égaux à ceux d'un triangle équilatéral est moindre que quatre droits. 2° Si l'on élève au centre O d'un pentagone régulier ABCDE, une perpendiculaire OF égale au troisième côté du triangle rectangle dont l'hypoténuse BF = AB et dont le second côté OB est le rayon du pentagone, en joignant le point F à tous les sommets A, B, C, D, E, on forme une pyramide dont toutes les arêtes sont égales à AB (**428**) et dont toutes les faces latérales sont, en conséquence, des triangles réguliers égaux. De plus les coins latéraux AF, BF... sont égaux, car les trièdres, tel que BAFC, qui ont pour sommets les points B, A, C, D, E, sont égaux comme ayant les trois faces égales, savoir un angle d'un pentagone régulier et deux angles de triangles équilatéraux.

Et si l'on faisait de la même manière une seconde pyramide ayant B pour sommet et pour base le pentagone régulier AFCIG dont deux des côtés sont les arêtes AF, CF de la première, ces deux pyramides seraient égales; de sorte que les coins BC, BI seraient égaux au coin BF et les faces CBI, IBG seraient égales à FBC. Maintenant, si l'on construit sur chacun des cinq côtés de la 1ʳᵉ pyramide, un triangle régulier formant avec les premiers les mêmes coins que ceux-ci font entre eux, on aura une surface régulière de dix triangles; et une seconde surface identique réunie à la première de manière que les angles saillants de l'une correspondent aux angles rentrants de l'autre, formera avec elle un polyèdre régulier de vingt faces, car les coins et les faces de jonction seront égaux aux autres, comme on l'a fait voir plus haut par la 2ᵉ pyramide pentagonale formée au point B.

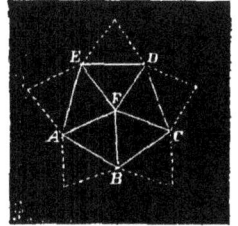

Mais il est impossible de faire un angle solide avec plus de cinq angles de triangles équilatéraux.

Il est facile de voir qu'avec le carré on ne peut former que le cube ou l'*hexaèdre régulier*.

En prenant trois angles égaux à celui du pentagone régulier, on peut construire un angle solide. De sorte que si l'on fait sur les cinq côtés d'un pentagone régulier ABCDE, cinq autres pentagones réguliers et inclinés sur le premier de manière que les côtés contigus, tels que BG et BI, viennent coïncider, on aura une surface formée de six pentagones réguliers égaux et dont les coins seront égaux, puisque les trièdres A, B, C.... auront les trois faces égales. De plus, lorsque le point G coïncidera avec le point I, l'angle rentrant FIH sera égal à l'angle saillant F, puisque le coin BI sera égal, comme on vient de le voir, au coin AB, et que, par suite, les trièdres en B et en I seront égaux, comme ayant un coin égal adjacent à deux faces égales; donc l'angle FIH = ABC = F. Une seconde surface égale pourra lui être unie de manière que les angles saillants de l'une coïncident avec les angles rentrants de l'autre, puisque ces angles sont égaux et les coins de jonction seront égaux aux autres, comme appartenant à des trièdres égaux. *On aura ainsi le dodécaèdre régulier.*

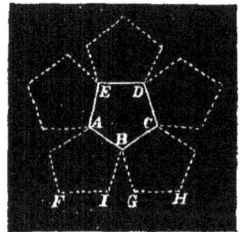

Mais on ne saurait aller au-delà ; car quatre angles de pantagone régulier ou trois angles d'un polygone régulier d'un plus grand nombre de côtés excèdent les limites requises pour constituer un angle solide. Il n'y a donc que cinq espèces de polyèdres réguliers.

3° *Deux polyèdres réguliers d'un même nombre de faces sont semblables* (**479**). 1° Les faces sont semblables comme polygones réguliers d'un même nombre de côtés (**382**) ; 2° les coins sont égaux, car les angles d'un polygone régulier étant invariables, quelle que soit la grandeur de ce polygone, les trièdres dont il a été question dans le n° précédent, sont égaux non-seulement dans le même polyèdre, mais aussi dans deux polyèdres de même nom, abstraction faite de leur grandeur.

4° *Tout polyèdre régulier est inscriptible et circonscriptible à la sphère.*

Soient AB une arête commune à deux faces, C et D les centres de ces faces. Les perpendiculaires CF et DF sur l'arête AB déterminent un plan CFD perpendiculaire à ces deux faces (**447**). Donc, si l'on élève aux points C et D des perpendiculaires à ces deux faces, elles seront dans le plan CFD (**448**) et elles se rencontreront en un point O (**103**).

De plus, si l'on tire OF, puisque CF = DF, les deux triangles rectangles OCF, ODF seront égaux ; donc OC = OD et OF est bisectrice de l'angle CFD. Soit O′ le point, où la perpendiculaire élevée au centre I d'une seconde face adjacente à la première, rencontre CO, ou aura IO′ = CO′ et HO′ sera la bisectrice de l'angle IHC. Mais les angles CFD et IHC sont égaux comme angles de coins égaux, donc leurs moitiés O′HC et OFC sont aussi des angles égaux ; donc les triangles rectangles HO′C et FOC sont égaux, donc CO = CO′, et le point O′ coïncide avec O. Comme on pourrait reproduire le même raisonnement pour chaque face, on voit que ce point O est équidistant de chacune d'elles. Il est aussi à égale distance de tous les sommets, puisqu'il appartient à l'axe de chacune des faces (**429, 2°**). Donc il est le centre d'une sphère inscrite et en même temps celui d'une sphère circonscrite.

5° Donc, si l'on joint le centre d'un polyèdre régulier à

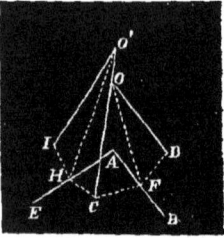

tous ses sommets, on le décompose en autant de pyramides régulières égales qu'il y a de sommets ; donc, *la solidité de ce polyèdre est égale à l'aire de sa surface multipliée par le tiers de son apothème.*

6° *Dans deux polyèdres réguliers de même nom 1° les arêtes sont proportionnelles aux rayons et aux apothèmes, 2° les surfaces aux carrés de ces lignes et 3° les volumes à leurs cubes.*

Soient C et C′ deux côtés homologues, R et R′ les rayons, A et A′ les apothèmes, S et S′ les surfaces, V et V′ les volumes. D'abord, les pyramides régulières formées en joignant le centre au sommet dans l'un des polyèdres sont semblables à celles qui sont formées de la même manière dans l'autre ; car leurs faces latérales divisent les coins du polyèdre en deux parties égales, puisqu'elles sont menées par un point équidistant des faces de chacun d'eux (17ᵉ exercice du 5ᵉ livre). Donc les coins et par suite les trièdres adjacents aux bases dans ces pyramides sont égaux ; donc elles ont leurs coins égaux et leurs faces semblables. Donc, dans les deux pyramides semblables qui ont C et C′ pour arêtes homologues, on a $C : C' = R : R' = A : A'$; d'où $C^2 : C'^2 = R^2 : R'^2 = A^2 : A'^2$ et $C^3 : C'^3 = R^3 : R'^3 = A^3 : A'^3$. Mais on sait que deux polyèdres semblables donnent (**309, 310**) $S : S' = C^2 : C'^2$ et $V : V' = C^3 : C'^3$. Donc, etc.

IV.

596. Symétrie.

1° On a vu (**422, 479**) que deux polyèdres sont symétriques lorsque les éléments d'où dépendent leur forme et leur grandeur, c'est-à-dire leurs faces et leurs coins, sont égaux et disposés dans un ordre inverse, ou (**505**) lorsqu'ils peuvent être décomposés en un même nombre de tétraèdres symétriques. De même, on peut dire que deux polygones sont symétriques, lorsqu'ils ont les côtés et les angles respectivement égaux et inversement disposés, ou quand ils sont composés d'un même nombre de triangles symétriques. Mais alors les deux polygones peuvent coïncider et sont égaux, tandis qu'il n'en est pas ainsi des polyèdres.

Mais il y a deux espèces de symétrie, la première absolue et la seconde relative, c'est-à-dire que la première a rapport à la forme des figures et l'autre à leur position.

On a vu la première, reste la seconde.

Définitions. — *(a)* Deux points sont **symétriques** 1° par rapport à un point, lorsque celui-ci divise en deux parties égales la droite qui joint ces deux points ; 2° par rapport à une droite, lorsque celle-ci est perpendiculaire au milieu de la droite qui joint ces deux points ; 3° par rapport à un plan, lorsque celui-ci est perpendiculaire au milieu de la droite qui joint ces deux points.

(b) Deux figures sont **symétriques** par rapport à un point, à une droite ou à un plan, lorsque tous les points de chacune d'elles ont leurs symétriques sur l'autre.

(c) Ce point, cette droite et ce plan sont respectivement appelés **centre, axe** et **plan** de symétrie.

(d) On dit aussi qu'une figure est **symétrique** relativement à un point, à une droite ou à un plan, lorsque chaque point du contour de cette figure a son symétrique sur le même contour. Ainsi, un parallélogramme est symétrique par rapport à son centre, la hauteur du triangle isocèle est un axe de symétrie par rapport à ce triangle, un grand cercle dans une sphère est un plan de symétrie.

2° *Si les extrémités de deux droites sont respectivement symétriques par rapport à un point, ces deux droites sont symétriques relativement à ce point.*

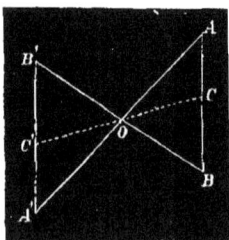

Par supposition OA = OA' et OB = OB'. Donc les triangles OAB et OA'B' sont égaux ; donc l'angle A = A' et AB est parallèle à A'B'. Maintenant si l'on trace une droite quelconque COC', les deux triangles OCA et OC'A' sont égaux et OC = OC'. Donc tout point C de AB a son symétrique C' sur A'B'.

De plus ces droites sont égales et parallèles.

3° *Si les sommets de deux polygones sont symétriques par rapport à un point, ces deux polygones sont symétriques par rapport à ce point.*

Puisque les sommets sont symétriques, il en est de même des côtés homologues (2°), et par suite des périmètres. Donc toute droite tracée dans l'un sera symétrique à une droite tracée dans l'autre (2°) et par conséquent tout point du premier polygone, qui se trouve sur cette droite arbitraire, aura son symétrique dans l'autre.

De plus, ces deux polygones, ayant leurs côtés égaux et parallèles (2°), ont aussi leurs angles égaux (**106, 439**). Donc ils sont symétriques entre eux ou égaux et s'ils sont dans des plans différents, ceux-ci sont parallèles (**440**).

4° *Si les sommets de deux polyèdres sont symétriques relativement à un point, ces polyèdres sont symétriques par rapport à ce point.*

Les surfaces sont symétriques (2° et 3°). Donc si l'on joint deux points de la première et leurs symétriques de la seconde, ces deux droites seront symétriques et tout point de l'une aura son symétrique sur l'autre. Donc etc....

En outre, ces deux polyèdres sont symétriques entre eux et équivalents. Car, les diagonales qui joignent les sommets symétriques étant égales, les tétraèdres qu'elles forment sont symétriques. Donc (**303** et **306**)....

5° *Si les extrémités de deux droites sont symétriques par rapport à une droite ou à un plan, ces deux droites sont symétriques par rapport à cette droite ou à ce plan.*

Si $AC = A'C$ et $BD = B'D$, les deux trapèzes rectangles ABDC et A'B'DC pourront coïncider; et si l'on mène la droite FEF' perpendiculaire soit au plan MN, soit à la droite CD, lorsque ces deux trapèzes seront superposés, le point F' coïncidera avec le point F, car il se trouvera en même temps sur AB et sur EF. Donc EF = EF'.

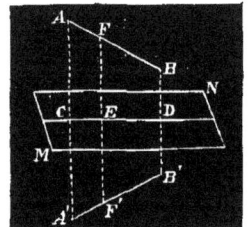

Les deux droites en question sont égales, mais elles sont convergentes et l'axe de symétrie est la bisectrice de leur angle.

6° *Si les sommets de deux polygones sont symétriques par rapport à un plan, ces deux polygones sont aussi symétriques relativement à ce plan.*

Les côtés et les périmètres sont symétriques (5°). Donc toute droite tracée arbitrairement dans l'un aura tous ses points symétriquement placés relativement à ceux d'une droite située dans l'autre. Ces deux polygones sont aussi symétriques entre eux, car leurs côtés et leurs diagonales homologues étant symétriques par rapport au plan sont des droites respectivement égales. Donc les deux polygones sont composés de triangles égaux ou symétriques.

Mais leurs plans sont convergents et le plan de symétrie est bisecteur de leur coin.

7° *Si les sommets de deux polyèdres sont symétriques par rapport à un plan, ces polyèdres sont aussi symétriques par rapport à ce plan. Ils sont aussi symétriques entre eux et équivalents.*

Même démonstration qu'au n° 4.

V.

597.   Similitude.

1° On sait que deux polygones sont semblables, lorsqu'ils ont les angles égaux et les côtés homologues proportionnels; que deux polyèdres sont semblables, lorsqu'ils ont les angles solides égaux et les faces homologues semblables. Mais on a supposé, dans les théories des figures semblables, précédemment exposées, que les côtés et les faces homologues étaient disposés dans le même ordre, et c'était la similitude directe. Lorsque ces éléments sont disposés dans un ordre inverse, on dit que les figures sont inversement semblables. Toutefois, deux figures inversement semblables jouissent des mêmes propriétés que si elles étaient directement semblables.

Mais, que la similitude soit directe ou inverse, il est, comme pour la symétrie, une espèce de similitude relative à la position des deux figures. Voici quelques notions élémentaires sur cette partie de la géométrie.

Dans deux figures semblables, on entend par **points homologues,** des points placés de manière que les droites qui les joignent soient proportionnelles et forment des angles égaux, et ces droites sont dites **homologues.** On nomme

centre de similitude de deux figures semblables, un point qui divise en parties proportionnelles toutes les droites qui joignent les points homologues de ces deux figures. Si ces parties sont d'un même côté du centre, la similitude est **directe** et elle est **inverse** si les parties proportionnelles sont de part et d'autre de ce point.

2° *En joignant les sommets d'un polygone à un point O et prenant sur ces droites, à partir de O, des parties proportionnelles aux premières, on obtient les sommets d'un polygone semblable au proposé, et le point O est un centre de similitude relatif à ces deux polygones.*

D'abord les deux triangles OAB, OA′B′ sont semblables, de même que tous ceux qui ont pour bases deux côtés homologues de ces polygones et le point O pour sommet. Donc les deux polygones ont leurs côtés proportionnels et parallèles ; donc leurs angles sont aussi égaux, donc ils sont semblables.

En second lieu, soient P et P′ deux points homologues ; en les joignant à tous les sommets, on forme des triangles semblables, tels sont APD et A′P′D′ ; donc AP est parallèle à A′P′, l'angle PAO = P′A′O et AO : A′O = AP : A′P′. Donc si l'on joint PO et P′O, les triangles APO et A′P′O sont semblables ; donc l'angle AOP = A′OP′ et les trois points P, O, P′ sont en ligne droite. Donc toutes les droites qui joignent deux points homologues sont divisées en parties proportionnelles par le point O, donc ce point est un centre de similitude inverse.

Si l'on prenait les distances du côté du premier polygone, en *a, b, c, d,* le point O serait un centre de similitude directe.

4° *On démontre de la même manière qu'en prenant sur les droites qui joignent un point quelconque O à tous les sommets d'un polyèdre, des distances proportionnelles entre elles, on obtient les sommets d'un polyèdre inversement ou directement semblable au premier, suivant que les distances à partir du point O sont au delà ou en deçà de ce point relativement au premier polyèdre ; et que le point O est un centre de similitude par rapport à ces deux polyèdres.*

4° De là le moyen de construire deux polygones ou deux polyèdres semblables. Mais le centre de similitude pourrait

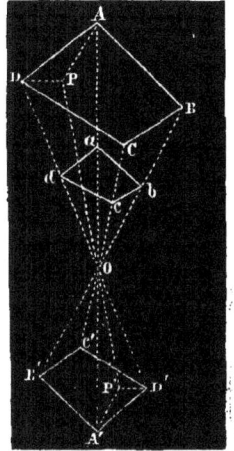

être dans la première figure, sur une face, sur un côté ou sur un sommet.

5° *Si deux polygones semblables sont placés, soit dans un même plan, soit dans des plans parallèles, de manière à avoir les côtés homologues parallèles, les droites qui joignent les sommets homologues se coupent en un même point, centre de similitude directe ou inverse, suivant que les côtés parallèles sont dirigés dans le même sens ou en sens inverse.*

Après avoir déterminé le point O, où se coupent les droites qui joignent deux sommets de l'un à leurs homologues dans l'autre, on démontre, comme au n° **2**, que ce point O et deux autres sommets homologues sont en ligne droite.

Donc deux polygones semblables peuvent toujours être placés de manière à avoir un centre de similitude.

Il en est de même de deux polyèdres semblables.

6° *Deux cercles tracés dans un même plan ont une infinité de centres de similitude, tous situés sur la droite qui joint leurs centres.*

Soient AB et A′B′ deux rayons parallèles, en joignant BB′ on forme les triangles semblables OAB et OA′B′ qui donnent OA : OA′ = AB : A′B′ (*a*). Soient AC et A′C′ deux autres rayons parallèles, en joignant CO et C′O, les triangles OAC et OA′C′ seront semblables, car l'angle CAO = C′A′O à cause du parallélisme des rayons AC et A′C′, et puisque AB = AC, A′B′ = A′C′, on aura en remplaçant dans (*a*), OA : OA′ = AC : C′A′. Donc l'angle AOC = A′OC′, donc les trois points C, O, C′ sont en ligne droite. Donc le point O est un centre de similitude inverse. Si les rayons parallèles étaient dirigés dans le même sens, le point O serait extérieur et serait un centre de similitude directe. Les points où se coupent les tangentes communes à deux cercles (**235**) sont donc deux centres de similitude, directe ou inverse, selon qu'il s'agit des deux tangentes extérieures ou des deux tangentes intérieures.

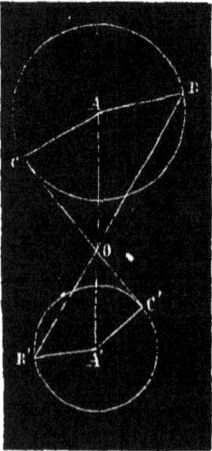

VI.

598.   Axes radicaux.

1° La ligne sur laquelle se trouvent tous les points de chacun desquels on peut mener deux tangentes égales à deux cercles donnés s'appelle **axe radical.**

2° *L'axe radical de deux cercles est une droite perpendiculaire à celle qui joint leurs centres.*

Soient A et B les centres de deux cercles, P un point qui jouit de la propriété énoncée et PO une perpendiculaire sur la droite AB. On a immédiatement $\overline{PC}^2 = \overline{BP}^2 - \overline{BC}^2$ et $\overline{PD}^2 = \overline{AP}^2 - \overline{AD}^2$. Mais par supposition PC = PD, donc $\overline{BP}^2 - \overline{BC}^2 = \overline{AP}^2 - \overline{AD}^2$, d'où $\overline{BP}^2 - \overline{PA}^2 = \overline{BC}^2 - \overline{AD}^2$ (1). D'un autre côté $\overline{PO}^2 = \overline{BP}^2 - \overline{OB}^2$ et $\overline{PO}^2 = \overline{AP}^2 - \overline{OA}^2$, donc $\overline{BP}^2 - \overline{OB}^2 = \overline{AP}^2 - \overline{OA}^2$, ou $\overline{BP}^2 - \overline{AP}^2 = \overline{OB}^2 - \overline{OA}^2$ (2). De (1) et (2) on déduit $\overline{BC}^2 - \overline{AD}^2 = \overline{OB}^2 - \overline{OA}^2$ (*a*). Soit P′ un autre point jouissant de la même propriété, en menant la perpendiculaire P′O′ sur AB, on aura aussi $\overline{BC}^2 - \overline{AD}^2 = \overline{O'B}^2 - \overline{O'A}^2$ (*b*). Les égalités (*a*) et (*b*) prouvent que $\overline{OB}^2 - \overline{OA}^2 = \overline{O'B}^2 - \overline{O'A}^2$; d'où (OB + OA) (OB — OA) = (O′B + O′A) (O′B—O′A), d'où OB — OA = O′B—O′A, d'où OB + O′A = O′B + OA, d'où l'on voit que les points O et O′ coïncident. Donc, etc.

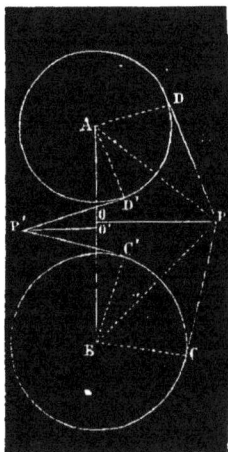

Si les deux cercles se coupent, l'axe radical est la droite qui joint les points d'intersection des deux circonférences.

3° *Les axes radicaux de trois cercles pris deux à deux se coupent en un même point.* Car deux de ces axes se coupent comme perpendiculaires à deux droites convergentes, et les tangentes menées de leur point de rencontre aux trois cercles sont égales, donc il est sur le troisième axe.

Donc si trois cercles se coupent deux à deux, les droites qui joignent les points d'intersection concourent en un même point.

4° Pour trouver l'axe de deux cercles donnés, par le milieu d'une tangente commune, on mène une perpendiculaire à la droite des centres, ou bien on décrit un troisième cercle qui rencontre les deux premiers et du point d'intersection des cordes communes on abaisse une perpendiculaire sur la droite des centres. Si les cercles sont égaux, il suffit d'élever une perpendiculaire au milieu de cette droite.

VII.

N99.   Pôles et polaires.

1° Si de chaque point d'une droite appelée **polaire** on mène deux tangentes à un cercle, les cordes qui joignent les points de contact de ces tangentes passent toutes en un même point appelé **pôle.**

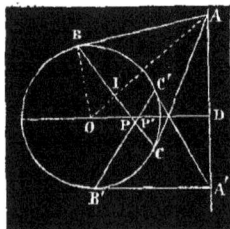

Soient donc AA′ une droite quelconque et AB, AC deux tangentes au cercle O. Si l'on joint OA ainsi que BC et si l'on mène la perpendiculaire OD sur AA′, les triangles rectangles OPI et OAD sont semblables et donnent $OA \times OI = OP \times OD$, et du triangle rectangle ABO on tire $OA \times OI = R^2$; donc $OP \times OD = R^2$. Si A′B′ et A′C′ sont deux autres tangentes et P′ le point où B′C′ rencontre OD, on aura aussi $OP' \times OD = R^2$; donc $OP = OP'$.

Donc toutes les cordes de contact passent en un même point et ce point se trouve sur la perpendiculaire menée du centre sur la polaire.

Réciproquement, *si d'un même point P, on mène des sécantes et au point de rencontre deux tangentes à la circonférence, ces tangentes se couperont deux à deux sur une même droite perpendiculaire à OP.*

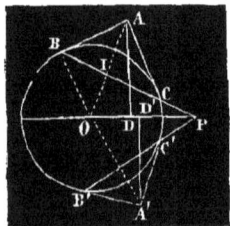

Soient PB une sécante, AB, AC deux tangentes aux points B et C, AD une perpendiculaire sur OP. Des triangles semblables POI, DOA et du triangle rectangle OBA, on déduit $OP \times OD = R^2$. Soient PB′ une autre sécante, A′C′ et A′B′ deux tangentes et A′D′ perpendiculaire sur OP, on aura encore $OP \times OD' = R^2$. Donc $OD = OD'$ et AA′ est une droite perpendiculaire sur OP.

2° D'où l'on voit *que la polaire est perpendiculaire sur le dia-mètre qui passe par le pôle ; que le pied de la polaire et le pôle divise ce diamètre de manière que le rayon est moyen proportion-nel entre les deux segments OP et OD ; que si la polaire est exté-rieure le pôle est intérieur et réciproquement ; que si la polaire est tangente le pôle est le point de contact ; que si la polaire passe au centre le pôle est à l'infini ; que pour trouver le pôle avec la po-laire et réciproquement, il suffit de construire une troisième pro-portionnelle.*

3° Mais cette dernière question peut se résoudre autrement. Car, si d'un point P extérieur on mène une tangente PC, puis la perpendiculaire CD sur OP, le triangle rectangle OCP donne $\overline{OC}^2 = OP \times OD$. Relation qui prouve que CD est la polaire de P. De même si d'un point D intérieur, on mène une perpen-diculaire DC sur le diamètre OD, puis la tangente CP, on aura la même relation ; ce qui prouve que la perpendiculaire PA sur OD est la polaire de D. Donc les deux perpendiculaires CD et AP sont respectivement les polaires de P et D. Donc, *si l'on veut trouver la polaire de* **D**, *on élève la perpendiculaire CD sur le diamètre OD, on mène une tangente au point C, et au point P où elle rencontre OD une perpendiculaire AP à ce diamètre. Si le pôle P était extérieur, il suffirait de mener de ce point deux tan-gentes au cercle et la corde des points de contact serait la polaire. Réciproquement le point de concours de deux tangentes est le pôle de la droite qui passe par les deux points de contact.*

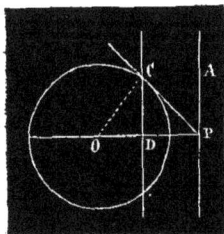

VIII.

600. Division harmonique.

1° Une droite est divisée **harmoniquement** par quatre points A, B, C, D si AB : CB = AD : CD ou AB : AD = CB : CD.

Les points A et C sont dits **conjugués** ainsi que B et D.

Les droites qui joignent quatre points harmoniques à un même point S forment un **faisceau harmonique.** On

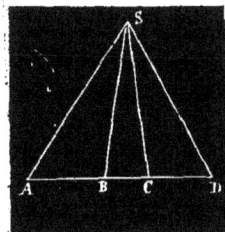

peut appeler **centre** du faisceau le point S, **base** la droite AD et **rayons** les droites SA, SB, SC, SD.

2° La bisectrice de l'angle du sommet dans un triangle, celle de l'angle supplémentaire et les deux côtés de ce triangle forment un faisceau harmonique dont la base est celle du triangle (**316** et **317**).

3° *Le pôle et sa polaire divise harmoniquement le diamètre du cercle.*

Car de la relation $OP \times OD = R^2$ (**599**), on déduit $OP : R = R : OD$, d'où $OP + R : OP — R = R + OD : R — OD$ ou $AP : BP = AD : BD$.

De plus les points P et D sont conjugués.

4° *Toute sécante menée par le pôle est divisée harmoniquement par la polaire (même figure).*

Les triangles rectangles semblables OHP, IHE et le triangle rectangle OGE fournissent respectivement $IH \times HP = OH \times HE$ et $OH \times HE = \overline{GH}^2$; d'où $IH \times HP = \overline{GH}^2$, d'où $HP : GH = GH : IH$, d'où $HP + GH : HP — GH = GH + IH : GH — IH$, d'où en remarquant que $GH = FH$, $GP : FP = GI : FI$.

De là, on peut déduire que les polaires EK et GP de deux points E et P se coupent harmoniquement.

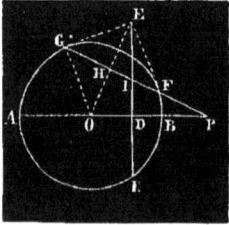

IX.

601.   Transversales.

1° Soient ABC un triangle et DEF une transversale intérieure ou extérieure qui rencontre les trois côtés.

Si l'on mène BI parallèle à AC, les triangles ADF, BIF et les triangles DCE, BIE donnent respectivement $AF : BF = AD : BI$ et $BE : EC = BI : DC$. Multipliant ces deux proportions terme à terme, il vient $\dfrac{AF \times BE}{BF \times CE} = \dfrac{AD}{DC}$, d'où $AF \times BE \times DC = BF \times CE \times AD$ (*a*). *Donc le produit des trois segments qui n'ont pas d'extrémité commune est égal à celui*

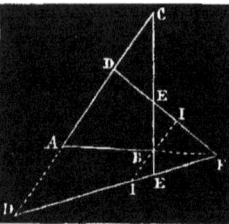

des trois autres. De (a) on déduit $\dfrac{AF}{BF} \times \dfrac{BE}{CE} \times \dfrac{CD}{AD} = 1$ (b).

Donc le produit des trois rapports des segments faits sur un même côté est égal à l'unité.

2° *Les réciproques de ces deux propriétés sont vraies, c'est-à-dire que de chacune des égalités* (a) *et* (b) *il résulte que les trois points* D, E, F *sont en ligne droite.* Propositions qui ce démontrent facilement par l'absurde.

3° Si l'on mène des transversales par un point intérieur ou extérieur I et les trois sommets d'un triangle, les sécantes CF et AD relativement aux deux triangles ABE et EBC fournissent, d'après le n° 1, $\dfrac{AC}{EC} \cdot \dfrac{EI}{BI} \cdot \dfrac{BF}{AF} = 1$ et $\dfrac{AC}{AE} \cdot \dfrac{EI}{BI} \cdot \dfrac{BD}{CD} = 1$. Divisant membre à membre, il vient EC. BD. AF = EA. CD. BF. *Donc le produit des trois segments de rang pair est égal à celui des segments de rang impair.*

4° *Toute transversale est divisée harmoniquement par un faisceau harmonique.*

Soient S le centre et AD la base du faisceau.

D'abord, si la sécante est parallèle à la base, la propriété est déjà démontrée (**309**). Supposons donc qu'elle lui soit oblique et soit EFGH cette transversale. Menant AM parallèle à cette droite, le triangle ALC et la sécante SB donnent (n° 1) $\dfrac{SC}{SL} \cdot \dfrac{IL}{IA} \cdot \dfrac{AB}{CB} = 1$, le même triangle avec la transversale SD fournit $\dfrac{SC}{SL} \cdot \dfrac{LM}{AM} \cdot \dfrac{AD}{DC} = 1$. De ces deux égalités, on déduit $\dfrac{IL}{IA} \cdot \dfrac{AB}{CB} = \dfrac{LM}{AM} \cdot \dfrac{AD}{DC}$. Mais par supposition les points A, B, C, D sont harmoniques, c'est-à-dire que $\dfrac{AB}{BC} = \dfrac{AD}{DC}$ donc $\dfrac{IL}{IA} = \dfrac{LM}{AM}$; donc la droite AM, et par suite sa parallèle EH, est divisée harmoniquement.

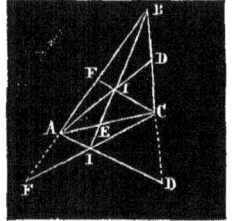

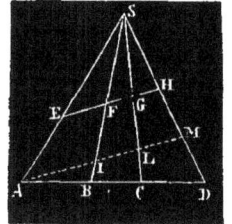

X.

602. Qradrilatère complet.

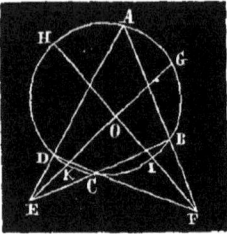

1° Si l'on prolonge les côtés opposés d'un quadrilatère ABCD jusqu'à leurs points d'intersection E et F, la figure qui en résulte est appelée **quadrilatère complet.**

2° *Si le quadrilatère primitif est inscriptible, les bisectrices des deux angles ajoutés E et F sont rectangulaires.*

Par supposition, AH — BI = DH — CI et AG — DK = BG — CK (**180**). Ajoutant ces deux égalités, on a (AH + AG) — BI — DK = DH + BG — (CI + IK). D'où, réduisant et transposant, GH + IK = GI + HK. Ce qui prouve (**178**) que les angles HOG et GOI sont égaux. Donc etc....

3° *Chacune des diagonales d'un quadrilatère complet est divisée harmoniquement par les deux autres.*

Soient les trois diagonales AC, BD, EF, je dis que EF est divisée harmoniquement aux points H et I par les deux autres.

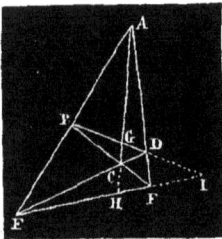

D'abord la diagonale BD coupe les côtés du triangle EAF de manière à avoir EI. DF. AB = FI. DA. BE (**601**, 1°). En second lieu (**601**, 3°), les transversales CB, CD, CH dans le même triangle donnent DF. AB. EH = AD. BE. HF. Divisant membre à membre ces deux égalités, on trouve EI : FI = EH : FH. Donc, etc....

XI.

603. Quadrilatère gauche.

1° Un quadrilatère est **gauche** lorsque ses quatre côtés ne sont pas dans un même plan. Ainsi deux des faces adjacentes d'un tétraèdre forment un quadrilatère gauche.

2° *Tout plan P parallèle à deux des côtés opposés AB, DC d'un quadrilatère gauche ABCD, divise les deux autres côtés en parties proportionnelles* (**438** et 28° exercice du 5° livre).

Car, si par les droites AB, DC on mène deux plans parallèles à P, les deux droites AD et BC seront divisées en parties proportionnelles par ces trois plans. De sorte que la droite IH qui joint les points d'intersection, divise aussi les deux droites AD et BC proportionnellement.

Réciproquement, *toute droite qui divise les côtés opposés d'un quadrilatère gauche en parties proportionnelles est dans un plan parallèle aux deux autres côtés.* Car, s'il ne l'était pas, en menant par le point I un tel plan, il couperait les droites AD, BC de manière à donner AI : ID = BG : GC, tandis que l'on a AI : ID = BH : HC. On serait donc ainsi conduit à une absurdité.

3° *Tout plan parallèle à deux arêtes opposées d'un tétraèdre divise deux autres arêtes opposées en parties proportionnelles.*

Soit le plan EF parallèle aux côtés BC, AD. Ce plan étant parallèle à deux côtés opposés du quadrilatère gauche ADCB, divise les deux autres côtés AC et BD en parties proportionnelles (2°). Il en serait de même des deux autres arêtes opposées AB et CD.

Réciproquement *tout plan qui divise proportionnellement deux arêtes opposées d'un tétraèdre, divise de la même manière deux des autres arêtes opposées et est parallèle aux deux autres.*

Soit le plan IH qui coupe AC et BD de manière à donner AC : AH = DB : DI, ce plan sera parallèle aux côtés opposés AD, BC du quadrilatère gauche ADCB (réciproque du n° précédent). Ce plan est donc parallèle à deux côtés opposés d'un tétraèdre, donc, comme on vient de le voir, il divise proportionnellement les arêtes opposées AB et CD.

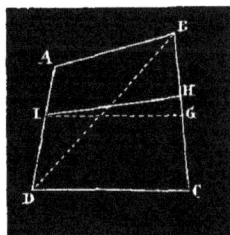

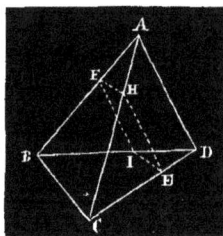

XII.

604.   Corps de révolution.

Le huitième livre s'occupe spécialement de cette partie de la géométrie et fait connaître les propriétés particulières dont jouissent les plus simples de ces corps, savoir le cylindre, le cône et la sphère.

Mais il est une proposition générale élémentaire concernant ceux de ces corps dont la surface génératrice est pourvue d'un centre. *C'est que la solidité du volume engendré par une telle surface est égale au produit de cette surface multipliée par la circonférence que décrit son centre.*

1° Soient le triangle ABC et l'axe MN. En désignant par a, b, c les perpendiculaires AG, BD, CE abaissées des sommets sur l'axe et joignant AD et CD, le volume engendré par BAD sera le cône tronqué provenant de la révolution du trapèze GABD, moins le cône que produit le triangle rectangle AGD.

Donc (**573, 573**), V. ABD $= \frac{1}{3} \pi GD\, (a^2 + b^2 + ab) - \frac{1}{3} \pi GD.\, a^2 = \frac{1}{3} \pi GD\, (b^2 + ab)$. De même en faisant FD $= f$, on a V. AFD $= \frac{1}{3} \pi GD\, (f^2 + af)$. Mais la différence de ces deux volumes est égale au volume AFB; donc V. AFB $= \frac{1}{3} \pi GD\, (b - f)\, (a + b + f) = \frac{2}{3} \pi ABF\, (a + b + f)$, puisque GD $(b - f)$ est égal à deux fois l'aire du triangle ABF; et comme $f = c -$ FI, il vient V. AFB $= \frac{2}{3} \pi AFB\, (a + b + c) - \frac{2}{3} \pi AFB \times$ FI (1). On trouverait également, en observant que $f = a +$ FH, V. CBF $= \frac{2}{3} \pi CBF\, (a + b + c) + \frac{2}{3} \pi CBF \times$ FH (2). Mais par le fait, V. ABC $=$ V. AFB $+$ V. CFB. Donc, au moyen de (1) et (2), V. ABC $= \frac{2}{3} \pi ABC\, (a + b + c) + \frac{2}{3} \pi\, (CBF \times FH - AFB \times$ FI) (3). Les triangles semblables AFH et CFI ont les côtés homologues proportionnels et les triangles ABF, CBF, ayant même base BF sont comme leurs hauteurs; de là on déduit BCF $\times$ FH $=$ BAF $\times$ FI et par suite l'égalité (3) devient V. ABC $= \frac{2}{3}$ ABC $(a + b + c)$.

D'où l'on voit déjà que *le volume en question est égal aux deux tiers du triangle multipliés par la somme des perpendiculaires abaissées de ses trois sommets sur l'axe.*

Soit d la distance OP du centre de gravité à l'axe, on sait (26ᵉ exercice du 3ᵉ livre) que $a + b + c = 3d$. Donc V. ABC $=$ ABC. $2\pi d$. Donc....

D'où l'on voit que ce volume est équivalent au prisme ayant pour base ABC *et pour hauteur la circonférence que décrit son centre de gravité.*

2° Pour le parallélogramme, voir le 24ᵉ exercice du 8ᵉ livre.

3° Soit P un polygone régulier d'un nombre pair de côtés. Soient a, b, c, d.... les perpendiculaires des sommets sur l'axe, h celle du centre sur le même axe, n le nombre de côtés, t un des triangles au centre et V le volume cherché. On aura

$$V = \frac{2}{3} \pi t\ (a + b + h) + \frac{2}{3} \pi t\ (b + c + h) + \frac{2}{3} \pi t\ (c + d +$$

$h) + ... = \frac{2}{3} \pi t\ (2a + 2b + 2c + ... + nh)$. Mais $2nh =$

$2a + 2b + 2c + ...$; donc $V = \frac{2}{3} \pi t$. $3nh = nt \times 2\pi h = P \times 2\pi h$.

4° Le cercle étant la limite des polygones réguliers inscrits dont le nombre de côtés est indéfiniment doublé, on peut lui appliquer la formule du nᵒ précédent, et l'on a $V = \pi R^2 \times 2\pi h$. C'est équivalent au cylindre qui aurait pour base le cercle générateur et pour hauteur la circonférence décrite par son centre.

Si l'axe était tangent au cercle, on aurait $V = 2\pi^2 R^3$.

5° Traiter par ce moyen le 26ᵉ exercice du 8ᵉ livre, puis le problème suivant : trouver les volumes engendrés par un cercle et un triangle isocèle inscrit, tournant simultanément autour d'une tangente au cercle, menée par le sommet du triangle parallèlement à sa base, et sachant que le côté du triangle égale 5ᵐ et sa base 6ᵐ.

605.   Supplément général.

1° Il est dit, au nᵒ **108**, que les bisectrices de deux des angles d'un triangle se coupent dans ce triangle. Il est facile de mettre cet axiome en évidence, car d'abord la bisectrice de l'un des angles A rencontre le côté opposé en un poit D, et devient ainsi le côté opposé à l'angle B dans le triangle ABD, donc elle est rencontrée par la bisectrice de l'angle B. Du reste les bisectrices de deux angles adjacents à un même côté font avec celui-ci des angles intérieurs dont la somme est moindre que deux droits (**60**) ; donc (**57**) elles sont convergentes.

2° Aux n°s **45** et **62**, on admet que par un point on peut mener une perpendiculaire sur une droite. C'est certainement une notion première qui peut être classée au nombre des axiomes, car les deux angles adjacents qu'une droite fait avec une autre peuvent tout aussi bien être égaux qu'inégaux. Cependant cette propriété peut être rigoureusement démontrée. En effet, si CD se meut dans le plan ACB en tournant de droite à gauche sur son pied D, l'angle CDB qu'elle fait avec AB, étant d'abord plus petit que ADC, deviendra de plus en plus grand et il arrivera un moment où le premier de ces angles sera plus grand que l'autre. Or, pour passer par ces deux états de grandeur relative, ces deux angles auront été égaux. Donc....

Le cas du n° **62**, où le point se trouve hors de la droite, peut facilement se ramener au premier. Car, par un point de la droite on peut, comme on vient de le voir, lui élever une perpendiculaire, et la parallèle à cette dernière, menée par le point donné, lui sera aussi perpendiculaire (**55**).

3° Dans le théorème du n° **424**, on suppose qu'un plan puisse être mené par trois points qui ne sont pas en ligne droite.

C'est en effet ce qui a lieu, car, si par la droite AB, on conçoit un plan, indéfiniment prolongé dans tous les sens, en le faisant tourner autour de cette droite, il rencontrera tous les point de l'espace, donc il arrivera un instant où le point C se trouvera aussi dans ce plan.

4° Les suppositions des n°s **426** et **427** se justifient aussi rigoureusement. Ainsi, dans l'espace, une droite AO peut être perpendiculaire à deux droites qui se coupent. Car, si par AO on mène deux plans AOC et AOE, et dans chacun d'eux, une perpendiculaire en un même point O de cette droite, on aura deux droites, telles sont OC et OE, auxquelles AO est perpendiculaire ainsi qu'au plan OEC qu'elles déterminent. On voit, du même coup, qu'une droite, comme on le suppose au n° **427,** peut être perpendiculaire à un plan.

5° La plus courte distance entre deux points d'une surface sphérique est l'arc de grand cercle tracé entre ces deux points.

Soient A et B deux points de la surface sphérique, ACB un arc de grand cercle et ADB une autre ligne quelconque.

Il faut démontrer que ACB < ADB.

Soient C le milieu de l'arc ACB et D un point tel que la droite AD = DB. Les arcs de grands cercles ayant ces deux droites pour cordes seront donc égaux. Mais dans un triangle sphérique un côté est plus petit que la somme des deux autres, donc arc ACB < arc AD + arc DB, donc aussi arc AC < arc AD et par suite corde AC < corde AD. Donc la ligne brisée rectiligne ACB est plus petite que la ligne brisée rectiligne ADB. Si l'on opère de la même manière relativement à l'arc de grand cercle AD et à la courbe qui y correspond, la ligne brisée inscrite dans le premier sera plus petite que l'autre et plus grande que celle qui serait inscrite dans l'arc AC, puisque AC < AD; et de même quant aux deux autres parties BC et BD. Ainsi la ligne brisée de quatre côtés inscrites dans l'arc ACB est plus petite que celle qui est inscrite dans la courbe ADB.

En doublant successivement et indéfiniment le nombre des parties, on voit, qu'à chaque degré de variation de ces deux lignes brisées, la première est toujours plus petite que la seconde et qu'elles ont pour limites respectives l'arc ACB et la courbe ADB. Donc etc.

On pourrait démontrer d'une manière analogue qu'une ligne convexe est plus petite qu'une autre ligne convexe qui l'enveloppe entièrement ou seulement d'une extrémité à l'autre.

6° D'un point donné on mène deux tangentes à un cercle donné, puis une troisième tangente à volonté comprise entre les deux autres, démontrer que le périmètre du triangle ainsi formé est constant. On fait usage de l'égalité des tangentes menées par un même point.

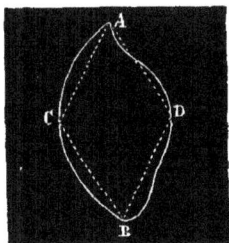

7° Deux triangles semblables sont entre eux comme les carrés de deux côtés homologues ; la réciproque est-elle vraie? Deux triangles sont semblables, lorsqu'ils ont un angle égal compris entre deux côtés dont les carrés sont proportionnels aux surfaces.

8° Tracer une circonférence tangente à une droite donnée et à une autre circonférence mais en un point donné sur celle-ci.

9° Par deux points donnés A et B, mener une circonférence tangente à un cercle donné O. (**230, 322** et la réciproque de **324**).

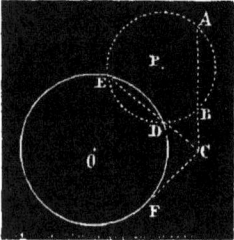

Par les points A et B tracez une circonférence P qui rencontre la première aux points E et D. Par le point C où se coupent les droites ED et AB menez une tangente CF au cercle O, et le point F sera un troisième point de la circonférence cherchée. Car $CA \times CB = CE \times CD$ et $\overline{CF}^2 = CE \times CD$; d'où $\overline{CF}^2 = CA . CB$. Donc etc.

Discuter toutes les positions des deux points A et B relativement au cercle donné.

10° On donne deux points A, B et une circonférence. Trouver sur celle-ci un point C de manière que les sécantes CA, CB déterminent une corde parallèle à la droite AB. (n° précédent et 17ᵉ exercice du 2ᵉ livre).

Par les points A et B menez une circonférence tangente au cercle donné. Le point de contact C sera le point demandé,
Même discussion qu'au n° précédent.

11° La somme des inverses des trois hauteurs dans un triangle est égale à l'inverse du rayon du cercle inscrit. C'est-à-dire qu'en désignant par a, b, c et r les trois hauteurs et le rayon en question on doit avoir $\frac{1}{a} + \frac{1}{b} + \frac{1}{c} = \frac{1}{r}$.

Soient A, B, C les trois côtés du triangle et S sa surface, on aura simultanément $2S = A . a = B . b = C . c = (A + B + C) r$

(**281, 390**); d'où $A : \frac{1}{a} = B : \frac{1}{b} = C : \frac{1}{c} = (A + B + C) : \frac{1}{r}$;

d'où $(A + B + C) : \left(\frac{1}{a} + \frac{1}{b} + \frac{1}{c}\right) = (A + B + C) : \frac{1}{r}$, d'où etc...

12° Dans un trapèze, la somme des carrés des deux côtés est égale à la somme des carrés des diagonales moins le double rectangle des deux bases.

La droite qui joint les milieux des diagonales est égale à la moitié de la différence des deux bases (**276**). On fait son carré d'après le n° **294**, puis on applique le n° **308**.

13° On prend sur deux cordes issues d'un même point A de la circonférence des distances en raison inverse de ces cordes, la droite qui joint les points de division est perpendiculaire sur le diamètre qui passe au point A.

Par supposition les triangles ABC, AIH sont semblables et par conséquent l'angle I $=$ C. Mais l'angle C $=$ F, donc F $=$ I et les triangles ABF, AEI sont équiangles, donc l'angle AEI est droit tout aussi bien que ABF.

Donc, si l'on prend sur toutes le cordes partant d'un même point de la circonférence des segments inversement proportionnels à ces cordes, le lieu des points de division est une perpendiculaire sur le diamètre issu du même point.

14° Trouver le rapport des trois côtés d'un triangle dont les angles sont entre eux comme les nombres 1, 2, 3.

Soit a le plus petit des angles, les autres seront $2a$ et $3a$. Donc $a + 2a + 3a = 6a = 2d$. Donc $3a = d$; donc le triangle est rectangle et l'un des angles aigus est double de l'autre. Donc l'hypoténuse est double du plus petit côté, et si l'on désigne celui-ci par c et par x le 2°, on aura par le carré de l'hypoténuse, $x = c \sqrt{3}$. Donc les trois côtés sont comme les nombres $1, \sqrt{3}, 2$.

15° On a deux systèmes de parallèles, m et n d'une part, p et q de l'autre. Par un point donné, mener une droite, dont la partie comprise entre m et n soit égale à la partie interceptée par p et q (**95**).

16° On donne un point et deux droites parallèles, par le point mener une transversale telle que la différence entre sa partie extérieure et sa partie intérieure soit égale à une droite donnée. Une sécante arbitraire menée par le point donné et la droite cherchée ramènent au n° **266**.

17° On connaît la somme S des deux côtés d'un triangle

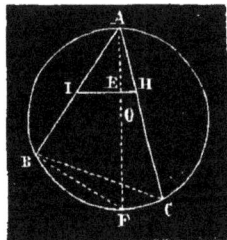

rectangle et la hauteur H menée du sommet de l'angle droit, trouver l'hypoténuse et construire le triangle.

Soient x et y les deux côtés et z l'hypoténuse, on aura $x + y = S$ (1), $x^2 + y^2 = z^2$ (2), $xy = Hz$ (3). Élevant (1) au carré et combinant avec (2), puis substituant (3), on trouve $z = -H \pm \sqrt{S^2 + H^2}$.

18° Construire un triangle dont on connait 1° l'aire, la base et l'angle du sommet, 2° deux côtés et la bisectrice de leur angle.

19° La droite menée parallèlement à la base, par le point d'intersection des bisectrices des deux angles adjacents à la base, dans un triangle, est égale à la somme des segments qu'elle forme sur les deux autres côtés. Elle est égale à leur différence, si l'on prend la bisectrice de l'un de ces angles et celle de l'angle extérieur correspondant.

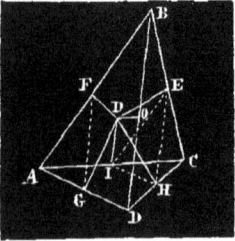

20° Du milieu de chacune des diagonales d'un quadrilatère on mène une parallèle à l'autre et l'on joint le point de rencontre de ces deux parallèles aux milieux des quatre côtés du quadrilatère, celui-ci est partagé en quadrilatères équivalents.

Soit D le point où se coupent les deux droites en question ID et OD. Il suffit de démontrer que chacun des quadrilatères tel que DECH est le quart du quadrilatère donné. Or, n°ˢ **40** et **41** des exercices du 1ᵉʳ livre, les triangles AGF et CEH font ensemble le quart du quadrilatère proposé; les triangles DEH, IEH sont équivalents (**260**), et le triangle IEH = FAG (**80**).

21° L'aire d'un trapèze circulaire, c'est-à-dire la partie d'une couronne circulaire comprise entre deux rayons, est égale à la demi-somme de ses bases multipliée par sa hauteur (**395**).

22° Inscrire un rectangle maximum dans un cercle donné (**593**, 8°).

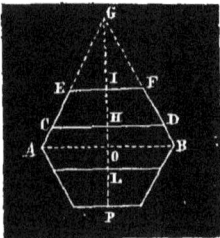

23° Diviser un hexagone régulier en trois parties équivalentes par des droites parallèles à l'un des côtés.

Soit CD une des droites de division. Le triangle EGF formé en prolongeant les côtés AE et BF, vaut le quart de AGB, et CDG les trois quarts du même triangle. Mais ABG : CDG = $\overline{OG^2} : \overline{GH^2}$, d'où $\overline{GH^2} = \frac{3}{4}\,\overline{OG^2}$, et en désignant l'apothème par a, il vient GH $= a\sqrt{3}$, OH $= 2a - a\sqrt{3}$, PH $= a\,(3 - \sqrt{3})$, PL $= a\,(\sqrt{3} - 1)$.

24° Construire un triangle connaissant l'angle du sommet, la base et la somme des deux autres côtés.

25° On donne un cercle et 2 tangentes, mener une troisième tangente dont la partie comprise entre les deux premières soit égale à une droite donnée.

On peut ramener ce n° au précédent.

26° On a un cercle et deux rayons qui font un angle connu, mener à ce cercle une tangente dont la partie comprise entre ces deux rayons soit égale à une droite donnée.

On ramène au n° **237**.

27° D'un point A, on mène deux tangentes; on trace la droite de contact BC; le diamètre AO; par le point D une corde arbitraire EF; les droites AE, AF. Démontrer que AD est toujours la bisectrice de l'angle EAF.

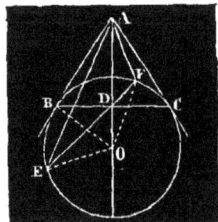

Dans le triangle rectangle OAB, on a $\overline{BD}^2 = AD \times DO$ (**313**) et $\overline{BD}^2 = ED \times DF$ (**319**).

Donc les triangles DAF, DOE sont semblables ainsi que les triangles DAE, DOF (**272**). D'où, par le triangle isocèle OEF, la propriété demandée.

28° Les bisectrices des angles d'un quadrilatère quelconque forment un quadrilatère inscriptible.

29° On donne deux droites convergentes et un point, mener par celui-ci une droite qui soit dirigée vers le point de concours des deux premières (**311**).

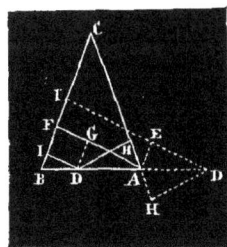

30° La perpendiculaire AF menée de l'une des extrémités de la base d'un triangle isocèle sur le côté opposé est égale à la somme ou à la différence des perpendiculaires DI, DH menées d'un point D de la base sur les deux côtés, suivant que le point D se trouve entre les côtés ou en dehors. Menez DG, AE perpendiculaires sur DI, les triangles rectangles DGA, DHA d'une part, DEA, DHA de l'autre, sont égaux.

31° Comparer la hauteur du triangle équilatéral aux perpendiculaires menées d'un même point sur les trois côtés. Ce point est intérieur, extérieur ou sur un des côtés (par le n° précédent).

32° Le même n° **30** sert à démontrer que le lieu des points dont la somme des distances à deux droites convergentes est constante, est le périmètre du rectangle dont les côtés sont perpendiculaires aux bisectrices des angles formés par ces droites.

Les prolongements des côtés du même rectangle forment le lieu des points dont la différence des distances à deux droites convergentes est une quantité constante.

33° On divise une demi-circonférence en un nombre impair de parties égales et l'on joint les points de division par les cordes AB, CD, EF et le centre aux deux points intermédiaires E et F; démontrer que la somme des parties de ces cordes comprises entre ces deux rayons est égal au rayon.

Faire les mêmes constructions relativement aux diamètres EK, FL et démontrer que le triangle EOF = FOI et que GOH = DIB.

34° Trouver un point tel que la somme des carrés des distances de ce point à deux points fixes A et B soit égale à un carré donné m^2.

En désignant par x la distance de ce point au milieu de la droite AB et par a la moitié de celle-ci, on aura (**306**) $2x^2 + 2a^2 = m^2$. D'où l'on voit que x est une quantité constante.

Construire et discuter cette quantité.

Trouver le minimum de m.

Quel est, en général, le lieu des points demandés et que serait-il, si l'on disait seulement que la somme des carrés doit être constante?

35° Trouver le lieu des points tels que la différence des carrés de ses distances à deux points donnés A et B, soit constamment égale à un carré donné.

Même procédé qu'au n° **398**, 2°. Le lieu cherché est une droite ou un plan perpendiculaire à la droite AB.

36° D'un point de la circonférence, on abaisse des perpendiculaires sur deux rayons arbitrairement tracés, la droite qui joint les pieds de ces perpendiculaires est constamment égale à la perpendiculaire menée de l'extrémité de l'un de ces rayons sur l'autre.

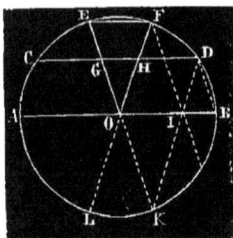

Soient OA, OB les deux rayons et P le point. Prolongeant les perpendiculaires PH et PI jusqu'à la circonférence en C et D, on aura IH $= \dfrac{CD}{2}$ (**156, 276**); et si l'on mène la perpendiculaire AFE sur OB, l'arc DE $=$ AP (**168**). D'où l'on voit que les angles au centre AOE, COD sont égaux. Donc, etc....

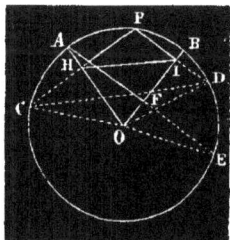

37° Connaissant le rayon R et l'apothème A d'un polygone régulier, trouver le rayon x et l'apothème y d'un polygone régulier isopérimètre et d'un nombre double de côtés.

Soient AB le côté, OA $=$ R le rayon, OC $=$ A l'apothème. Prolongeant CO jusqu'à sa rencontre avec la circonférence, joignant AE, BE, puis par le milieu D de AE menant la parallèle DF à BA, le point E sera le centre, DE le rayon, IE l'apothème et DF le côté du polygone demandé. Car il aura deux fois autant de côtés que le premier, puisque l'angle au centre DEF vaut la moitié de l'angle au centre AOB et il aura le même périmètre, puisque DF est la moitié de AB. Maintenant il est facile de voir que $y = \dfrac{R + A}{2}$ et, qu'en joignant OD, on aura dans le triangle rectangle ODE, $x^2 = R . y = R . \dfrac{R + A}{2}$.

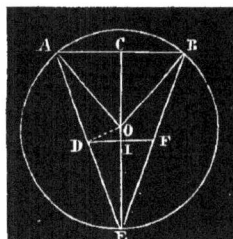

38° Étant donnés le périmètre P d'un polygone régulier inscrit et le périmètre P′ du polygone semblable circonscrit, calculer les périmètres x et y des polygones réguliers inscrit et circonscrit d'un nombre double de côtés.

Par le raisonnement du n° **406**, on a P : P′ $=$ OA : OB et OA : OB $=$ DA : DB. D'où l'on déduit P $+$ P′ : P $=$ AB : AD; mais AB : AD $=$ 2P′ : y; donc $y = \dfrac{2PP'}{P + P'}$. Pour trouver x, on a $y : x =$ OA : OI (**384**) et par les triangles semblables ACH et AOI, OA : OI $=$ CA : CH $= x$: P; d'où $x^2 = Py$.

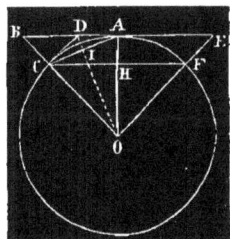

38° bis. Si P, P′, x et y désignent les aires de ces polygones, on trouve par des propriétés analogues aux précédentes, $x^2 = $ P. P′ (37° exercice du 4° livre) et $y = \dfrac{2PP'}{P + x}$. Chacun des trois n^os précédents fournit au moyen de calculer le rapport du diamètre à la circonférence (**407**).

39° Construire un triangle isocèle de manière que son sommet soit en un point donné S, que la base passe par un autre point donné P et que les deux extrémités A et B de celle-ci se trouvent sur deux parallèles données MN, OL. Discuter.

Supposant le problème résolu, et prenant BC = PA, les points P et C sont sur la circonférence dont SP est le rayon; de sorte qu'en traçant les cordes PG et CH parallèles à MN, les distances DE et IF, prises sur la perpendiculaire SI à MN, sont égales. Ainsi pour résoudre le problème, tracez la circonférence SP, menez PG parallèle et SD perpendiculaire à MN, prenez sur SD la distance FI = ED, par le point I menez CH parallèle à MN, joignez PC et les points A et B où cette droite rencontre les parallèles MN, OL seront les deux autres sommets du triangle cherché.

En joignant PH, on trouverait un second triangle.

40° Un triangle obliquangle ABC dont l'angle A est constant tourne sur son sommet C de manière à demeurer semblable à lui même, démontrer que si les sommets B sont toujours sur une même ligne droite, il en sera de même des sommets A (**394**, 6°).

41° Construire un triangle connaissant un côté AB, la différence Am des deux autres et la différence d des angles opposés à ces côtés. Discuter (**222**).

B = m + n, m = A + n, d'où B — A = 2n = d, d'où n = $\frac{d}{2}$. On peut donc construire le triangle AmB.

42° Construire un triangle dont on connaît un angle A, un côté adjacent AB et la différence AD des deux autres.

Avec AB, AD et le supplément de A pour angle compris, construire le triangle auxiliaire ADB. La perpendiculaire au milieu de BD ira rencontrer AD au troisième sommet C du triangle demandé.

Discuter en considérant successivement A comme droit, aigu ou obtus. Et que deviendrait la solution si l'on donnait la condition que le côté AC adjacent à l'angle A est plus grand que le côté opposé BC.

43° Construire un triangle connaissant un angle C, le côté opposé AB et la différence AD des deux autres.

Dans le triangle auxiliaire ADB, on connaîtra l'angle D, par l'angle C du triangle isocèle CDB, le côté adjacent AD et le côté opposé AB.

44° Le n° précédent servira à résoudre ce problème : trouver un point tel que les tangentes menées de ce point à deux circonférences données soient égales entre elles et fassent un angle donné.

45° Étant donné un point P sur une droite indéfinie PM, et une circonférence dont le centre est O, tracer une seconde circonférence passant par les points P et O, et qui intercepte sur la première une corde parallèle à PM.

46° Un triangle ou un parallélogramme dont un angle est contant, est maximum en même temps que le rectangle ou le produit des côtés qui forment cet angle (**290**).

47° La section maximum faite dans un tétraèdre par un plan parallèle à deux arêtes opposées, est à égale distance de ces deux arêtes.

On démontre d'abord que la section est un parallélogramme dont l'angle est constant (**442**, 2°). Puis, par la similitude des triangles, on prouve que le rectangle de deux côtés adjacents de ce parallélogramme est maximum en même temps que celui des deux segments de l'une des arêtes coupées par le plan. Or, pour que le rectangle des deux parties d'une droite soit maximum, il faut que cette droite soit divisée en deux parties égales (**593**, 8°). Donc, etc....

48° Tout plan mené par les milieux de deux arêtes opposées d'un tétraèdre le divise en deux parties équivalentes.

Ce plan (**603**, 3°) est parallèle à deux arêtes opposées et divise les deux autres proportionnellement.

La section est la base commune de deux pyramides quadrangulaires ayant pour sommets les extrémités de l'une des arêtes divisées en deux parties égales.

Les deux parties du tétraèdre renferment en outre une

10

pyramide triangulaire; et il faut démontrer que les pyramides quadrangulaires sont équivalentes ainsi que les pyramides triangulaires.

49° Donc la section maximum divise le tétraèdre en deux parties équivalentes.

50° Étant données la hauteur et les bases d'un tronc de cône inscrit dans une sphère, trouver la solidité de la partie comprise entre la grande base et le plan du grand cercle parallèle aux bases.

Soient H la hauteur, a et b les rayons des bases et R celui de la sphère, x le second rayon du tronc cherché et y sa hauteur. Les hauteurs du cône complet et du petit cône seront $\dfrac{a\mathrm{H}}{a-b}$ et $\dfrac{\mathrm{H}x}{a-b}$, d'où $y = \dfrac{a\mathrm{H}-\mathrm{H}x}{a-b}$. Le rayon R, a et y forment un triangle rectangle qui donne $\mathrm{R}^2 = a^2 + y^2$. De ces équations on peut déduire les éléments du volume demandé.

51° Circonscrire un cône minimum à une sphère donnée (**393**, 10).

52° Les trois côtés a, b, c d'un triangle sont tangents à une sphère de rayon R, trouver la solidité du segment déterminé par le plan de ce triangle.

Soit x le rayon du cercle circonscrit au triangle, on a $2\sqrt{p\,(p-a)\,(p-b\,(p-c)} = (a+b+c)\,x$. Connaissant le rayon de la sphère et celui de la base du segment, on pourra trouver sa hauteur.

53° Un cône équilatère, pesé dans l'eau où il plonge par son sommet jusqu'à la moitié de sa hauteur, perd $12\frac{1}{2}$ kil. de son poids. Trouver son côté.

On sait qu'un corps pesé dans l'eau perd le poids du volume d'eau déplacé. Donc ce volume est $12\frac{1}{2}$ décimètres cubes et c'est la huitième partie du cône.

54° On connaît les poids P et P' de deux sphères de même substance et le rayon R de la première, trouver la rayon x de la seconde. $x = \mathrm{R}\sqrt[3]{\dfrac{\mathrm{P}'}{\mathrm{P}}}$.

55° On a une sphère creuse de 800 kil. et dont le poids spécifique est 5. Le poids de l'eau qu'elle déplace est 240 kil.

Trouver le côté du cube équivalent à l'enveloppe et l'épaisseur de celle-ci.

Le poids spécifique étant le poids d'un décimètre cube, le volume de l'enveloppe sera 160 décimètres cubes. D'où le côté du cube équivalent. On trouvera le volume total par le poids de l'eau déplacée, et le volume intérieur par la différence des deux premiers. Puis la différence de leurs rayons.

56° Trouver le rapport entre les volumes d'une sphère, du cube inscrit et du cube circonscrit.

57° On connaît les rayons R et R′ de deux sphères qui se coupent et la distance D de leurs centres. Trouver les volumes des deux segments communs aux deux sphères.

Soient x et x' les hauteurs et y le rayon de la base commune. En représentant par m et n les distances des centres aux bases, on aura $R^2 - R'^2 = m^2 - n^2$, et comme $m + n = D$, on déduira $m = \dfrac{D^2 + R^2 - R'^2}{2D}$ et $n = \dfrac{D^2 - R^2 + R'^2}{2D}$.

Mais $x = R' - n$ et $y^2 = R^2 - m^2$. De là, la base et la hauteur du premier segment.

58° Déterminer le poids d'un cône en fonte dont la hauteur est de 0,2, l'angle du sommet de 45° et dont le poids spécifique est 7.

59° Si l'on mène une parallèle à la base d'un triangle par le milieu d'un côté, et si l'on fait tourner la figure sur sa base, les volumes engendrés par les deux triangles sont équivalents.

60° La surface d'un tétraèdre régulier vaut 1000 mètres carrés. Trouver le volume du tronc formé par le plan qui joint les milieux des arêtes d'un sommet.

61° Trouver la solidité du cône circonscrit à deux sphères, connaissant les rayons R et R′ de celles-ci et la distance D de leurs centres.

62° Diviser un trapèze ou un cône tronqué en trois parties qui soient entre elles comme les quantités a, b, c, par des sections parallèles aux bases (36ᵉ exercice du 6ᵉ livre).

63° Dans un cercle donné, inscrire un triangle dont un côté passe par un point donné et qui soit semblable à un triangle donné ou dont les deux autres côtés soient parallèles à deux droites données.

64° Trouver un triangle rectangle dont les côtés soient en progression arithmétique ou géométrique.

65° On connait la somme S de deux rectangles et la somme a de leurs bases, trouver ces deux rectangles, sachant que leurs surfaces deviennent respectivement égales à R et R′ lorsqu'on alterne leurs hauteurs.

Soient x la base du 1ᵉʳ et y sa surface, la hauteur du premier sera $\frac{y}{x}$ et celle du second $\frac{S-y}{a-x}$. Si l'on donne au 1ᵉʳ la hauteur du 2ᵉ et au 2ᵉ la hauteur du 1ᵉʳ, on aura R $= x.\dfrac{S-y}{a-x}$ et R′ $= (a-x).\dfrac{y}{x}$. Multipliant ces deux équations, on a immédiatement $y^2 - Sy = -$ RR′ (A).

De là le 1ᵉʳ rectangle puis le 2ᵉ et leurs dimensions.

On doit remarquer que les deux racines de (A) sont toujours réelles et positives, car en représentant par b et b', h et h' les bases et les hauteurs des deux rectangles, on a S $= bh + b'h'$, R $= bh'$ et R′ $= b'h$; d'où S² $-$ 4RR′ $= (bh - b'h')^2$. Donc S² $-$ 4RR′ est carré parfait.

66° Si d'un point pris dans un triangle, on mène des parallèles aux trois côtés, en représentant par a, b, c les trois triangles qui en résultent et par S le proposé, on aura $\sqrt{S} = \sqrt{a} + \sqrt{b} + \sqrt{c}$.

En désignant par p le parallélogramme adjacent aux deux triangles a et b, on prouve par la similitude de ces deux triangles que $p^2 = 4ab$, et en ajoutant les six parties, on verra que S est le carré de $\sqrt{a} + \sqrt{b} + \sqrt{c}$.

67° On joint les milieux des côtés d'un hexagone régulier, puis les milieux des côtés de celui qui en résulte et ainsi indéfiniment, trouver le rapport entre le premier et la somme de tous les autres. On fera usage de la formule qui donne la la somme des termes d'une progression décroissante à l'infini.

68° Étant donnés les rayons des bases et la hauteur d'un segment sphérique, trouver la solidité de la sphère.

69° La solidité du volume engendré par un triangle qui fait un tour de révolution sur un axe extérieur passant par son sommet, est égale aux deux tiers du triangle multipiés par la circonférence que décrit le milieu de sa base.

70° Les hauteurs d'un triangle sont bisectrices des angles du triangle dont les sommets sont les pieds de ces hauteurs.

71° Le maximum des polygones d'un même nombre de côtés inscrits dans un cercle est régulier, ainsi que le minimum de ceux qui sont circonscrits.

72° D'un point, on mène une oblique à un plan et des perpendiculaires sur toutes les droites qui passent par le pied de cette oblique, trouver le lieu géométrique des pieds de ces perpendiculaires.

73° Dans des cercles différents, deux angles au centre sont entre eux comme les quotients des arcs interceptés divisés par leurs rayons.

74° Les diagonales d'un quadrilatère inscriptible sont entre elles comme les sommes des rectangles des côtés qui aboutissent à leurs extrémités.

75° Connaissant les côtés d'un quadrilatère inscriptible, trouver 1° ses diagonales et 2° sa surface.

FIN DE LA SECONDE PARTIE.

ERRATA.

Page 22, ligne 16, au lieu de ABC >..., mettez ABC <

» 64, » 20, » $\frac{2}{3}$DC » $\frac{1}{3}$DC.

» 134, » 26, mettez π entre $\frac{2}{3}$ et ABC.

» 134, au lieu des trois dernières lignes, écrivez. *D'où l'on voit déjà que le volume en question est égal au tiers du triangle multiplié par la somme des circonférences ayant pour rayons les perpendiculaires abaissées des trois sommets sur l'axe.*

www.ingramcontent.com/pod-product-compliance
Lightning Source LLC
Chambersburg PA
CBHW060409200326

41518CB00009B/1301